计算机图形学

——理论与实践项目化教程

孔令德 著

電子工業出版社
Publishing House of Electronics Industry
北京 · BEIJING

内 容 简 介

本书以真实感图形为主线，精选 23 个理论知识点进行重点讲解，并给出 23 个配套实验，以三维动画的方式讲解 3D 计算机图形学的基础理论与算法。理论部分主要包括双缓冲动画、直线光栅化、三维几何变换、曲面建模、透视投影、三角形填充、深度缓冲消隐、简单光照模型和纹理映射等内容；实验部分主要提供三角形填充算法、立方体等多面体建模算法、球体和圆环曲面体建模算法、球体的透视投影算法、立方体的 ZBuffer 消隐算法和画家消隐算法、球体的高洛德明暗处理算法、圆环的冯氏明暗处理算法、球体的图像纹理映射算法和凹凸纹理映射算法等项目。实验项目使用 Visual C++ 2017 的中文版 MFC 框架开发，提供一套完整的三维场景着色源程序代码。实验项目还提供严格按照算法编写的工具代码，包括直线类 CLine、几何变换类 CTransform、投影类 CProjection、深度缓冲消隐类 CZBuffer、光源类 CLightSource、材质类 CMaterial、光照类 CLighting、高洛德着色器 GouruaudShader 和冯氏着色器 PhongShader。

此外，本书还提供了使用自由曲面建立花瓶的线框模型、表面模型和纹理模型的指导，可以完成一周的课程设计任务。项目内容符合市场需求，理论讲解细腻、编程规范，代码注释详尽，适合 100 学时实践的计算机图形学教学，教师可以根据生源情况和课时自行裁剪教学内容。

本书可供高等学校计算机科学与技术、数字媒体技术、数学与应用数学等相关专业使用，也可供游戏开发、虚拟现实方向的读者参考阅读。

图书在版编目（CIP）数据

计算机图形学：理论与实践项目化教程/孔令德著. —北京：电子工业出版社，2020.6
ISBN 978-7-121-38533-9

Ⅰ. ①计… Ⅱ. ①孔… Ⅲ. ①计算机图形学－高等学校－教材 Ⅳ. ①TP391.411

中国版本图书馆 CIP 数据核字（2020）第 031668 号

责任编辑：谭海平
印　　刷：北京捷迅佳彩印刷有限公司
装　　订：北京捷迅佳彩印刷有限公司
出版发行：电子工业出版社
　　　　　北京市海淀区万寿路 173 信箱　　邮编：100036
开　　本：787×1092　1/16　印张：14.5　字数：390 千字
版　　次：2020 年 6 月第 1 版
印　　次：2024 年 10 月第 4 次印刷
定　　价：59.80 元（全彩）

凡所购买电子工业出版社图书有缺损问题，请向购买书店调换。若书店售缺，请与本社发行部联系，联系及邮购电话：（010）88254888，88258888。

质量投诉请发邮件至 zlts@phei.com.cn，盗版侵权举报请发邮件至 dbqq@phei.com.cn。

本书咨询联系方式：（010）88254552，tan02@phei.com.cn。

前　言

对教师和学生而言，计算机图形学课程是对编程语言、算法、数学、外语阅读等方面综合应用能力要求较高的一门复合学科。学好计算机图形学的最好方法是项目化学习，即通过编程来理解算法。项目化教学方法的优点是能够保证动手能力的连续性，缺点是会割裂理论的连续性，让人看起来像是说明书，而不清楚最终的学习目标。本书试图在理论和实践方面进行平衡，以传统的章节为顺序，选择教学内容时，标注【理论】作为重点学习内容，紧跟理论后面设计一个实验项目来讲解理论的工程应用。

今天，计算机图形学已是一个成熟的领域。本书为读者精选光栅化图形学的基本理论和程序架构，从建立曲面体模型开始，通过施加三维变换让模型动起来，通过施加透视投影让模型符合视觉效果，通过添加光照效果让模型亮起来，通过映射纹理让模型真起来。

本书以真实感图形为主线，精选 23 个理论知识点，重点讲解计算机图形学的基础理论与算法，并从零开始手把手讲解 23 个配套实验，程序以三维动画的方式展示运行效果。理论部分主要包括双缓冲动画、直线光栅化、三维几何变换、曲面建模、透视投影、三角形填充、深度缓冲消隐、简单光照模型和纹理映射等内容；实验部分主要提供三角形填充算法、立方体等多面体建模算法、球体和圆环曲面体建模算法、球体的透视投影算法、立方体的 ZBuffer 消隐算法和画家消隐算法、球体的高洛德明暗处理算法、圆环的冯氏明暗处理算法、球体的图像纹理映射算法和凹凸纹理映射算法等项目。实验项目使用 Visual C++ 2017 的中文版 MFC 框架开发，提供一套完整的三维场景着色源程序代码。实验项目还提供严格按照算法编写的工具代码，包括直线类 CLine、几何变换类 CTransform、投影类 CProjection、深度缓冲消隐类 CZBuffer、光源类 CLightSource、材质类 CMaterial、光照类 CLighting、高洛德着色器 GouruaudShader 和冯氏着色器 PhongShader。模块设计前后一致且具有互换性。理论的讲解与实验的开发完全一致，代码和算法一一对应。读者可以直接使用这些模块作为工具开发项目。

在本书的附录部分，提供了对花瓶制作项目的指导，读者可以使用前面实验项目中建立的工具类来建立花瓶的线框模型，并给花瓶添加光照，映射纹理，渲染出头像花瓶、印章花瓶等真实感效果。

本书假定读者了解向量和矩阵等较为基础的数学内容，熟悉 C++面向对象编程的基本概念。本书所用的算法全部取自算法提出者发表的英文原文。类架构的编写简单易懂，程序讲解清晰、细腻。为了使实验项目清楚明了，所选模型尽量简单。多面体模型主要提供金字塔模型、正八面体模型、立方体模型等；曲面体模型全部使用贝塞尔曲面构建，主要包括球体、圆环、花瓶、碗等。

项目化教学对于教师的讲授比较轻松。建议教师在实验室开展教学，每两个课时上机完成一个实验，理论部分在需要的时候进行讲解。理论是服务于实验的算法，实验是理论指导下的实践。教师只需要掌握实验项目的编程实现，理论部分可以安排学生通过微课来学习。作者提供全部理论内容的课件和实验项目源程序。本书的作业全部提供运行效果的视频。需要进一步获得支持的读者，请通过 QQ（997796978）联系作者，或加入 QQ 群（159410090，计算机图形学教师群）共同探讨。

感谢博创研究所的霍波魏、刘浩云、郝转转、李涵、贾惠楠、王荟婷、杨国宇等同学的大力协助，他们参与了实验项目的调试与课件的制作。孟星煜与霍波魏同学录制了实验项目的全套微课视频。2016 级数字媒体技术专业的张彦平同学是山西省互联网+大学生创新创业大赛的一等奖得主，他专门为本书编制了石瓢壶程序，并精心设计了封面。在此一并致谢。

80 岁的母亲欣闻本书出版，手绘“双鸡教子图”作为纹理插图［图 8.5 和题图 8.5(b)］。1976 年以工农兵学员身份就读于山西大学美术系的母亲，一生对绘画充满热爱，引导着我以屏幕为画板、以代码为画笔讲授计算机图形学。高山安可仰，徒此揖清芬。

作　者

2020 年春节于太原万达

目录

CONTENTS

第1章　概　述

- 学习重点：MFC 绘图函数、双缓冲绘图算法。
- 学习难点：鼠标绘制直线、球体与客户区边界碰撞动画。

计算机图形学（Computer Graphics，CG）作为计算机应用的一个重要研究方向，不仅与我们的生活息息相关，而且为许多产业的发展提供核心技术支持。谈及“计算机图形学”，可能很多人会觉得有距离感，或者会与计算机视觉、图像处理等学科混淆。然而，如果告诉大家，计算机图形学技术是支持各种影视特效、三维动画影片、计算机游戏、虚拟现实及大家手机上各种照片/视频美化特效背后的技术基础，那么相信大家都不会再觉得陌生。

1.1　计算机图形学的概念

计算机图形学是一门研究如何利用计算机表示、生成、处理和显示图形的学科。这种图形主要指三维图形。三维图形主要分为两类：一类是基于线条表示的几何图形，称为线框模型；另一类是基于颜色表示的真实感图形，称为表面模型。例如，图 1.1(a)所示是基于双三次贝塞尔曲面建立的犹他茶壶线框模型，图 1.1(b)是使用光照模型渲染后的真实感茶壶表面模型。

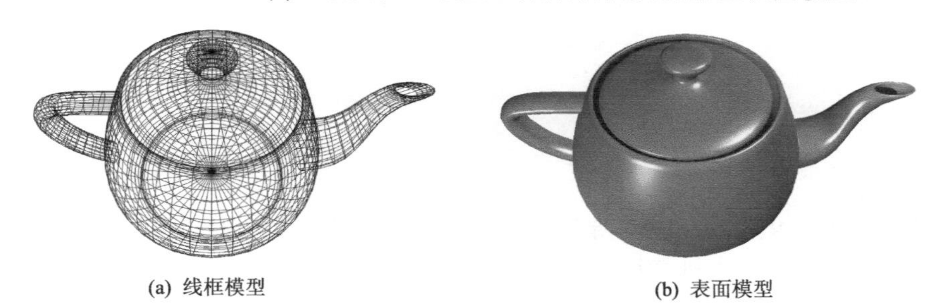

(a) 线框模型　　(b) 表面模型

图 1.1　三维图形的分类

计算机图形学的主要先行课有“高等数学”“线性代数”“数据结构”和“程序设计语言”等，要求读者熟悉空间解析几何与向量代数、矩阵运算、栈和队列、类的继承与多态等内容。对于使用本书的教师，笔者提出了“工具—算法—数学—外语”四步教学法（获得 2019 年山西省教学成果二等奖)：熟练掌握一门编程语言，培养一技之长；系统学习一套渲染算法，奠定专业基础；分析问题直至数学公式，面向几何对象；阅读经典原文，深悟算法原理，把握学科前沿动向。计算机图形学算法大多来自 ACM 的 SIGGRAPH 会议的论文，因此鼓励学生读原文、悟原理，使用程序设计语言作为画笔，将屏幕视为画板，绘出现实中存在或想象中虚拟的三维真实感图形。

1.2　计算机图形学的应用领域

计算机图形学是计算机科学与技术的一个独立分支，是研究如何使用计算机生成图形的一门学科。一幅精心构造的图形能够真实地再现现实世界，虚拟现实的作用就是使用计算机图形学为我们重新构造的真实世界。从二维图形到三维图形，从线框模型表示到真实感图形显示，从静态图形到实时动画，计算机能够表达的图形内容越来越丰富。计算机图形学对游戏、电影、动画、广告等领域产生了巨大的影响，同时促进了相关产业的快速发展。

1.2.1 计算机辅助设计

计算机辅助设计是计算机图形学应用最早的领域，也是当前计算机图形学最成熟的应用领域之一。计算机辅助几何设计（Computer Aided Geometric Design，CAGD）的工具软件有 AutoCAD、Pro/Engineering、UG（Unigraphics NX）、SolidWorks 等软件。今天，建筑、机械、飞机、汽车、轮船、电子器件等产品的开发几乎都在使用 Autodesk 公司发布的 AutoCAD 进行设计。Autodesk 公司发布的另外两个三维建模软件是 3ds Max 和 Maya，前者主要采用多边形网格进行建筑物建模，后者主要采用非均匀有理 B 样条曲面进行角色建模。

1.2.2 计算机艺术

计算机艺术是计算机科学与艺术学相结合的一门学科，它为设计者提供了一个充分展现个人想象力与艺术才能的新天地。动画是计算机艺术的典型代表，它是对自然现象的模拟。目前，计算机动画已经广泛应用于影视特效、商业广告、游戏开发和计算机辅助教学等领域。动画的基本技术是双缓冲算法，本书中的所有效果都使用动画形式给出，以方便读者从不同角度来观察三维物体。例如，图 1.2 所示为茶壶纹理映射的三维动画效果图。

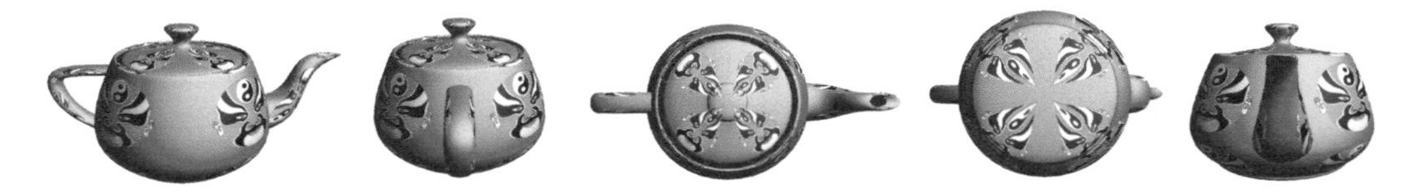

图 1.2 茶壶纹理映射的三维动画效果图

1.2.3 虚拟现实技术

1. 虚拟现实

虚拟现实（Virtual Reality，VR）是利用计算机生成虚拟环境，逼真地模拟人在自然环境中的视觉、听觉、运动等行为的人机交互技术。VR 涉及计算机图形学、人机交互技术、传感技术、人工智能等领域。从技术的角度而言，VR 具有下面 3 个基本特征，也称 3I 特征：（1）沉浸感（Immersion），指用户感受到作为主角存在于虚拟环境中的真实程度。（2）交互性（Interactivity），指用户对虚拟环境中物体的可操作程度和得到反馈的自然程度。（3）构想性（Imagination），强调虚拟现实技术所具有的可想象空间。3I 特征意味着用户可以沉浸到虚拟环境中，随意观察周围的物体，并可以借助一些特殊设备如数据手套、头盔显示器等，与虚拟环境进行交互。

2. 增强现实

增强现实（Augmented Reality，AR）是一种将真实环境与虚拟环境实时叠加到同一个场景的新技术，它可以实现人与虚拟物体的交互。基于计算机显示器的 AR 实现方案是，首先将摄像机摄取的真实世界图像输入计算机，然后实时计算摄影机的位置及角度并与计算机图形学系统生成的虚拟物体进行叠加，最后将合成图像输出到显示器。

3. 混合现实

混合现实（Mixed Reality，MR）是指合并现实世界和虚拟世界而产生新的可视化环境。例如，手机中的赛车游戏与射击游戏可以通过重力感应来调整方向和方位，其工作原理是借助于重力传感器、陀螺仪等设备将真实世界中的“重力”“磁力”等特性叠加到虚拟世界中。现实与虚拟的过渡的关系如图 1.3 所示。MR 和 AR 的区别是，MR 在虚拟世界中增加现实世界的信息，而 AR 在现实世界中增加虚拟世界的信息。

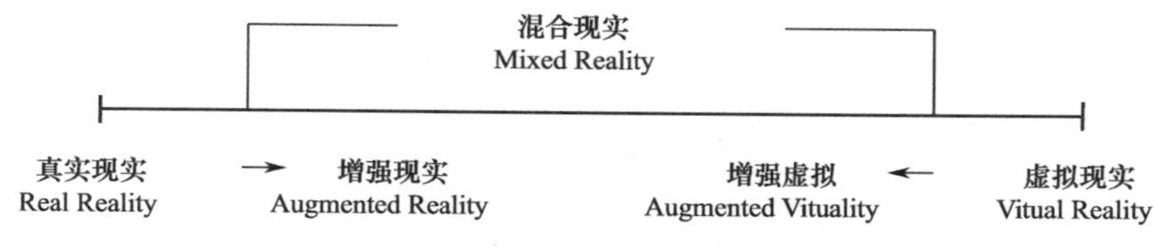

图 1.3　VR、AR 和 MR 的关系

1.2.4　计算机游戏

计算机游戏的核心技术来自计算机图形学，如多分辨率地形、角色动画、天空盒纹理、碰撞检测、粒子系统、交互技术、实时绘制等。人们学习计算机图形学的一个潜在目的是从事游戏开发，计算机游戏已经成为计算机图形学发展的一个重要推动力。

图 1.4 显示了游戏《神秘海域》的人物模型，这款游戏是集解谜、寻宝、探险、射击于一身的冒险动作游戏。游戏设定在原始丛林、热带雨林、沙漠腹地、雪山高原、古代遗迹等地，以电影方式呈现。《神秘海域》获得巨大成功的原因在于，顽皮狗（Naughty Dog）工作室拥有一批极具才华的艺术家，他们实时渲染 30 帧的精细程度超过了以往任何一款作品。《神秘海域》全部由虚拟角色出演，人物模型的真实感非常高，与真实照片相差无几——第一次看到这些图片时，我们可能会以为它们是电影剧照。

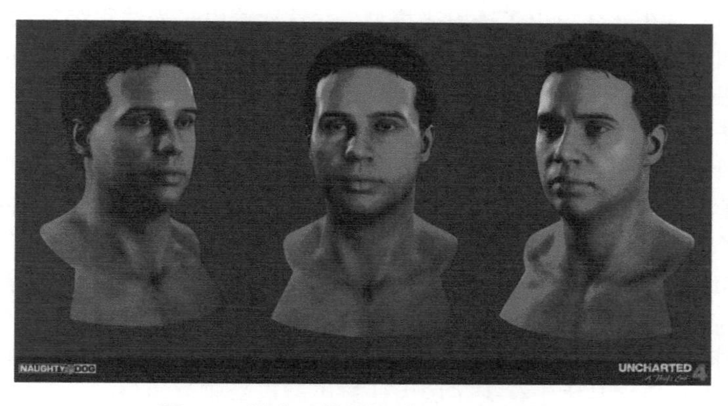

图 1.4　游戏《神秘海域》的人物模型

1.2.5　计算机辅助教学

信息技术的迅速发展和广泛应用，对课堂教学产生了革命性的影响。目前，已出现了精品资源共享课程、大规模开放式在线课程（Massive Open Online Course，MOOC）、小规模限制性在线课程（Small Private Online Course，SPOC）、微课（Micro Learning Resource）等，形成了“1（课）+ M（大学）+ N（学生群）”的协同教学模式，使普通的受教育者也能分享到国内外的优质教育资源。

1.3　计算机图形学的诞生

计算机图形学的诞生可以追溯到 20 世纪 60 年代早期。计算机图形学的发展是与计算机硬件技术，特别是显示器制造技术的发展密不可分的。

1950 年，美国麻省理工学院的“旋风一号”计算机配备了世界上第一台显示器——阴极射线管，使计算机摆脱了纯数值计算的单一用途，即能够进行简单的图形显示，但当时还不能对图形进行交互操作。

1963 年，麻省理工学院的 Ivan E. Sutherland 完成了博士学位论文 *Sketchpad: A Man-Machine Graphical Communication System*（《画板：一个人机通信的图形系统》）[1]，开发出了有史以来第一个交互式绘图软件。该论文证实交互式计算机图形学是一个可行的、有应用价值的研究领域，标志着计算机图形学作为一个崭新的学科的开始。借助于软件 Sketchpad，可以使用光笔在屏幕上绘制简单的图形，并对图形进行选择、定位等交互操作。

Sutherland 为计算机图形学技术的诞生做出了巨大的贡献，被称为计算机图形学之父。1988 年，Ivan E. Sutherland 被美国计算机协会授予图灵奖，获奖原因如下：由于在计算机图形学方面开创性和远见性的贡献，其所建立的技术历经二三十年依然有效。图灵奖是计算机科学与技术领域的最高奖项，也被称为计算机界的诺贝尔奖。

1.4 真实感图形算法的进展

20 世纪 70 年代是计算机图形学发展过程中的一个重要历史时期。由于光栅扫描显示器的诞生，图形显示技术开始从线框模型向表面模型进行转换，提升了三维图形的表现能力。区域填充、裁剪、消隐等基本图形概念及其相应的算法纷纷诞生。

1970 年，Bouknight 提出了第一个光反射模型[2]。1971 年，Gouraud 提出了双线性光强插值模型，被称为 Gouraud 明暗处理[3]。1975 年，Phong 提出了双线性法向插值模型，被称为 Phong 明暗处理[4]。1980 年，Whitted 提出了透射光模型，并首次给出了光线跟踪算法的范例[5]。1984 年，美国康奈尔大学和日本广岛大学的学者分别将热辐射工程中的辐射度方法引入计算机图形学，成功地模拟了理想漫反射表面间的多重反射效果[6]。光线跟踪算法和辐射度方法的提出，标志着真实感图形算法已趋于成熟。

要说明的是，计算机图形学发展中的一个重要事件是 1969 年由美国计算机协会发起成立的计算机图形学专业组（Special Interest Group for computer GRAPHics，SIGGRAPH），这个专业组于 1974 年成功举办了第一次年会。SIGGRAPH 年会成了计算机图形学界的顶级会议，许多计算机图形学算法均来自 SIGGRAPH 年会的论文。我国的计算机图形学与计算几何等方面的研究开始于 20 世纪 60 年代中后期，如今已在电子、机械、航空、建筑、造船、轻纺、影视等部门的产品设计、工程设计和广告制作中得到了广泛应用。我国每年举办一次“中国计算机辅助设计与图形学大会”，会议上的报告和论文基本上代表了国内计算机图形学研究的最高水平。

1.5 MFC 绘图函数【理论 1】

微软基础类库（Microsoft Foundation Classes，MFC）封装了用于图形设备接口（Graphical Device Interface，GDI）创建和控制的 Windows 应用程序接口（Application Program Interface，API），包含了几百个已经定义好的基类，提供了一个应用程序框架，简化了应用程序的开发过程。

1.5.1 新建 Test 项目

在 Windows 10 操作系统中安装中文版 Visual Studio 2017，建立一个名为 Test 的项目，这是一个单文档应用程序框架。在 MFC Application Wizard 的引导下，创建步骤如下：

（1）从 Windows 10 操作系统中启动 Visual Studio 2017，如图 1.5 所示，选择“文件”→“新建”→“项目”，打开如图 1.6 所示的“新建项目”页面。

图 1.5　Visual Studio 2017 启动界面

（2）因为要生成 MFC 程序，所以在“Visual C++”下选择“MFC 应用”。将“名称”设置为“Test”，将“位置”设置为“D:\”。“解决方案名称”与“名称”的设置一样，保持“为解决方案创建目录”为未选中状态，保持“添加到源代码管理”为未选中状态（默认），单击“确定”按钮。

（3）在图 1.7 所示的“MFC 应用程序-应用程序类型选项”页面中，将“应用程序类型”选为“单个文档”，将“项目样式”选为“MFC standard”，其余保持默认值，单击“完成”按钮结束 MFC 应用程序向导。

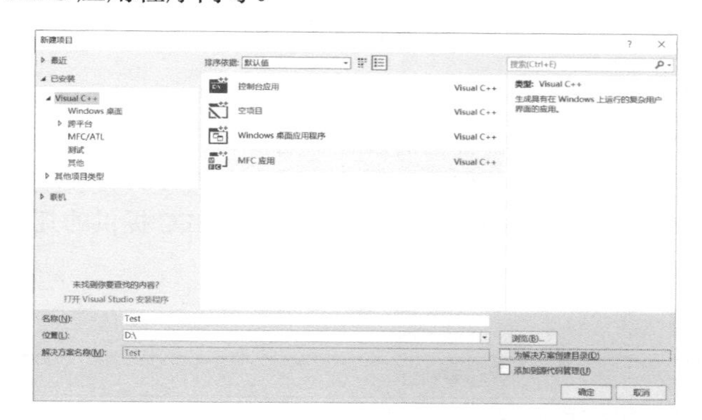

图 1.6　“新建项目”页面

图 1.7　“MFC 应用程序-应用程序类型选项”页面

（4）此时，应用程序向导生成 Test 项目的单文档应用程序框架，并在解决方案管理器中自动打开解决方案，如图 1.8 所示。

（5）单击工具条上的 ▶ 本地 Windows 调试器 ▾ 按钮，就可以直接编译、链接、运行 Test 项目，运行界面如图 1.9 所示。

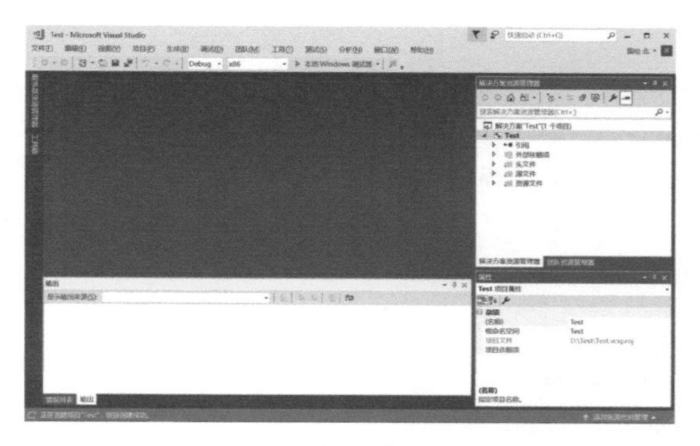

图 1.8　“解决方案管理器”选项卡

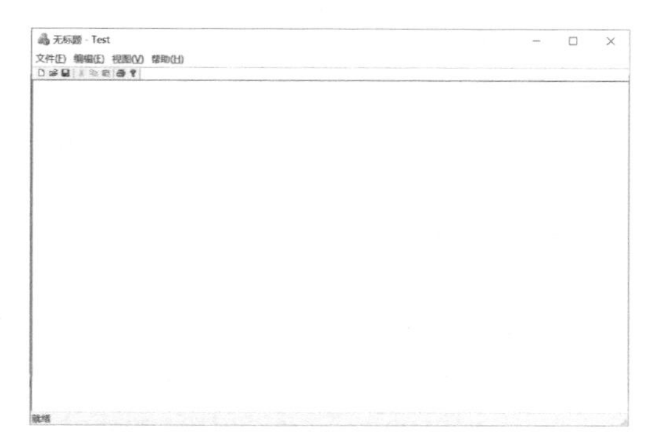

图 1.9　Test 项目运行界面

在 MFC 应用程序向导的引导下，Test 项目已经生成一个可执行程序框架。以后的任务就是针对具体的设计任务，为 Test 项目添加自己编写的程序代码。

说明：Visual Studio 2017 的默认安装是没有 MFC 的，安装时需要勾选“用于 x86 和 x64 的 Visual C++ MFC”，或者安装后使用“Visual Studio Installer”工具勾选 MFC 模块。

1.5.2　自定义坐标系

设备坐标系的原点位于窗口客户区的左上角，x 轴水平向右为正，y 轴垂直向下为正，单位为 1 像素。绘图时，常需要自定义二维坐标系：x 轴水平向右为正，y 轴垂直向上为正，原点位于窗口客户区的中心。设备坐标系如图 1.10(a)所示，自定义坐标系如图 1.10(b)所示。

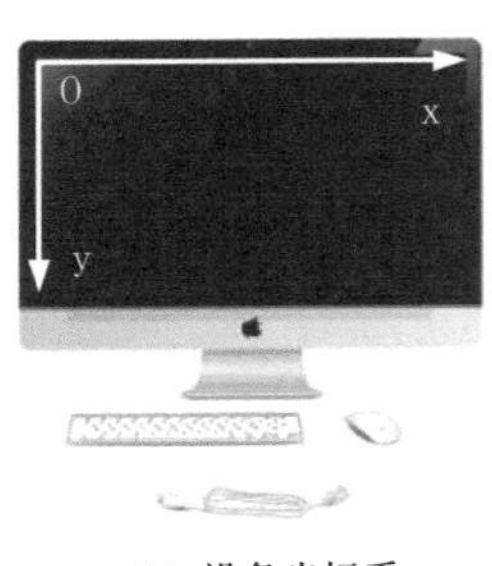

(a) 设备坐标系

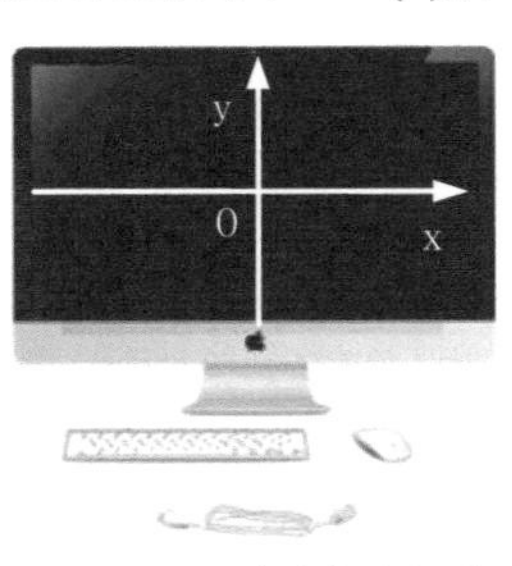

(b) 自定义坐标系

图 1.10　二维坐标系

自定义坐标系需要使用映射模式函数。将图形显示到屏幕上的过程称为映射。根据映射模式的不同，坐标可以分为逻辑坐标和设备坐标，逻辑坐标的单位是米制尺度或英制尺度，设备坐标的单位是像素。映射模式都是以“MM_”为前缀的预定义标识符，代表 MapMode。MFC 提供的几种不同映射模式如表 1.1 所示。

表 1.1　MFC 提供的几种不同映射模式

模式代码	宏定义值	坐标系特征
MM_TEXT	1	每个逻辑单位被转换为一个设备像素。正 x 向右，正 y 向下
MM_ISOTROPIC	7	在保证 x 轴和 y 轴比例相等的情况下，逻辑单位被转换为任意的单位，且方向可以独立设置
MM_ANISOTROPIC	8	逻辑单位被转换为任意的单位，x 轴和 y 轴的方向和比例独立设置

默认情况下使用的映射模式是 MM_TEXT，一个逻辑单位被转换为一个像素。使用各向异性的映射模式 MM_ANISOTROPIC 时，需要调用 SetWindowExt 和 SetViewportExt 成员函数来改变窗口和视区的设置。

1．设置映射模式函数

类属：CDC::SetMapMode

原型：virtual int SetMapMode(int nMapMode);

参数：nMapMode 用于指定新的映射模式，可取表 1.1 中的模式代码之一。

返回值：原映射模式，用宏定义值表示。

2．设置窗口范围函数

类属：CDC::SetWindowExt

原型：virtual CSize SetWindowExt(int cx, int cy);

　　　virtual CSize SetWindowExt(SIZE size);

参数：cx 是窗口 x 范围的逻辑单位，cy 是窗口 y 范围的逻辑单位，size 是窗口 x 和 y 范围的逻辑单位。

返回值：原窗口范围的 CSize 对象。

3．设置视区范围函数

类属：CDC::SetViewportExt

原型：virtual CSize SetViewportExt(int cx, int cy);

　　　virtual CSize SetViewportExt(SIZE size);

参数：cx 是视区 x 范围的设备单位，cy 是视区 y 范围的设备单位，size 是视区 x 和 y 范围的设备单位。

返回值：原视区范围的 CSize 对象。

4．设置视区原点函数

类属：CDC::SetViewportOrg

原型：virtual CPoint SetViewportOrg(int x, int y);

　　　virtual CPoint SetViewportOrg(POINT point);

参数：x 和 y 是视区新原点的设备坐标；point 是视区原点，可以传递一个 POINT 结构体或 CPoint 对象。视区坐标系原点必须位于设备坐标系的范围之内。

返回值：原视区原点的 CPoint 对象。

1.5.3　绘图工具

MFC 中的画笔用于绘制直线、曲线或区域的边界线。画刷用于填充封闭图形内部。

1．创建画笔函数

画笔通常具有线型、宽度和颜色三种属性。画笔样式都是以“PS_”为前缀的预定义标识符，代表 PenStyle。画笔的宽度是用像素表示的线条宽度，画笔的颜色是用 RGB 宏表示的颜色。默认的画笔绘制 1 像素宽度的黑色实线。

类属：CPen::CreatePen

原型：BOOL CreatePen(int nPenStyle,int nWidth,COLORREF crColor);

参数：nPenStyle 是画笔样式，见表 1.2；nWidth 是画笔的宽度；crColor 是画笔的颜色。

返回值：若调用成功，则返回非 0；否则，返回 0。

表 1.2　画笔样式

画笔样式	宏定义值	线型	宽度
PS_SOLID	0	实线	任意指定
PS_DASH	1	虚线	1 或更小
PS_DOT	2	点线	1 或更小
PS_DASHDOT	3	点画线	1 或更小
PS_DASHDOTDOT	4	双点画线	1 或更小
PS_NULL	5	不可见线	任意指定
PS_INSIDEFRAME	6	内框架线	任意指定

2．创建实体画刷函数

默认的实体画刷是白色的，仅用于填充封闭图形。

类属：CBrush::CreateSolidBrush

原型：BOOL CreateSolidBrush(COLORREF crColor);

参数：crColor 是画刷的颜色。

返回值：若调用成功，则返回非 0；否则，返回 0。

3. 选入 GDI 对象

GDI 对象创建完毕后，只有选入当前设备上下文才能使用。

类属：CDC::SelectObject

原型：CPen* SelectObject(CPen* pPen);

　　　CBrush* SelectObject(CBrush* pBrush);

参数：pPen 是将要选入的画笔对象指针；pBrush 是将要选入的画刷对象指针。

返回值：若选入成功，则返回正被替换对象的指针；否则，返回 NULL。

4. 删除 GDI 对象

类属：CGdiObject::DeleteObject

原型：BOOL DeleteObject();

参数：无。

返回值：若成功删除 GDI 对象，则返回非 0；否则，返回 0。

1.5.4 基本绘图函数

CDC 类提供了绘制点、直线、矩形、多边形、椭圆等图形的成员函数。除绘制像素点函数可以直接指定颜色外，默认情况下，其余函数均使用 1 像素宽的黑色实线绘制边界，使用白色填充闭合图形内部。我们可以使用 GDI 对象如画笔和画刷来改变图形边界线的颜色或图形内部的填充色。

1. 绘制像素点函数

（1）SetPixel 函数

类属：CDC::SetPixel

原型：COLORREF SetPixel(int x, int y, COLORREF crColor);

　　　COLORREF SetPixel(POINT point, COLORREF crColor);

参数：x 是将要被设置的像素点的 x 逻辑坐标；y 是将要被设置的像素点的 y 逻辑坐标；crColor 是将要被设置的像素点颜色；point 是将要被设置的像素点的 x 逻辑坐标和 y 逻辑坐标，可以是 POINT 结构体或 CPoint 对象。

返回值：若 SetPixel 函数调用成功，则返回所绘制像素点的 RGB 值；否则（点不在裁剪区域内），返回-1。

（2）SetPixelV 函数

类属：CDC::SetPixelV

原型：BOOL SetPixelV(int x, int y, COLORREF crColor);

　　　BOOL SetPixelV(POINT point, COLORREF crColor);

参数：x 是将要被设置的像素点的 x 逻辑坐标；y 是将要被设置的像素点的 y 逻辑坐标；crColor 是将要被设置的像素点颜色；point 是将要被设置的像素点的 x 逻辑坐标和 y 逻辑坐标，可以是 POINT 结构体或 CPoint 对象。

返回值：若 SetPixelV 函数调用成功，则返回非 0；否则，返回 0。

2. 绘制直线段函数

联合使用 MoveTo 和 LineTo 函数可以绘制直线或折线。在直线段的绘制过程中，有一个称为“当前位置”的特殊点。每次绘制直线段时，都以当前位置为起点，直线段绘制结束后，直线段的终点又成为当前位置。由于当前位置在不断更新，因此连续使用 LineTo 函数就可以绘制出折线。

（1）移动当前位置函数

类属：CDC:: MoveTo

原型：CPoint MoveTo(int x, int y);

CPoint MoveTo(POINT point);

参数：新位置的 x 坐标和 y 坐标；point 是新位置的点坐标，可以是 POINT 结构体或 CPoint 对象。

返回值：先前位置的 CPoint 对象。

（2）绘制直线段函数

类属：CDC::LineTo

原型：BOOL LineTo(int x, int y);

BOOL LineTo(POINT point);

参数：直线终点的逻辑坐标 x 和 y；point 是直线的终点，可以是 POINT 结构体或 CPoint 对象。

返回值：若画线成功，则返回非 0；否则，返回 0。

3. 绘制矩形函数

矩形是计算机图形学中的一个重要概念，因为窗口是矩形，视区也是矩形。在设备坐标系中，矩形使用左上角点和右下角点唯一定义。

类属：CDC::Rectangle

原型：BOOL Rectangle(int x1, int y1, int x2, int y2);

BOOL Rectangle(LPCRECT lpRect);

参数：x1,y1 是矩形左上角点的逻辑坐标，x2,y2 是矩形右下角点的逻辑坐标；lpRect 参数可以是 CRect 对象或 RECT 结构体的指针。

返回值：若调用成功，则返回非 0；否则，返回 0。

4. 绘制椭圆函数

类属：CDC::Ellipse

原型：BOOL Ellipse(int x1, int y1, int x2, int y2);

BOOL Ellipse(LPCRECT lpRect);

参数：x1,y1 是限定椭圆范围的外接矩形（bounding rectangle）左上角点的逻辑坐标，x2,y2 是限定椭圆范围的外接矩形右下角点的逻辑坐标；lpRect 是确定椭圆范围的外接矩形，它可以是 CRect 对象或 RECT 结构体。

返回值：若调用成功，则返回非 0；否则，返回 0。

5. 颜色填充矩形函数

类属：CDC::FillSolidRect

原型：void FillSolidRect(LPCRECT lpRect, COLORREF clr);

void FillSolidRect(int x, int y, int cx, int cy, COLORREF clr);

参数：lpRect 是指定矩形的逻辑坐标，可以是一个 Rect 结构体或 CRect 对象；x,y 是指定矩形左上角点的逻辑坐标，cx,cy 是指定矩形的宽度和高度；clr 是指定矩形的填充颜色。

返回值：无。

1.6　实验 1：鼠标绘制直线

1. 实验描述

按下鼠标左键在屏幕上选择直线的起点，移动光标到另一位置，弹起鼠标左键选择直线的终点。请在设备坐标系中编程实现交互式画线，实验效果图如图 1.11 所示。

2. 实验设计

使用 CDC 类的 MoveTo 和 LineTo 函数绘制直线。按下鼠标左键的操作需要映射 WM_LBUTTONDOWN

消息，弹起鼠标左键的操作需要映射 WM_LBUTTONUP 消息。

3．实验编码

（1）声明端点坐标

在 TestView.h 文件中，添加直线起点 P0 和直线终点 P1 的数据成员声明。

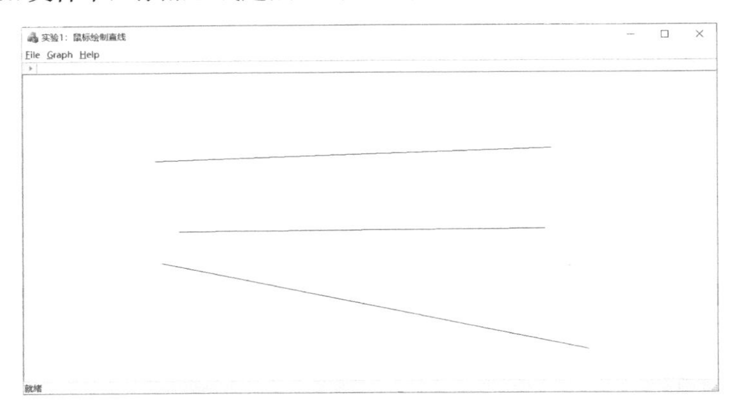

图 1.11　实验 1 效果图

```
protected:
    CPoint P0,P1;                       //直线的起点与终点坐标
```

（2）添加鼠标左键按下消息响应函数

选择“项目”→“类向导”菜单命令，弹出“类向导”对话框，为 CTestView 类添加 WM_LBUTTONDOWN 消息响应函数 OnLButtonDown，如图 1.12 所示。单击“编辑代码”按钮进行代码编辑。

```
void CTestView::OnLButtonDown(UINT nFlags, CPoint point)
{
    // TODO: 在此添加消息处理程序代码和/或调用默认值
    P0 = point;
    CView::OnLButtonDown(nFlags, point);
}
```

程序说明：P0 点取鼠标左键按下时的光标位置点 point。point 点总以窗口的左上角点为原点。

（3）添加鼠标左键弹起消息响应函数

选择“项目”→“类向导”菜单命令，弹出“类向导”对话框，为 CTestView 类添加 WM_LBUTTONUP 消息响应函数 OnLButtonUp，如图 1.12 所示。单击“编辑代码”按钮进行代码编辑。

```
    void CTestView::OnLButtonUp(UINT nFlags, CPoint point)
    {
        // TODO: 在此添加消息处理程序代码和/或调用默认值
1       P1 = point;
        CDC* pDC=GetDC();
        pDC->MoveTo(P0);
        pDC->LineTo(P1);
5       ReleaseDC(pDC);
        CView::OnLButtonDown(nFlags, point);
    }
```

程序说明：第 1 行语句将鼠标左键弹起时的光标位置 point 赋给 P1 点。第 2 行语句获得设备上下文指针 pDC。第 3～4 行语句从起点 P0 到终点 P1 绘制 1 像素宽的黑色实线。第 5 行语句释放

pDC 指针。GetDC 成员函数和 ReleaseDC 成员函数必须成对使用。

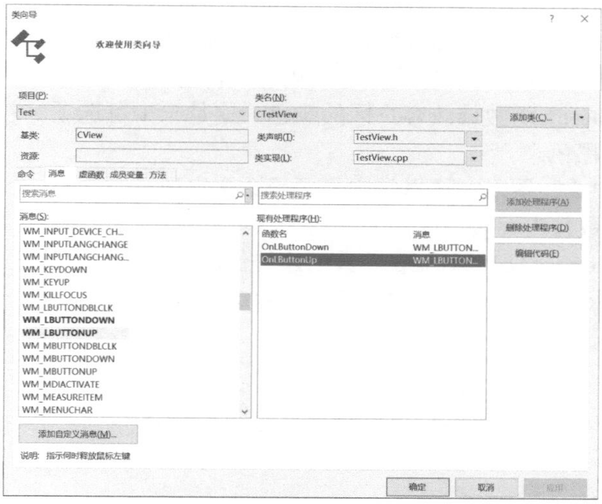

图 1.12　添加鼠标左键按下和鼠标左键弹起消息映射函数

4．实验小结

在 MFC 中，两个顶点坐标 P0 和 P1 不仅可以视为直线的端点，也可以视为矩形的左上角点和右下角点，或者视为椭圆的外接矩形的左上角点和右下角点。将鼠标左键弹起消息响应函数的第 3～4 行语句替换为如下语句，可以分别实现交互绘制矩形或椭圆。

```
pDC->Rectangle(CRect(P0, P1));          //绘制矩形
```

或

```
pDC->Ellipse(CRect(P0, P1));            //绘制椭圆
```

1.7　双缓冲绘图算法【理论 2】

双缓冲机制是一种基本的动画技术，常用于解决单缓冲擦除图像时带来的屏幕闪烁问题。所谓双缓冲，是指一个显示缓冲区（显示设备上下文）和一个内存缓冲区（内存设备上下文）。图 1.13 是单缓冲绘图原理示意图。由于直接将图形绘制到了显示缓冲区，所以制作动画时需要不断地擦除屏幕，这会导致屏幕的闪烁。图 1.14 是双缓冲绘图原理示意图。第 1 步将图形绘制到内存缓冲区，第 2 步从内存缓冲区中将图形一次性复制到显示缓冲区。图形绘制到内存缓冲区，而不直接绘制到显示缓冲区，显示缓冲区只是内存缓冲区的一个映像。每帧动画只执行一个图形从内存缓冲区到显示缓冲区的复制操作。双缓冲技术有效地避免了屏幕闪烁现象，可生成平滑的逐帧动画。

图 1.13　单缓冲绘图原理示意图　　　　图 1.14　双缓冲绘图原理示意图

双缓冲技术的核心是内存缓冲区用于准备图形，显示缓冲区用于展示内存中的图形。在定时

器的作用下，当内存缓冲区绘制完一帧图形后，就立即将其复制到屏幕上。完整的步骤如下：

① 使用 CreateCompatibleDC 函数创建一个与显示缓冲区兼容的内存缓冲区。

② 使用 CreateCompatibleBitmap 函数创建一个与显示缓冲区兼容的黑色内存位图。

③ 使用 SelectObject 函数将内存位图选入内存缓冲区。

④ 调用 FillSolidRect 函数修改客户区的颜色。这是一个可选项。若不进行修改，则客户区背景色使用兼容位图的黑色。

⑤ 向内存缓冲区中绘制图形。这里常定义子函数来实现。

⑥ 调用 BitBlt 函数将内存缓冲区中的图形一次性复制到显示缓冲区中。

⑦ 将使用 CreateCompatibleBitmap 函数创建的位图移出内存缓冲区，并删除该位图。

⑧ 删除由 CreateCompatibleDC 函数创建的内存缓冲区。

1.7.1　动画技术函数

动画在定时器的驱动下开始运动，可以设置或关闭定时器。

1. 设置定时器

类属：CWnd::SetTimer

原型：UINT SetTimer(UINT nIDEvent, UINT nElapse, void(
　　　　CALLBACK EXPORT* lpfnTimer)(HWND, UINT, UINT, DWORD));

参数：nIDEvent 是非零的定时器标识符。nElapse 是以毫秒表示的时间间隔。lpfnTimer 是处理 WM_TIMER 消息的 TimerProc 回调函数的地址。如果此参数为 NULL，那么表示 WM_TIMER 消息进入由 CWnd 对象处理的消息队列，即由 OnTimer 函数响应。

返回值：若调用成功，则返回非 0；否则，返回 0。

2. 关闭定时器函数

类属：CWnd::KillTimer

原型：BOOL KillTimer(int nIDEvent);

参数：nIDEvent 是由 SetTimer 函数设置的定时器标识符。

返回值：若关闭定时器成功，则返回非 0；否则，返回 0。

3. 强制客户区无效函数

类属：CWnd::Invalidate

原型：void Invalidate(BOOL bErase = TRUE);

参数：bErase 指定是否擦除更新区域的背景，默认值 TRUE 表示擦除背景。

返回值：无。

1.8　实验 2：小球与客户区边界碰撞动画

1. 实验描述

在窗口内定义一个半径为屏幕水平分辨率 1/20 的圆代表小球。请在设备坐标系内，使用双缓冲动画技术，绘制小球在客户区内运动并与边界发生碰撞后折返的动画。实验效果图如图 1.15 所示。

2. 实验设计

将屏幕背景色设置为黑色。小球用黑色边界的圆表示，内部填充为白色。小球的黑色边界与屏幕背景色融为一体，只有白色的小球在运动。小球的位置用中心点定义，小球的半径为屏幕水平分辨率的 1/20，将小球的半径与屏幕分辨率联系起来，在不同分辨率的机器上，小球会自动调整大小。小球的当前位置由中心点坐标与运动方向合成。小球与客户区边界发生碰撞后，改变运动方向。小球与客户区的碰撞是通过检测小球的包围盒与客户区的碰撞而实现的。包围盒的边长是小球的半径，如图 1.16 所示。

(a) 位置 1

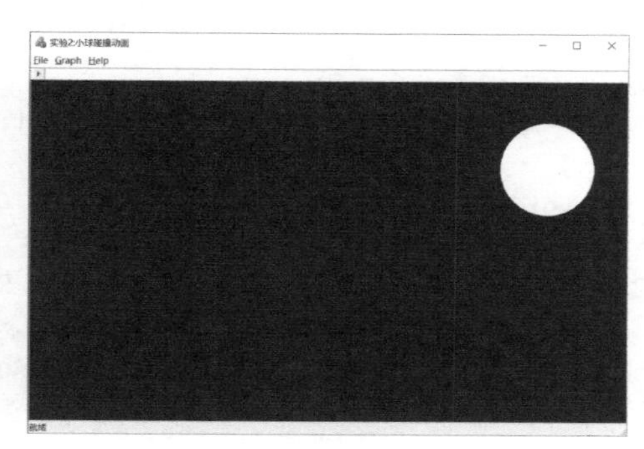

(b) 位置 2

图 1.15　实验 2 效果图

3. 实验编码

(1) 设计小球 CSphere 类

选择“项目”→“添加类”菜单命令，打开“添加类”对话框，如图 1.17 所示。首先输入类名 CSphere、头文件名 Sphere.h、源文件名 Sphere.cpp，其他保持默认状态，然后单击“确定”按钮即可完成类的添加。小球用中心点坐标和半径来定义，绘制函数命名为 Draw。

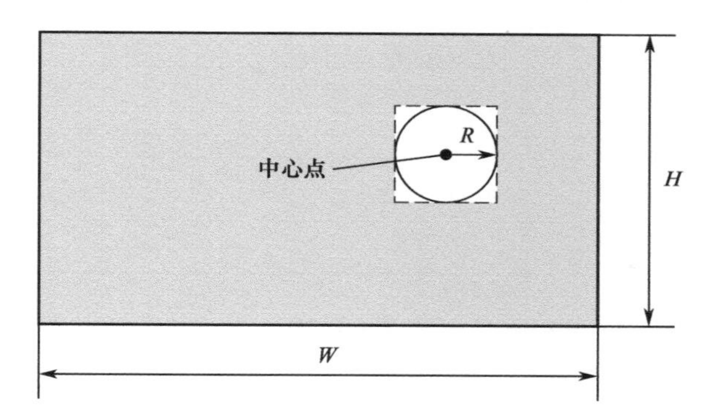

图 1.16　小球与客户区碰撞检测模型

图 1.17　“添加类”对话框

```
1    class CSphere
     {
     public:
         CSphere(void);
5        virtual ~CSphere(void);
         void SetParameter(int R, CPoint CenterPoint);   //设置半径、球心
         void Draw(CDC* pDC);                            //绘制球体
     public:
         int R;                                          //球体半径
10       CPoint CenterPoint;                             //中心点
     };
     CSphere::CSphere(void)
     {
     }
```

```
15    CSphere::~CSphere(void)
      {
      }
      void CSphere::SetParameter(int R, CPoint CenterPoint)
      {
20        this->R = R;
          this->CenterPoint = CenterPoint;
      }
      void CSphere::Draw(CDC* pDC)
      {
25        CPoint TopLeft(CenterPoint.x - R, CenterPoint.y - R);        //正方形的左上角点
          CPoint BottomRight(CenterPoint.x + R, CenterPoint.y + R);    //正方形的右下角点
          CRect Square(TopLeft, BottomRight);                          //定义正方形
          pDC->Ellipse(Square);
      }
```

程序说明：第 1 行定义球体类 CSphere。第 6 行语句声明设置参数成员函数。第 7 行语句声明绘图成员函数。第 9 行语句声明半径数据成员。第 10 行语句声明小球中心点数据成员。第 23～29 行语句绘制小球。第 27 行语句中小球的外接矩形为正方形，使用左上角点与右下角点定义。第 28 行语句用 Ellipse 函数绘制小球，小球的边界线是 1 像素宽的黑实线，小球内部填充为白色。

（2）为 CTestView 类添加成员函数和数据成员

在 CTestView 类的头文件 TestView.h 中，新增成员函数与数据成员。

```
      public:
1         void DoubleBuffer(CDC* pDC);                //双缓冲函数
          void CollisionDetection(void);              //碰撞检测函数
          void DrawObject(CDC* pDC);                  //绘图函数
      protected:
5         int nWidth, nHeight;                        //客户区宽度和高度
          CSphere sphere;                             //小球对象
          CPoint direction;                           //运动方向
          BOOL bPlay;                                 //动画开关
```

程序说明：第 1 行语句声明双缓冲成员函数。第 2 行语句声明碰撞检测成员函数。第 3 行语句声明绘图成员函数。第 5 行语句声明宽度和高度数据成员。第 6 行语句声明球体对象数据成员。第 7 行语句声明运动方向数据成员。第 8 行语句声明动画开关逻辑量。

（3）CTestView 类的构造函数

为球体对象赋初值。

```
      CTestView::CTestView()
      {
          // TODO: 在此处添加构造代码
1         bPlay = FALSE;
          sphere.R = GetSystemMetrics(SM_CXFULLSCREEN)/20;
          sphere.CenterPoint.x = 200, sphere.CenterPoint.y = 200;
          direction.x = 1, direction.y = 1;
      }
```

程序说明：第 1 行语句初始化动画按钮弹起，bPlay 为 FALSE 意味着不播放动画。第 2 行语句定义小球的半径，取为屏幕水平分辨率的 1/20。第 3 行语句初始化球心坐标位置为(200,200)。第 4 行语句初始化圆的运动方向 direction，x 和 y 方向均初始化为 1。

（4）OnDraw 函数

每次窗口重绘时，调用双缓冲函数。强制执行 Invalidate 函数也会引起窗口重绘。

```
    void CTestView::OnDraw(CDC* pDC)
    {
        CExa2_17Doc* pDoc = GetDocument();
        ASSERT_VALID(pDoc);
        if (!pDoc)
            return;
        // TODO: 在此处为本机数据添加绘制代码
1       DoubleBuffer(pDC);
    }
```

程序说明：第 1 行语句调用双缓冲函数 DoubleBuffer 开始动画。

（5）建立双缓冲函数

建立内存缓冲区，内存缓冲区是用位图表示的。使用 CreateCompatibleBitmap 函数创建的是一幅黑色位图。然后向内存缓冲区中绘图，绘制完毕后，一次性将内存缓冲区中的位图复制到显示缓冲区。这里使用的是设备坐标系。

```
    void CTestView::DoubleBuffer(CDC* pDC)
    {
1       CRect rect;                                          //定义矩形对象
        GetClientRect(&rect);                                //获取客户区大小
        nWidth = rect.Width(), nHeight = rect.Height();      //客户区的宽度与高度
        CDC memDC;                                           //声明内存 DC
5       memDC.CreateCompatibleDC(pDC);                  //创建一个与显示 DC 兼容的内存 DC
        CBitmap NewBitmap, *pOldBitmap;
        NewBitmap.CreateCompatibleBitmap(pDC,rect.Width(), rect.Height());
                                                             //创建兼容内存位图
        pOldBitmap = memDC.SelectObject(&NewBitmap);         //将兼容位图选入内存 DC
        DrawObject(&memDC);                                  //绘制小球
10      CollisionDetection();                                //碰撞检测
        pDC->BitBlt(0, 0, nWidth, nHeight, &memDC, 0, 0, SRCCOPY);  //显示内存位图
        memDC.SelectObject(pOldBitmap);
        NewBitmap.DeleteObject();
        memDC.DeleteDC();
    }
```

程序说明：第 1 行语句声明 CRect 类的矩形对象 rect。第 2 行语句使用 CWnd 类的成员函数 GetClientRect 获得客户区大小，其值保存在 rect 对象中。由于 CRect 类重载了类型转换运算符 LPRECT，所以可以使用 CRect 类对象的指针或 CRect 类对象作为参数。也就是说，第 2 行语句的参数可以不写取地址运算符&，而直接写为 rect。第 3 行语句定义客户区的宽度与高度。第 4 行语句声明内存缓冲区 memDC。第 5 行语句创建与显示缓冲区 pDC 兼容的 memDC。第 6 行语句声明一个 CBitmap 新位图对象和旧位图对象指针。第 7 行语句创建一幅与 pDC 兼容的位图对象，该位图的宽度和高度与客户区大小一致，且是一幅黑色背景的位图。第 8 行语句将兼容位图选入 memDC，并使用 pOldBitmap 指针保存旧位图对象。第 9 行语句调用自定义函数 DrawObject 向 memDC 中绘制图形。第 10 行语句检测小球与客户区边界的碰撞情况。第 11 行语句将 memDC 中的位图复制到 pDC 上。第 12 行语句恢复 memDC 中的旧位图。第 13 行语句删除已成为自由状态的新位图。第 14 行语句删除 memDC。

（6）绘制图形函数

```
    void CTestView::DrawObject(CDC* pDC)
    {
1       sphere.Draw(pDC);
    }
```

程序说明：调用 sphere 的 Draw 函数向 memDC 绘制小球。

（7）碰撞检测函数

碰撞发生在小球与客户区边界之间，所以在 CTestView 类内定义碰撞检测函数。

```
    void CTestView::CollisionDetection(void)
    {
1       if(sphere.CenterPoint.x - sphere.R < 0)                //检测与左边界发生的碰撞
            direction.x = 1;
        if(sphere.CenterPoint.x + sphere.R > nWidth)           //检测与右边界发生的碰撞
            direction.x = -1;
5       if(sphere.CenterPoint.y - sphere.R < 0)                //检测与上边界发生的碰撞
            direction.y = 1;
        if(sphere.CenterPoint.y + sphere.R > nHeight)          //检测与下边界发生的碰撞
            direction.y = -1;
    }
```

程序说明：小球用正方形包围盒的内接圆来表示。通过检测正方形包围盒边界与客户区边界的接触情况，来改变小球的运动方向。将运动方向 Direction 的取值改变为负值。由于用到了 CSphere 类的数据成员 R 和 CenterPoint，所以这两个参数在 CSphere 类内定义为公有数据成员。

（8）动画按钮函数

动画开关按下后开始动画，弹起后停止动画。

```
    Void CTestView::OnGraphAnimation()
    {
        // TODO: 在此添加命令处理程序代码
1       bPlay = !bPlay;
        if(bPlay)                               //启动定时器
            SetTimer(1, 1, NULL);
        else
5           KillTimer(1);                       //关闭定时器
    }
```

程序说明：第 1 行语句将动画按钮设置为翻转按钮。第 3 行语句启动“1 号”定时器，时间间隔为 1ms。第 5 行语句关闭“1 号”定时器。

（9）定时器消息响应函数

选择“项目”→“类向导”菜单命令，打开“类向导”对话框，如图 1.18 所示。类名选择为 CTestView。在“消息”标签页选择 WM_TIMER，单击“添加处理程序”按钮，对消息进行映射。单击“编辑代码”按钮编辑代码。

```
    Void CTestView::OnTimer(UINT_PTR nIDEvent)
    {
        // TODO: 在此添加消息处理程序代码和/或调用默认值
        sphere.CenterPoint += direction;
        Invalidate(FALSE);
        Cview::OnTimer(nIDEvent);
    }
```

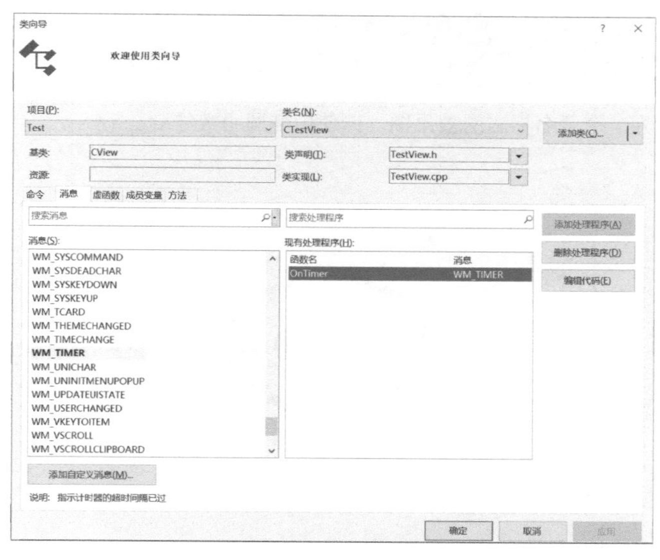

图 1.18 “类向导”对话框

程序说明：第 1 行语句根据运动方向的步长，改变小球中心位置。第 2 行语句强制客户区重绘。

（10）动画按钮控制状态函数

在 CTestView 类内为“动画”按钮添加 UPDATE_COMMAND_UI 消息响应函数，设置工具栏上图标的按下和弹起状态。

```
Void CTestView::OnUpdateGraphAnimation(CcmdUI *pCmdUI)
{
    // TODO: 在此添加命令更新用户界面处理程序代码
    if(bPlay)
        pCmdUI->SetCheck(TRUE);
    else
        pCmdUI->SetCheck(FALSE);
}
```

程序说明：在 CTestView 类内为“动画”按钮添加 UPDATE_COMMAND_UI 消息响应函数，设置按钮状态。若动画开关变量为真，则按下动画按钮；若动画开关变量为假，则弹起动画按钮。

4．案例小结

本案例介绍了双缓冲函数和碰撞检测函数。双缓冲函数用于实现光滑动画，碰撞检测函数用于改变图形的运动方向。用计算机的时钟脉冲来驱动图形运动，可以使动画连续运动下去，直到再次按下“动画”按钮停止动画。

1.9 本章小结

计算机图形学的一个研究重点是将三维几何模型渲染为真实感图形。本书在 Visual Studio 2017 平台上，使用 MFC 来开发图形算法。理论 1 主要讲解了 MFC 的基本绘图函数，给出了鼠标绘制直线的实验项目；展示三维模型的最好方法是使用三维动画技术，本章使用双缓冲技术制作了平滑动画。理论 2 主要讲解了双缓冲绘图算法，给出了小球与客户区边界碰撞的实验项目。学习计算机图形学最好的方法是“运行案例看效果，讲解原理学算法；对照程序找代码，围绕案例做拓展。（获得 2008 年山西省教学成果二等奖）”

习题 1

1.1 题图 1.1 所示为一个著名标志的效果图，请使用椭圆函数绘制。

题图 1.1

1.2 曲柄为主动件做等速转动，带动滑块做往复直线运动，滑块再带动摇杆做往复摆动，如题图 1.2(a)所示。试制作曲柄滑块摇杆机构动画，如题图 1.2(b)所示。

摇杆
滑块
曲柄

(a) 原理图

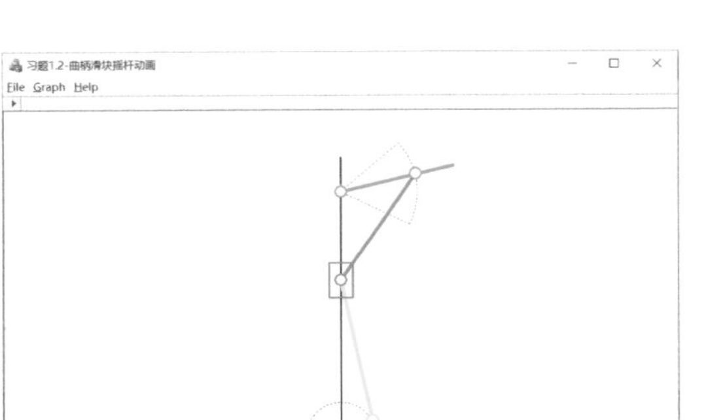

(b) 效果图

题图 1.2

第 2 章　直线的光栅化

- 学习重点：Bresenham 直线算法。
- 学习难点：Bresenham 直线算法绘制金刚石图案。

像素点、直线、三角形是计算机图形学的基本图元。物体的网格模型由三角形构成，三角形由 3 条直线构成，而直线由像素点组成。尽管 MFC 的 CDC 类提供了绘制直线的函数，但仍然无法完全满足计算机图形学的绘图要求，例如 MFC 不能用 MoveTo 函数和 LineTo 函数绘制颜色光滑过渡的直线。直线的光栅化就是在像素点阵中确定最佳逼近理想直线的像素点集，并用指定颜色显示这些像素点集的过程。当光栅化与按扫描线顺序绘制图形的过程结合在一起时，也称扫描转换。

2.1　确定主位移方向

光栅扫描显示器是画点设备，因此不能直接从一点到另一点绘制一段直线。直线光栅化的结果是一组在几何上距离理想直线最近的离散像素点集。在图 2.1 中，像素使用放大了很多倍的小圆表示，黑色实心圆表示直线离散后的像素点。

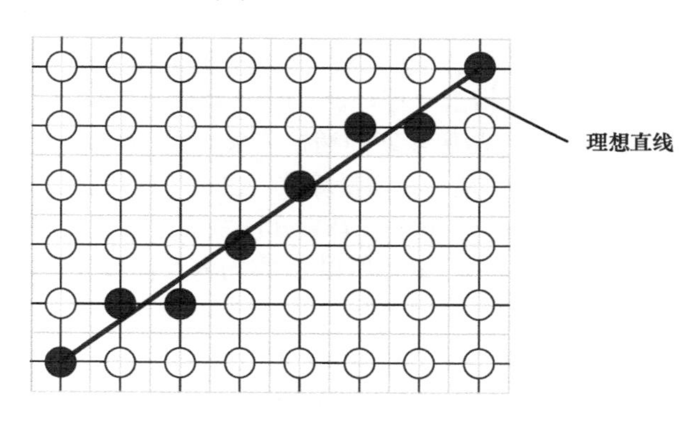

图 2.1　直线的光栅化

计算机图形学要求直线的绘制速度快，即尽量使用加、减法，避免乘、除、开方、三角函数等复杂运算。有多种算法可以对直线进行光栅化，如 DDA 算法、Bresenham 算法、中点算法等。本章重点介绍 Bresenham 算法和中点算法。

给定理想直线的起点坐标为 $P_0(x_0, y_0)$，终点坐标为 $P_1(x_1, y_1)$，用斜截式表示的直线方程为

$$y = kx + b \tag{2.1}$$

其中，直线的斜率为 $k = \dfrac{\Delta y}{\Delta x} = \dfrac{y_1 - y_0}{x_1 - x_0}$，$\Delta x = x_1 - x_0$ 为水平方向位移，$\Delta y = y_1 - y_0$ 为垂直方向位移，b 为 y 轴上的截距。

在光栅化算法中，常根据 Δx 和 Δy 的大小来确定绘图的主位移方向。在主位移方向上执行的是±1 操作，另一个方向上是否±1 操作，需要建立误差项来判定。若 $\Delta x \geq \Delta y$，则取 x 方向为主

位移方向，如图 2.2(a)所示；若 $\Delta x = \Delta y$，则取 x 方向为主位移方向或取 y 方向为主位移方向，如图 2.2(b)所示；若 $\Delta x < \Delta y$，则取 y 方向为主位移方向，如图 2.2(c)所示。

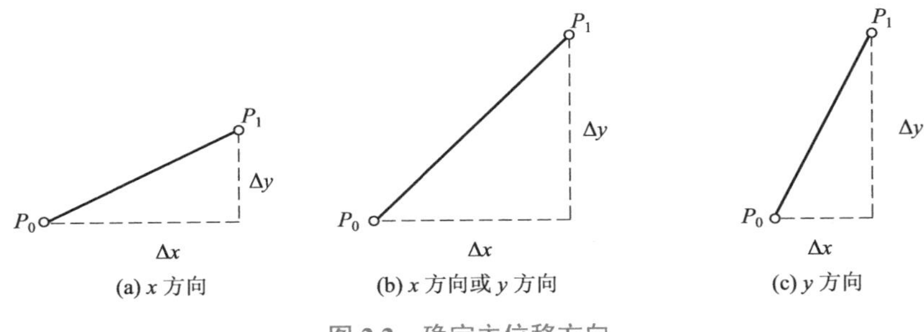

图 2.2　确定主位移方向

除特别声明外，以下给出的直线光栅化算法是斜率满足 $0 \le k \le 1$ 的情形，其他斜率情况下可以根据直线的对称性计算。在计算机图形学中，术语“直线”表示一段直线，而不是数学意义上两端无限延伸的直线。

2.2　DDA 算法

数字微分分析器（Digital Differential Analyzer，DDA）是用数字方法求解微分方程的一种算法。式（2.1）的微分表示为

$$\frac{\mathrm{d}y}{\mathrm{d}x} = \frac{\Delta y}{\Delta x} = k \tag{2.2}$$

其有限差分近似解为

$$\begin{cases} x_{i+1} = x_i + \Delta x \\ y_{i+1} = y_i + \Delta y = y_i + k\Delta x \end{cases} \tag{2.3}$$

式（2.3）给出了直线上的像素 P_{i+1} 与像素 P_i 的递推关系。可以看出，x_{i+1} 和 y_{i+1} 的值可以根据 x_i 和 y_i 的值推算出来，这说明 DDA 算法是一种增量算法。在一个迭代算法中，如果每一步的 x, y 值是用前一步的值加上一个增量来获得的，那么这种算法就称为增量算法。

直线的斜率满足 $0 \le k \le 1$ 时，有 $\Delta x \ge \Delta y$，所以 x 方向为主位移方向。取 $\Delta x = 1$，有 $\Delta y = k$。DDA 算法简单表述为

$$\begin{cases} x_{i+1} = x_i + 1 \\ y_{i+1} = y_i + k \end{cases} \tag{2.4}$$

在图 2.3 所示的 DDA 算法原理示意图中，$P_i(x_i, y_i)$ 为理想直线的起点扫描转换后的像素点。$Q(x_i+1, y_i+k)$ 为理想直线与下一列垂直网格线 $x_{i+1} = x_i + 1$ 的交点。从 P_i 像素出发，沿主位移 x 方向上递增一个单位，下一列上只有一个像素被选择，候选像素为 $P_\mathrm{u}(x_i+1, y_i+1)$ 和 $P_\mathrm{d}(x_i+1, y_i)$。最终选择哪个像素，可以通过对直线斜率进行圆整计算来决定。

在式（2.4）中，x 方向的增量为 1，y 方向的增量为 k。x 是整型变量，y 和 k 是浮点型变量。DDA 算法使用宏命令 $\mathrm{ROUND}(y_{i+1}) = \mathrm{int}(y_{i+1} + 0.5)$ 来选择 P_d 像素（$y_{i+1} = y_i$），或者选择 P_u 像素（$y_{i+1} = y_i + 1$）。这种圆整计算是为了选择距离直线最近的像素，即

$$y_{i+1} = \begin{cases} y_i + 1, & k \ge 0.5 \\ y_i, & k < 0.5 \end{cases} \tag{2.5}$$

在图 2.4 所示的圆整计算示意图中，M 点是 P_u 像素和 P_d 像素联系的网格中点，坐标为 $(x_i+1, y_i+0.5)$，其中下标 u 代表 up，下标 d 代表 down。通过对 Q 点进行圆整，可以决定下一步

是选取像素 P_u 还是选取像素 P_d。

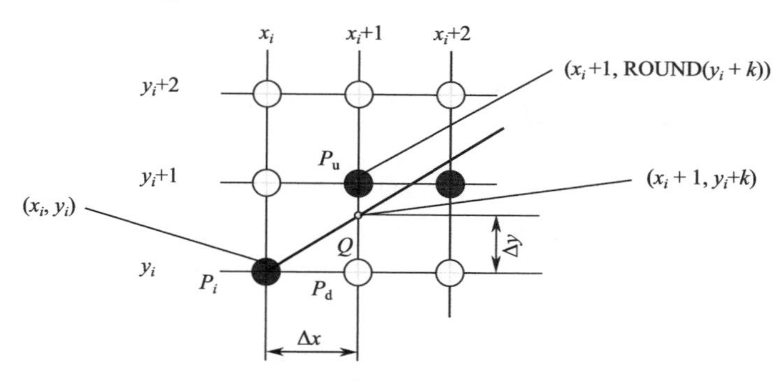

图 2.3　DDA 算法原理示意图

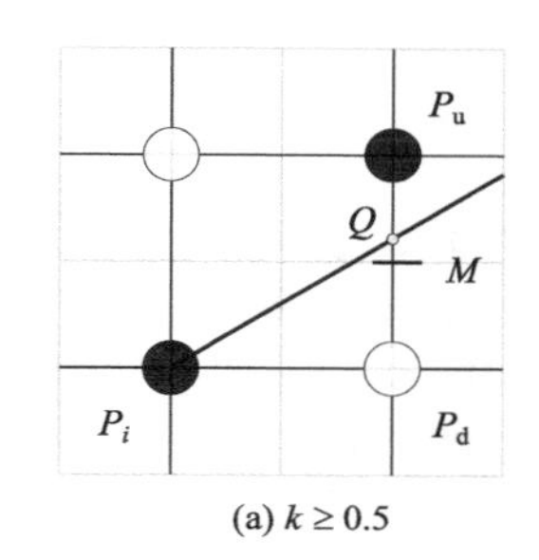

(a) $k \geq 0.5$

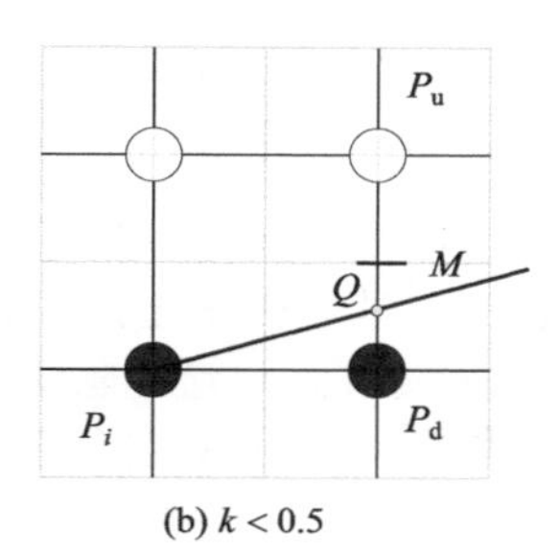

(b) $k < 0.5$

图 2.4　圆整计算示意图

DDA 算法中涉及浮点数运算，而且对 y 取整要花费时间，这不利于硬件实现。为此，Bresenham 提出了一个只使用整数运算就能完成直线绘制的经典算法。

2.3　Bresenham 算法

1965 年，Bresenham 为数字绘图仪开发了一种绘制直线的算法[7]。该算法同样适用于光栅扫描显示器，被称为 Bresenham 算法。Bresenham 算法是一个只使用整数运算的经典算法，它能够根据前一个已知坐标(x_i, y_i)进行增量运算得到(x_{i+1}, y_{i+1})，而不必进行取整操作。该算法可扩充其浮点数功能，以处理端点坐标为任意实数的直线。

2.3.1　Bresenham 算法原理

Bresenham 算法在主位移方向上每次递增一个单位。另一个方向的增量为 0 或 1，具体取决于像素点与理想直线的距离，这一距离称为误差项，用 d 表示。

在图 2.5 所示的 Bresenham 算法原理示意图中，直线斜率满足 $0 \leq k \leq 1$，因此 x 方向为主位移方向。$P_i(x_i, y_i)$ 点为当前像素，$Q(x_i+1, y_i+d)$ 为理想直线与下一列垂直网格线的交点。假定直线的起点为 P_i，该点位于网格点上，所以 d_i 的初始值为 0。

沿 x 方向递增一个单位，即 $x_{i+1} = x_i + 1$。下一个候选像素是 $P_d(x_i+1, y_i)$ 或 $P_u(x_i+1, y_i+1)$。究竟是选择 P_u 还是选择 P_d，取决于交点 Q 的位置，而 Q 点的位置是由直线的斜率决定的。Q 点与像素 P_d 的误差项为 $d_{i+1} = k$。当 $d_{i+1} < 0.5$ 时，像素 P_d 距离 Q 点近，选取 P_d；当 $d_{i+1} > 0.5$ 时，像素 P_u 距离 Q 点近，选取 P_u；当 $d_{i+1} = 0.5$ 时，像素 P_d 与 P_u 到 Q 点的距离相等，选取任一像素均可，约定选取 P_u。

因此，得

$$y_{i+1}=\begin{cases}y_i+1, & d_{i+1}\geq 0.5\\ y_i, & d_{i+1}<0.5\end{cases} \tag{2.6}$$

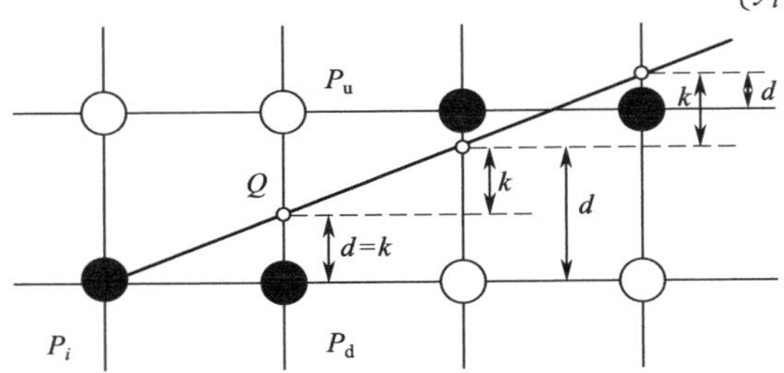

图 2.5 **Bresenham** 算法原理示意图

其中的关键在于递推计算误差项 d_i。沿 x 方向递增一个单位，有 $d_{i+1}=d_i+k$。一旦 y 方向向上走了一步，就将其减 1。由于只需要检查误差项的符号，令 $e_{i+1}=d_{i+1}-0.5$，以消除小数的影响。式（2.6）改写为

$$y_{i+1}=\begin{cases}y_i+1, & e_{i+1}\geq 0\\ y_i, & e_{i+1}<0\end{cases} \tag{2.7}$$

取 e 的初始值为 $e_0=-0.5$。沿 x 方向每递增一个单位，有 $e_{i+1}=e_i+k$。当 $e_{i+1}\geq 0$ 时，下一个像素更新为 (x_i+1,y_i+1)，同时将 e_{i+1} 更新为 $e_{i+1}-1$；否则，下一个像素更新为 (x_i+1,y_i)。

2.3.2 整数 Bresenham 算法原理

虽然当前点的 x 坐标和 y 坐标均使用了加 1 或减 1 的整数运算，但是在递推计算直线误差项 e 时，仍然使用了浮点数 k，且除法参与了运算。按照 Bresenham 的说法，使用整数运算可以加快算法的速度。应对算法进行修正，以避免除法运算。由于 Bresenham 算法中只用到误差项的符号，而 Δx 在 $0\leq k\leq 1$ 内恒为正，所以可以进行替换 $e=2\Delta xe$。改进的整数 Bresenham 算法如下：e 的初值为 $e_0=-\Delta x$，沿 x 方向每递增一个单位，有 $e_{i+1}=e_i+2\Delta y$。当 $e_{i+1}\geq 0$ 时，将下一个像素更新为 (x_i+1,y_i+1)，同时将 e_{i+1} 更新为 $e_{i+1}-2\Delta x$；否则，将下一个像素更新为 (x_i+1,y_i)。

2.3.3 通用整数 Bresenham 算法原理【理论 3】

以上整数 Bresenham 算法绘制的是第一个八分圆域（$0\leq k\leq 1$）的直线。在绘制图形时，要求编程实现能绘制任意斜率的通用直线。根据对称性，可以设计通用整数 Bresenham 算法。在图 2.6 所示的通用整数 Bresenham 算法判别条件中，x 和 y 是加 1 还是减 1，取决于直线所在的象限。例如，对于第一个八分圆域，x 方向为主位移方向。Bresenham 算法的原理为 x 每次加 1，y 根据误差项决定是加 1 还是加 0；对于第二个八分圆域（$k>1$），y 方向为主位移方向。Bresenham 算法的原理为 y 每次加 1，x 是否加 1 需要使用误差项来判断。使用整数 Bresenham 算法绘制从原点发出的 360 条射线，效果如图 2.7 所示。

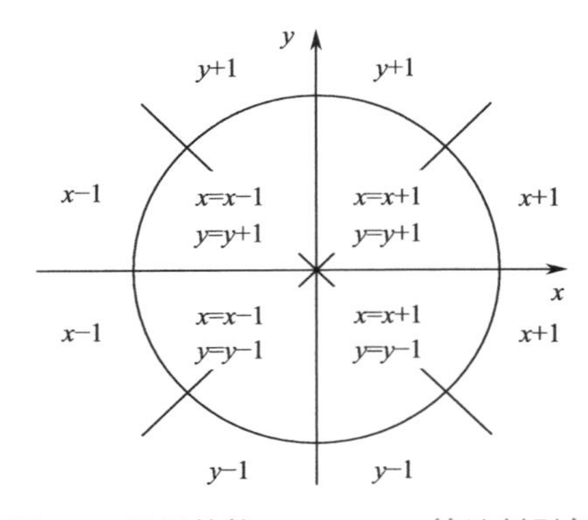

图 2.6 通用整数 **Bresenham** 算法判别条件

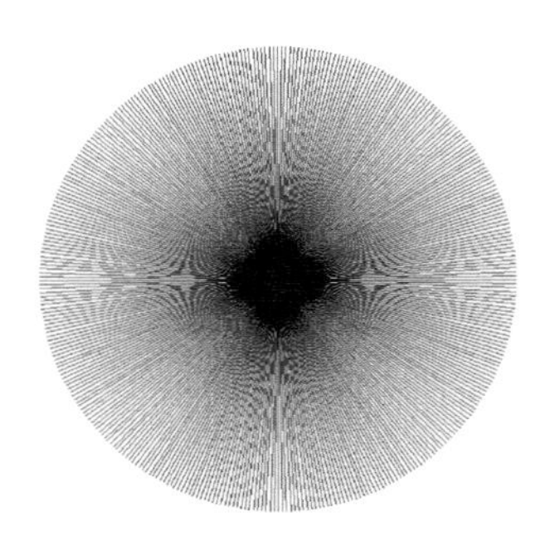

图 2.7 直线算法的效果图

2.3.4 颜色线性插值

开发直线算法的一个目的就是要绘制颜色渐变直线。颜色渐变直线上每个点的颜色来自端点颜色的线性插值。线性插值公式为

$$P=(1-t)P_0+tP_1 \tag{2.8}$$

式中，P 为直线上的任意一点，P_0 为直线的起点，P_1 为直线的终点；t 为常数，$t\in[0,1]$。

直线的主位移方向沿 x 方向，有

$$x=(1-t)x_0+tx_1 \tag{2.9}$$

得到

$$t=\frac{x-x_0}{x_1-x_0} \tag{2.10}$$

直线的主位移方向沿 y 方向，有

$$y=(1-t)y_0+ty_1 \tag{2.11}$$

得到

$$t=\frac{y-y_0}{y_1-y_0} \tag{2.12}$$

直线的颜色插值方程为

$$c=(1-t)c_0+tc_1 \tag{2.13}$$

将式（2.10）代入式（2.13），有

$$c=\frac{x_1-x}{x_1-x_0}\cdot c_0+\frac{x-x_0}{x_1-x_0}\cdot c_1 \tag{2.14}$$

将式（2.12）代入式（2.13），有

$$c=\frac{y_1-y}{y_1-y_0}\cdot c_0+\frac{y-y_0}{y_1-y_0}\cdot c_1 \tag{2.15}$$

如果将 x, y 方向用 t 表示，将 c_0 表示为 c_{Start}，将 c_1 表示为 c_{End}，将 P 点的颜色表示为 color，那么式（2.14）和式（2.15）统一写为

$$\text{color}=\frac{t_{\text{End}}-t}{t_{\text{End}}-t_{\text{Start}}}\cdot c_{\text{Start}}+\frac{t-t_{\text{Start}}}{t_{\text{End}}-t_{\text{Start}}}\cdot c_{\text{End}} \tag{2.16}$$

2.4 实验 3：使用 Bresenham 直线算法绘制颜色渐变三角形

1. 实验描述

在窗口客户区内按下鼠标左键绘制 3 个点代表三角形的顶点。设定第一个顶点的颜色为红色，第二个顶点的颜色为绿色，第三个顶点的颜色为蓝色。使用 Bresenham 算法绘制光滑着色的直线连接各个顶点。当鼠标移动到第一个顶点附近时，自动闭合三角形，效果图如图 2.8 所示。

2. 实验设计

人机交互技术是指通过计算机输入、输出设备，以有效的方式实现人与计算机对话的技术。最常用的人机交互技术是指回显、约束、网格、引力域、橡皮筋、拖动、草拟和旋转等，综合使用这些技术可以实现交互式绘图。本实验绘制三角形的 3 个顶点后，下一步是闭合三角形，即使用鼠标光标将直线连接到起点。但是，要使用光标准确地找到起点是很困难的。这时可以采用所谓的引力域技术，将靠近直线上一个顶点的任意输入位置直接转换到该顶点上。引力域技术是指

以某一点为中心建立一个正方形区域，当光标处于引力域之内时，会被“引力”吸引到该点上。需要注意的是，引力域的大小要选择适当，太小没有引力，太大容易出现错误连接。

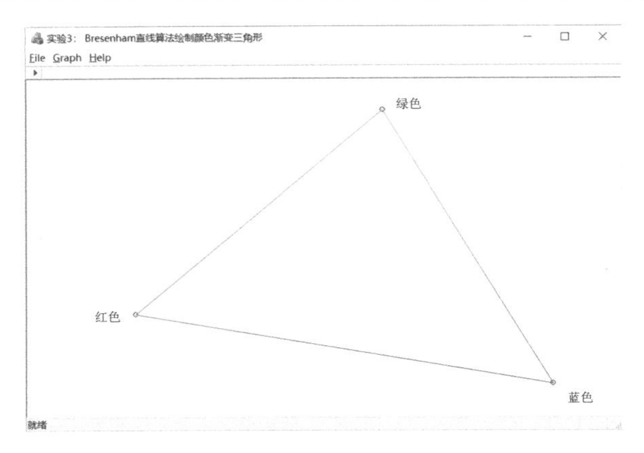

图 2.8 颜色渐变三角形效果图

3. 实验编码

（1）颜色类 CRGB

为方便运算，将颜色分量 red、green、blue 和 alpha 定义为浮点型变量，其中 alpha 分量表示透明度。

```
1    class CRGB
     {
     public:
         CRGB(void);
5        CRGB(double red, double green, double blue, double alpha = 0.0);
         virtual ~CRGB(void);
         void Normalize(void);          //归一化处理
     public:
         double red;                    //红色分量
10       double green;                  //绿色分量
         double blue;                   //蓝色分量
         double alpha;                  //alpha 分量
     };
     CRGB::CRGB(double red, double green, double blue, double alpha)  //重载构造函数
15   {
         this->red = red;
         this->green = green;
         this->blue = blue;
         this->alpha = alpha;
20   }
     void CRGB::Normalize(void)                                 //归一化
     {
         red = (red < 0.0) ? 0.0 : ((red > 1.0) ? 1.0 : red);
         green = (green < 0.0) ? 0.0 : ((green > 1.0) ? 1.0 : green);
25       blue = (blue < 0.0) ? 0.0 : ((blue > 1.0) ? 1.0 : blue);
     }
```

程序说明：第 5 行语句中，alpha 为零表示不透明。第 21～26 行语句定义 Normalize()函数，将颜色分量归一化到闭区间[0,1]。将 CRGB 类转换为 RGB 宏命令绘图时，需要将每个分量乘以 255。

(2）设计二维整数点类

由于屏幕坐标是整数坐标，因此设计二维整数点类，并为每个点赋予颜色值。

```
    #include "RGB.h"
1   class CPoint2
    {
    public:
        CPoint2(void);
        CPoint2(int x, int y);
        CPoint2(int x, int y, CRGB c);
    public:
        int x, y;                           //整数点坐标
        CRGB c;                             //点的颜色
    };
```

程序说明：扫描线是整数值，设计整数点类是为了方便访问扫描线和像素点。

(3）设计 CLine 直线类

CLine 直线类的成员变量为直线的起点坐标 P0 和终点坐标 P1，成员函数为 MoveTo 和 LineTo 函数。

```
    #include"Point2.h"
1   class CLine
    {
    public:
        CLine(void);
5       virtual ~CLine(void);
        void MoveTo(CDC* pDC, CPoint2 p0);                      //移动到指定位置
        void MoveTo(CDC* pDC, int x0, int y0, CRGB c0);         //重载函数
        void LineTo(CDC* pDC, CPoint2 p1);                      //绘制直线，不含终点
        void LineTo(CDC* pDC, int x1, int y1, CRGB c1);         //重载函数
10      CRGB LinearInterp(double t,double tStart,double tEnd,CRGB cStart,CRGB cEnd);
                                                                //颜色线性插值
    private:
        CPoint2 P0;                                             //起点
        CPoint2 P1;                                             //终点
    };
15  CLine::CLine(void)
    {
    }
    CLine::~CLine(void)
    {
20      this->P0 = CPoint2(0, 0, CRGB(0.0, 0.0, 0.0));
        this->P1 = CPoint2(0, 0, CRGB(0.0, 0.0, 0.0));
    }
    void CLine::MoveTo(CDC* pDC, CPoint2 p0)
    {
25      P0 = p0;
    }
    void CLine::MoveTo(CDC* pDC, int x0, int y0, CRGB c0)
    {
        P0 = CPoint2(x0, y0, c0);
30  }
    void CLine::LineTo(CDC* pDC, CPoint2 p1)
    {
```

```
        P1 = p1;
        int dx = abs(P1.x - P0.x);
35      int dy = abs(P1.y - P0.y);
        BOOL bInterChange = FALSE;
        int e, signX, signY, temp;
        signX = (P1.x > P0.x) ? 1 : ((P1.x < P0.x) ? -1 : 0);
        signY = (P1.y > P0.y) ? 1 : ((P1.y < P0.y) ? -1 : 0);
40      if (dy > dx)
        {
            temp = dx;
            dx = dy;
            dy = temp;
45          bInterChange = TRUE;
        }
        e = -dx;
        CPoint2 p = P0;                                    //从起点开始绘制直线
        for (int i = 1; i <= dx; i++)
50      {
            p.c = LinearInterp(p.x, P0.x, P1.x, P0.c, P1.c);
            if (P0.x == P1.x)
                p.c = LinearInterp(p.y, P0.y, P1.y, P0.c, P1.c);
            pDC->SetPixelV(p.x, p.y, COLOR(p.c));
55          if (bInterChange)
                p.y += signY;
            else
                p.x += signX;
            e += 2 * dy;
60          if (e >= 0)
            {
                if (bInterChange)
                    p.x += signX;
                else
65                  p.y += signY;
                e -= 2 * dx;
            }
        }
        P0 = p1;
70  }
    void CLine::LineTo(CDC* pDC, int x1, int y1, CRGB c1)
    {
        LineTo(pDC, CPoint2(x1, y1, c1));
    }
75  CRGB CLine::LinearInterp(double t,double tStart,double tEnd,CRGB cStart,CRGB cEnd)
    {
        CRGB color;
        color = (t-tEnd)/(tStart-tEnd)*cStart+(t-tStart)/(tEnd-tStart)*cEnd;
        return color;
80  }
```

程序说明：分别为 MoveTo 函数和 LineTo 函数定义了重载函数，可以处理 int 类型参数和 CPoint2 类型参数。第 31～70 行语句中，基于整数 Bresenham 算法设计了直线算法。第 69 行语句使得 LineTo 函数可以连续使用。第 51 行语句沿着 x 方向进行颜色的线性插值。第 53 行语句沿着

y 方向进行颜色的线性插值。第 75～80 行语句对式（2.16）编码。代码中，COLOR(p.c)是自定义带参的宏，宏命令格式如下：

```
#define COLOR(c) int(RGB(c.red*255,c.green*255,c.blue*255))
```

（4）初始化三角形顶点颜色

在 CTestView 的构造函数内初始化三角形的顶点颜色。

```
1    CTestView::CTestView() noexcept
     {
         // TODO: 在此处添加构造代码
         i = 0;
5        p[0].c = CRGB(1.0, 0.0, 0.0);
         p[1].c = CRGB(0.0, 1.0, 0.0);
         p[2].c = CRGB(0.0, 0.0, 1.0);
     }
```

程序说明：三角形第一个顶点 P0 的颜色为红色，第二个顶点 P1 的颜色为绿色，第三个顶点 P2 的颜色为蓝色。

（5）鼠标左键按下消息映射函数

在 WM_LBUTTONDOW 消息映射函数中，绘制圆圈表示直线的顶点。

```
1    void CTestView::OnLButtonDown(UINT nFlags, CPoint point)
     {
         // TODO: 在此添加消息处理程序代码和/或调用默认值
         CLine* pLine = new CLine;
5        CDC* pDC = GetDC();
         if (i < 3)
         {
             p[i].x = point.x;
             p[i].y = point.y;
10           pDC->Ellipse(ROUND(p[i].x -5), ROUND(p[i].y - 5),
                          ROUND(p[i].x + 5), ROUND(p[i].y + 5));
             i++;
         }
         if (i >= 2)
         {
15           pLine->MoveTo(pDC, CPoint2(p[i - 2].x, p[i - 2].y, p[i - 2].c));
             pLine->LineTo(pDC, CPoint2(p[i - 1].x, p[i - 1].y, p[i - 1].c));
         }
         delete pLine;
         ReleaseDC(pDC);
20       CView::OnLButtonDown(nFlags, point);
     }
```

程序说明：第 4 行语句创建指向 CLine 类的指针。第 5 行语句调用 GetDC()函数，获得 CDC 类的指针 pDC。第 8～9 行语句取鼠标光标的 point 作为直线顶点，p 代表直线的顶点数组。第 10 行语句绘制半径为 5 个像素的小圆圈。第 18 行语句释放动态创建的 pLine 指针。第 19 行语句释放 pDC。使用鼠标绘制 3 个顶点后的三角形如图 2.9 所示。

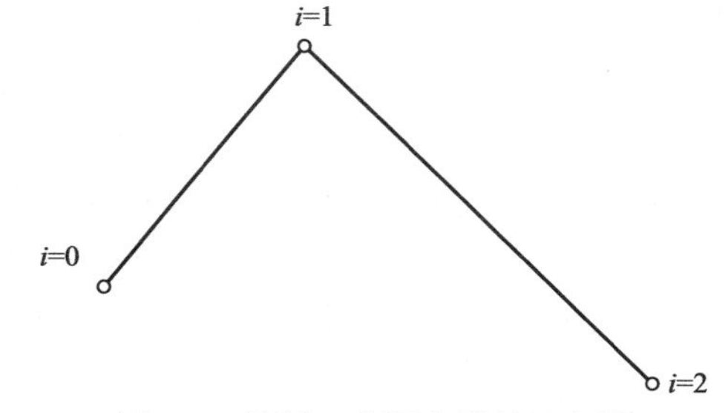

图 2.9　绘制 3 个顶点后的三角形

（6）闭合三角形

在 WM_MOUSEMOVE 消息映射函数中闭合三角形。

```
1    void CTestView::OnMouseMove(UINT nFlags, CPoint point)
     {
         // TODO: 在此添加消息处理程序代码和/或调用默认值
         CDC* pDC = GetDC();
5        CLine* pLine = new CLine;
         if (i > 2)
         {
             if (p[0].x - 5 < point.x && point.x < p[0].x + 5 && p[0].y - 5
                < point.y && point.y < p[0].y + 5)
             {
10               pLine->MoveTo(pDC, CPoint2(p[2].x, p[2].y, p[2].c));
                 pLine->LineTo(pDC, CPoint2(p[0].x, p[0].y, p[0].c));
             }
         }
         delete pLine;
15       ReleaseDC(pDC);
         CView::OnMouseMove(nFlags, point);
     }
```

程序说明：第 6～13 行语句闭合三角形（此时 i>2）。在图 2.10 所示的引力域中，当黑色实心点位于 P0 点的引力域内（用灰色表示）时，该点的坐标直接取为 P0 点的坐标，并从 P2 点向 P0 点连线。

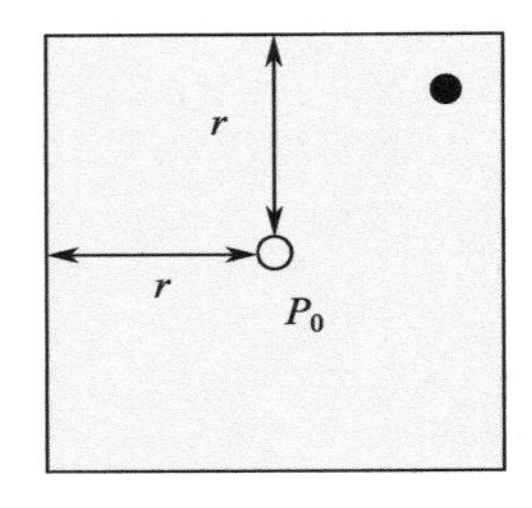

图 2.10　引力域

4．实验小结

三角形的 3 个顶点都被两条直线共享。为了保证共享顶点的颜色正确，绘制直线时只绘制起点，而不绘制终点。绘制 P0P1 时，P0 点着色为红色，P1 点不绘制。绘制 P1P2 时，P1 点着色为绿色，P2 点不绘制。绘制 P2P0 时，P2 点着色为蓝色，P0 点不绘制。P0 点保留原来的颜色即红色。这要求直线的设计是有向的，而且起点闭、终点开。

2.5　中点算法

中点算法是基于隐函数方程设计的，它使用像素网格中点来判断如何选取距离理想直线最近的像素点。

2.5.1　中点算法原理

中点算法的原理是，每次沿主位移方向上递增一个单位，另一个方向的增量为 1 或 0，具体取决于中点误差项的值。

由式（2.1）得到理想直线的隐函数方程为

$$F(x,y)=y-kx-b=0 \tag{2.17}$$

理想直线将平面划分成 3 个区域：对于直线上的点，$F(x,y)=0$；对于直线上方的点，$F(x,y)>0$；对于直线下方的点，$F(x,y)<0$。

考查斜率位于第一个八分圆域内的理想直线。假定直线上的当前像素为 $P_i(x_i,y_i)$，Q 点是直线与网格线的交点。沿主位移 x 方向递增一个单位，即执行 $x_{i+1}=x_i+1$，下一个像素点将从 $P_{\mathrm{u}}(x_i+1,y_i+1)$ 和 $P_{\mathrm{d}}(x_i+1,y_i)$ 两个候选像素中选取。连接像素 P_{u} 和像素 P_{d} 的网格中点为

$M(x_i+1, y_i+0.5)$，如图 2.11 所示。显然，若中点 M 位于理想直线的下方，则像素 P_u 距离直线近；否则，像素 P_d 点距离直线近。

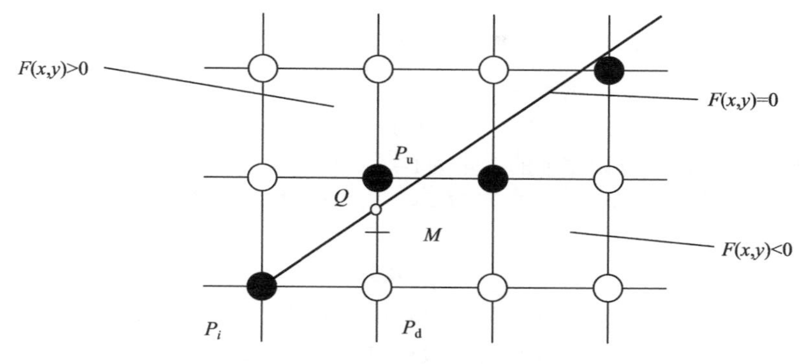

图 2.11　直线中点算法原理图

2.5.2　构造中点误差项

从 $P_i(x_i, y_i)$ 像素出发，沿主位移方向选取直线上的下一个像素时，需要将连接 P_u 和 P_d 两个候选像素的连线的网格中点 M 代入隐函数方程（2.17），构造中点误差项 d，即

$$\begin{aligned} d_i &= F(x_i+1, y_i+0.5) \\ &= y_i+0.5-k(x_i+1)-b \end{aligned} \tag{2.18}$$

当 $d_i<0$ 时，中点 M 位于直线的下方，像素 P_u 距离直线近，下一个像素应选取 P_u，即 y 方向上增量为 1；当 $d_i>0$ 时，中点 M 位于直线的上方，像素 P_d 距离直线近，下一个像素应选取 P_d，即 y 方向上增量为 0；当 $d_i=0$ 时，中点 M 位于直线上，像素 P_u、P_d 与直线的距离相等，选取任一像素均可，约定选取 P_d，如图 2.12 所示。

因此有

$$y_{i+1}=\begin{cases} y_i+1, & d_i<0 \\ y_i, & d_i\geq 0 \end{cases} \tag{2.19}$$

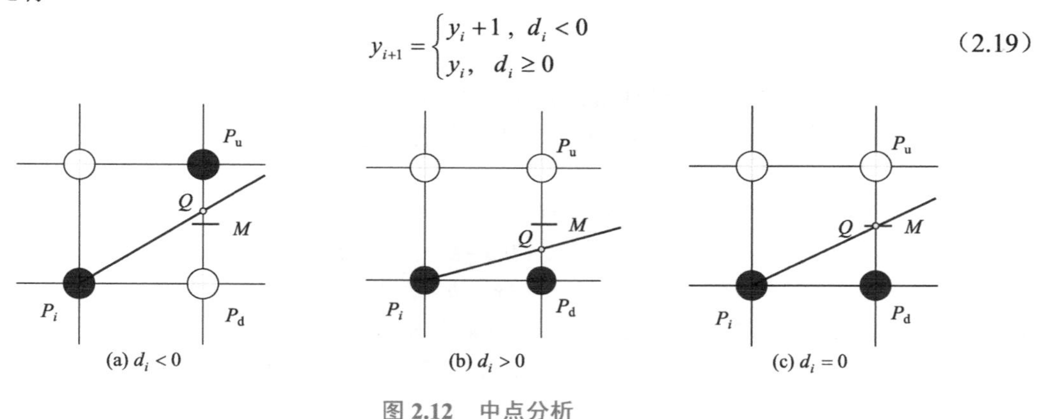

图 2.12　中点分析

2.5.3　递推公式

根据当前像素 P_i 确定下一个像素是选取 P_u 还是选取 P_d 时，使用了中点误差项 d 进行判断。为了能够继续光栅化直线上的后续像素，需要给出中点误差项的递推公式与初始值。

1．中点误差项的递推公式

在主位移 x 方向上已递增一个单位的情况下，考虑沿 x 方向再递增一个单位，此时应该选择哪个网格中点来计算误差项，要分两种情况来讨论。

当$d_i<0$时，下一步进行判断的中点为$M_u(x_i+2,y_i+1.5)$，如图 2.13(a)所示。中点误差项的递推公式为

$$\begin{aligned}d_{i+1}&=F(x_i+2,y_i+1.5)\\&=y_i+1.5-k(x_i+2)-b\\&=y_i+0.5-k(x_i+1)-b+1-k=d_i+1-k\end{aligned}\tag{2.20}$$

所以，上一步选择P_u后，中点误差项的增量为$1-k$。

当$d_i\geq 0$时，下一步进行判断的中点为$M_d(x_i+2,y_i+0.5)$，如图 2.13(b)所示。中点误差项的递推公式为

$$\begin{aligned}d_{i+1}&=F(x_i+2,y_i+0.5)\\&=y_i+0.5-k(x_i+2)-b\\&=y_i+0.5-k(x_i+1)-b-k=d_i-k\end{aligned}\tag{2.21}$$

所以，上一步选择P_d后，中点误差项的增量为$-k$。

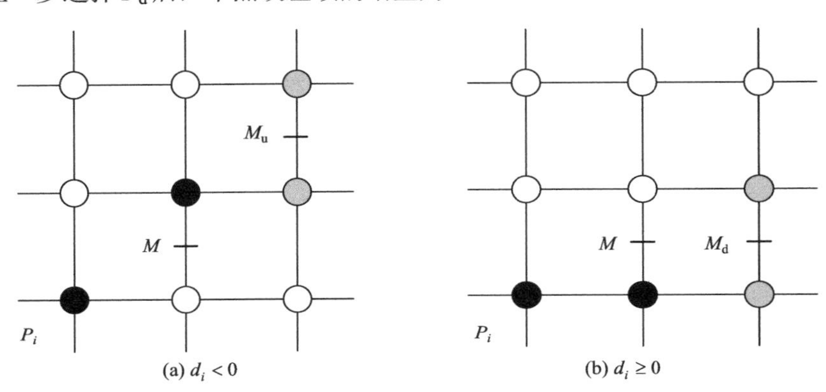

图 2.13 中点的递推

2. 中点误差项的初始值

直线的起点坐标扫描转换后的像素为$P_0(x_0,y_0)$。从像素P_0出发沿主位移x方向递增一个单位，第一个参与判断的中点是$M(x_0+1,y_0+0.5)$。代入中点误差项计算公式（2.18）中，得到d的初始值为

$$\begin{aligned}d_0&=F(x_0+1,y_0+0.5)\\&=y_0+0.5-k(x_0+1)-b\\&=y_0-kx_0-b-k+0.5\end{aligned}$$

式中，因为像素$P_0(x_0,y_0)$位于直线上，所以$y_0-kx_0-b=0$，于是有

$$d_0=0.5-k\tag{2.22}$$

2.5.4 中点算法整数化

上述中点算法有一个缺点，即在计算中点误差项 d 时，其初始值与递推公式中分别包含小数 0.5 和斜率 k。由于中点算法只用到 d 的符号，因此可以使用正整数 $2\Delta x$ 乘以 d 来摆脱小数运算：

$$e_i=2\Delta x d_i$$

整数化处理后，中点误差项的初始值为

$$e_0=\Delta x-2\Delta y\tag{2.23}$$

当$e_i<0$时，中点误差项的递推公式为

$$e_{i+1} = e_i + 2\Delta x - 2\Delta y \tag{2.24}$$

上一步选择 P_u 后，中点误差项的增量为 $2\Delta x - 2\Delta y$ 。

当 $e_i \geq 0$ 时，表示选择 P_d，中点误差项的递推公式为

$$e_{i+1} = e_i - 2\Delta y \tag{2.25}$$

上一步选择 P_d 后，中点误差项的增量为 $-2\Delta y$ 。

20 世纪 70 年代，由于计算机运算速度受限，完全整数的光栅化算法是计算机图形学研究者追求的一个目标。现有的研究成果已经证明，端点采用整数坐标没有太多益处，因为现在的 CPU 可以按照与处理整数的同样速度处理浮点数。

2.6 反走样技术【理论 4】

2.6.1 走样现象

扫描转换算法在处理非水平、非垂直且非 45° 的直线时会出现锯齿或台阶边界，这是因为光栅扫描显示器上显示的图像是由一系列亮度相同而面积不为零的离散像素构成的。这种由离散量表示连续量而引起的失真称为走样（Aliasing）。用于减轻走样现象的技术称为反走样（Anti-Aliasing，AA），游戏中也称抗锯齿。真实像素面积不为零，走样是连续图形离散为图像后引起的失真，是数字化的必然产物。走样是光栅扫描显示器的一种固有现象，只能减轻而不可避免。

在图 2.14 所示的直线的走样现象中，理想直线扫描转换后得到一组距离直线最近的黑色像素点集。每当前一列选取的像素和后一列选取的像素位于不同行时，在显示器上就会出现一个锯齿，发生走样。显然，只有在绘制水平线、垂直线和 45° 斜线时才不会发生走样。

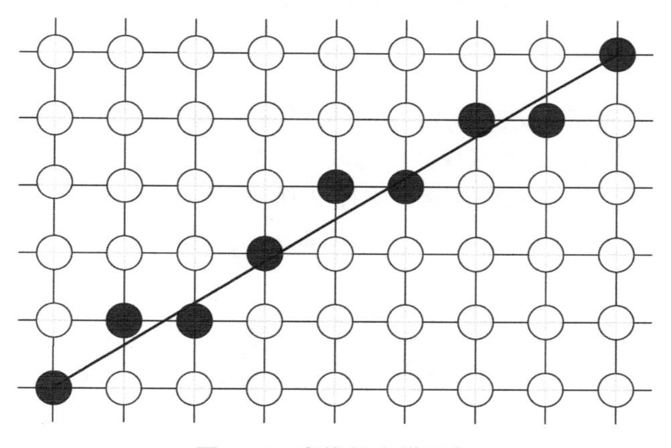

图 2.14　直线的走样现象

反走样既可以从硬件方面考虑，又可以从软件方面考虑。从硬件角度把显示器的分辨率提高 1 倍时，由于每个锯齿在 x 方向和 y 方向只有原分辨率的一半，所以走样现象有所减弱。虽然如此，硬件反走样技术由于受到制造工艺与生产成本的限制，不可能将分辨率做得很高，所以很难达到理想的反走样效果。通常讲的反走样技术主要是指软件反走样算法。

2.6.2 算法原理

1991 年，Wu Xiaolin 提出了一种对距离进行加权的反走样算法，称为 Wu 反走样算法[8]。Wu 反走样算法的原理是对于理想直线上的任一点，同时用两个不同亮度等级的相邻像素来表示。

在图 2.15 所示 Wu 反走样算法示意图中，理想直线与每一列的交点光栅化后，可用与交点距离最近的上、下两个像素共同显示，但分别设置为不同的亮度。假定背景色为白色，直线的颜色为黑色。一个像素距离交点越近，该像素的颜色就越接近直线的颜色，亮度就越小；一个像素距离交点越远，该像素的颜色就越接近背景色，亮度就越大，但上、下像素的亮度之和应等于 1。

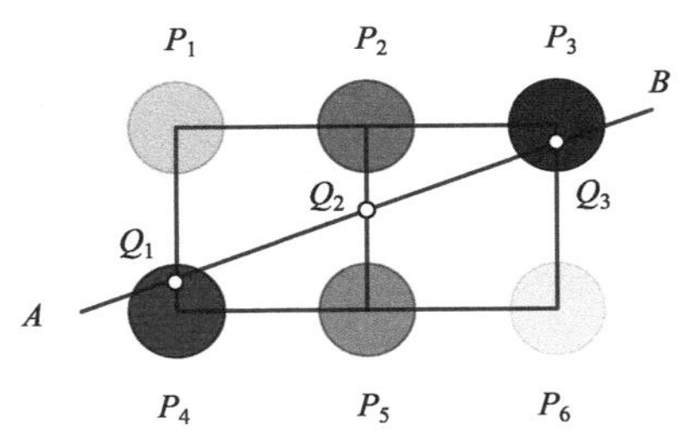

图 2.15　Wu 反走样算法示意图

对于每一列而言，可以将下方像素 P_d 与交点 Q 之间的距离 e 作为加权参数，对上、下像素的亮度等级进行调节。由于上、下像素的间距为 1 个单位，容易知道，上方的像素 P_u 与交点 Q 的距离为$1-e$。例如，像素 P_1 距离 Q_1 点 0.8 个像素，该像素的亮度等级为 80%；像素 P_4 距离 Q_1 点 0.2 个像素，该像素的亮度等级为 20%。同理，像素 P_2 距离 Q_2 点 0.45 个像素，该像素的亮度等级为 45%；像素 P_5 距离 Q_2 点 0.55 个像素，该像素的亮度等级为 55%；像素 P_3 距离 Q_3 点 0.1 个像素，该像素的亮度等级为 10%；像素 P_6 距离 Q_3 点 0.9 个像素，该像素的亮度等级为 90%。

2.6.3　构造距离误差项

设理想直线上的当前像素为 $P_i(x_i, y_i)$，沿主位移 x 方向上递增一个单位，下一个像素只能从 $P_u(x_i+1, y_i+1)$ 和 $P_d(x_i+1, y_i)$ 两个候选像素中选取。理想直线与 P_u 和 P_d 像素中心连线的网格交点为 $Q_i(x_i+1, e)$，e 为 Q 点到像素 P_d 的距离，如图 2.16 所示。设像素 $P_d(x_i+1, y_i)$ 的亮度为 e。由于像素 $P_u(x_i+1, y_i+1)$ 到 Q 点的距离为$1-e$，因此像素 P_u 的亮度为$1-e$。

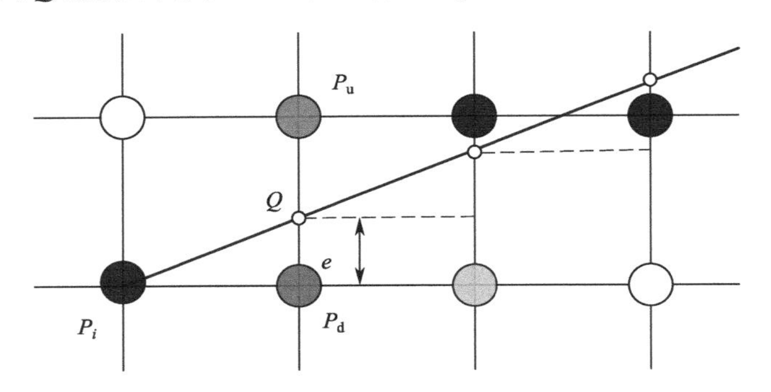

图 2.16　构造距离误差项示意图

2.6.4　反走样算法

沿主位移方向递增 1 个像素时，在直线与垂直网格线交点的上、下方，同时绘制两个像素来表示交点处理想直线的颜色，但两个像素的亮度等级不同。距离交点远的像素亮度值大，接近背景色（白色）；距离交点近的像素亮度值小，接近直线的颜色（黑色）。编程的关键在于递推计算误差项。e_i 的初值为 0。主位移方向上每递增一个单位，即 $x_{i+1}=x_i+1$ 时，有 $e_{i+1}=e_i+k$。当 $e_i \geq 1.0$ 时，相当于在 y 方向上走了一步，即 $y_{i+1}=y_i+1$，此时需要将 e_i 减 1，即 $e_{i+1}=e_i-1$。

2.7 实验 4：反走样秒表

1. 实验描述

在客户区中心绘制一反走样直线顺时针绕客户区中心旋转。直线旋转的每个刻度代表 1 秒，试编程制作反走样秒表，反走样秒表示意图如图 2.17 所示。

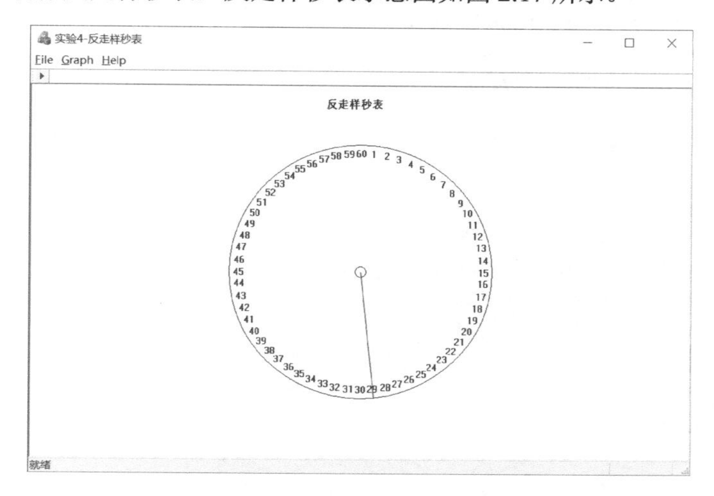

图 2.17　反走样秒表示意图

2. 实验设计

Wu 反走样算法采用空间混色原理来对走样现象进行修正。对于理想直线上的任一点，同时用两个不同亮度等级的相邻像素来表示。本实验基于通用整数 Bresenham 算法设计任意斜率的反走样直线。

调用 CTimer 类的 GetCurrentTime 函数来获得当前系统时间，调用 GetSecond 函数来获得系统的秒钟。

3. 实验编码

（1）设计反走样类 CALine

CALine 类提供 MoveTo 和 LineTo 函数绘制反走样直线。本实验通过斜率来划分直线。

```
1    class CALine
     {
     public:
         CALine(void);
5        virtual ~CALine(void);
         void MoveTo(CDC* pDC, CP2 p0);                     //移动到指定位置
         void MoveTo(CDC* pDC, double x0, double y0);
         void LineTo(CDC* pDC, CP2 p1);                     //绘制直线，不含终点
         void LineTo(CDC* pDC, double x1, double y1);
10   private:
         CP2 P0;                                            //起点
         CP2 P1;                                            //终点
```

```
    };
    CALine::CALine(void)
15  {
    }
    CALine::~CALine(void)
    {
    }
20  void CALine::MoveTo(CDC* pDC, CP2 p0)
    {
        P0 = p0;
    }
    void CALine::MoveTo(CDC* pDC, double x0, double y0)
25  {
        MoveTo(pDC, CP2(x0, y0));
    }
    void CALine::LineTo(CDC* pDC, CP2 p1)                  //绘制直线终点函数
    {
30      P1 = p1;
        double dx = abs(P1.x - P0.x);
        double dy = abs(P1.y - P0.y);
        BOOL bInterChange = FALSE;
        double e, signX, signY, temp;
35      signX = (P1.x > P0.x) ? 1 : ((P1.x < P0.x) ? -1 : 0);
        signY = (P1.y > P0.y) ? 1 : ((P1.y < P0.y) ? -1 : 0);
        if (dy > dx)
        {
            temp = dx;
40          dx = dy;
            dy = temp;
            bInterChange = TRUE;
        }
        e =0;
45      CP2 p = P0;                                        //从起点开始绘制直线
        for (int i = 1; i <= dx; i++)
        {
            CRGB c0(e, e, e);
            CRGB c1(1 - e, 1 - e, 1 - e);
50          if(bInterChange)                               //y为主位移方向
            {
                pDC->SetPixelV(ROUND(p.x + signX), ROUND(p.y), COLOR(c1));
                pDC->SetPixelV(ROUND(p.x), ROUND(p.y), COLOR(c0));
            }
55          else                                           //x为主位移方向
            {
                pDC->SetPixelV(ROUND(p.x), ROUND(p.y + signY), COLOR(c1));
                pDC->SetPixelV(ROUND(p.x), ROUND(p.y), COLOR(c0));
            }
60          if (bInterChange)
                p.y += signY;
            else
                p.x += signX;
65          e += (dy / dx);
```

```
                if (e >= 1.0)
                {
                    if (bInterChange)
                        p.x += signX;
70                  else
                        p.y += signY;
                    e --;
                }
            }
75          P0 = p1;
        }
        void CALine::LineTo(CDC* pDC, double x, double y)
        {
            LineTo(pDC, CP2(x, y));
80      }
```

程序说明：Wu 反走样算法是在通用整数 Bresenham 算法的基础上设计的，从直线颜色过渡到屏幕背景色，出现模糊边界。第 50～54 行语句绘制 y 为主位移方向的反走样直线。第 55～59 行语句绘制 x 为主位移方向的反走样直线。

（2）绘制秒表

获得当前秒钟后，按指定时间绘制反走样直线。

```
1     void CTestView::DrawClock(CDC* pDC)
      {
          DrawPlate(pDC);                                   //绘制表盘
          CTime time= CTime::GetCurrentTime();
5         Tsecond = time.GetSecond();
          Tangle = Tsecond * 2 * PI / 60.0;
          p1.x = ROUND(r * sin(Tangle));
          p1.y = ROUND(r * cos(Tangle));
          CALine aline;
10        aline.MoveTo(pDC, CP2(0.0, 0.0));
          aline.LineTo(pDC, p1);
      }
```

程序说明：第 3 行语句绘制表盘。第 4 行语句调用 CTime 类的 GetCurrentTime 函数获得系统当前时间。第 5 行语句获得系统当前秒钟。第 6 行语句计算秒针终点转角。第 7～8 行语句计算圆上当前秒针的终点坐标。第 9 行语句定义反走样类对象 aline。第 10～11 行语句从屏幕中心向半径为 r 的圆上绘制反走样直线代替秒针。

4．实验小结

Wu 反走样算法用两个相邻像素来共同表示理想直线上的一个点，依据每个像素到理想直线的距离调节其亮度，使所绘制的直线达到视觉上消除锯齿的效果。实际使用中，两个像素宽度的直线反走样的效果较好，视觉效果上直线的宽度会有所减小，看起来好像是 1 像素宽度的直线。

2.8　本章小结

直线的光栅化算法主要包括 DDA 算法、Bresenham 算法、中点算法和 Wu 反走样算法，其中 Bresenham 算法使用了完全的整数算法，使单点基本图形生成算法已无优化的余地，获得了广泛的应用。关于中点算法，感兴趣的读者可以参阅文献[9]。

习题 2

2.1 将圆进行等分，使用直线段连接各等分点所得到的图案称为金刚石图案。试在窗口客户区内绘制正三角形，以三角形的 3 个顶点为圆心绘制彼此相切的红、绿、蓝金刚石图案，效果如题图 2.1 所示。要求直线使用通用整数 Bresenham 算法编写。

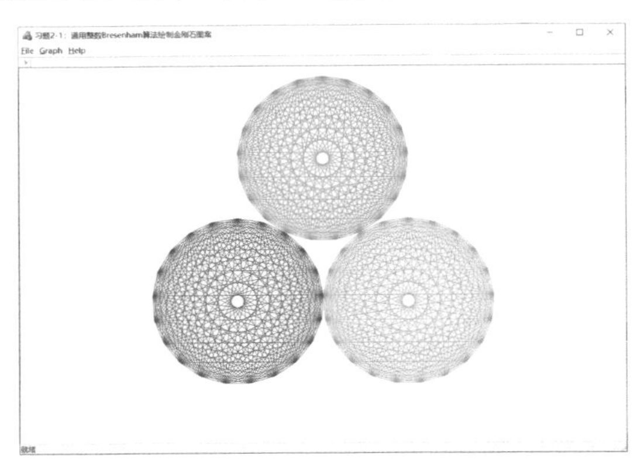

题图 2.1

2.2 在自定义二维坐标系中，调用 GetCurrentTime 获得当前时间。基于 Wu 反走样算法绘制 3 像素宽度的反走样指针组成的钟表。时针由红色过渡到黄色，分针由绿色过渡到黄色，秒针由蓝色过渡到黄色，效果如题图 2.2 所示。

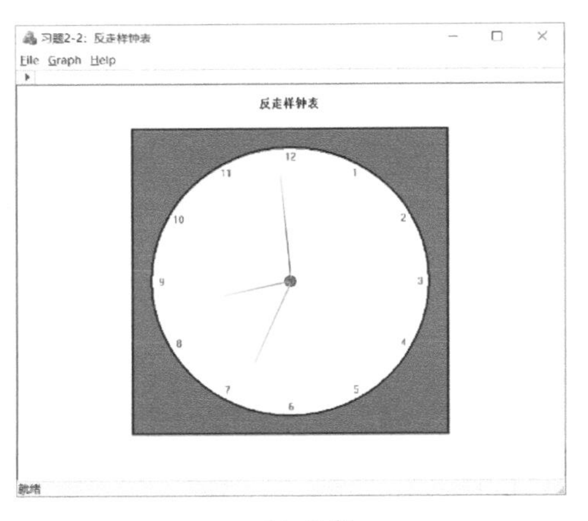

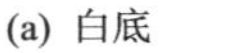

(a) 白底

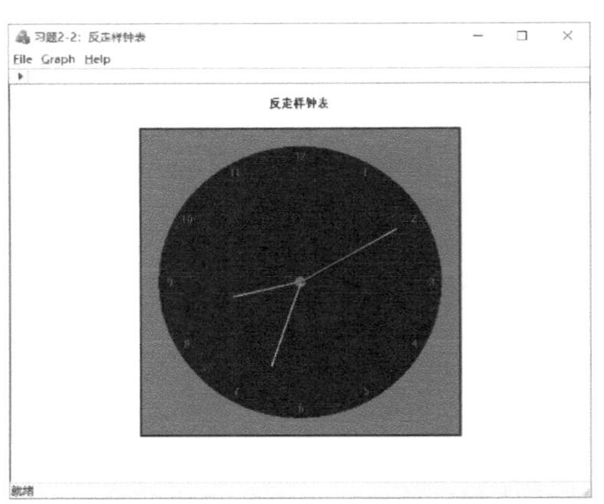

(b) 黑底

题图 2.2

第3章　几何变换

- 学习重点：二维几何变换、三维几何变换。
- 学习难点：二维几何变换类 CTransform2、三维几何变换类 CTransform3。

通过对图形进行几何变换（geometrical transformation），可以由简单图形构造出复杂图形。借助于动画技术，几何变换技术可以使图形运动起来。几何变换是指对图形进行平移（translation）、比例（scale）、旋转（rotation）、反射（reflection）和错切（shear）。几何变换可分为二维几何变换（简称二维变换）与三维几何变换（简称三维变换），其中二维变换是三维变换的基础。图 3.1 通过二维几何变换来布局窗户防护栏，使得防护栏既安全又呈现出中国古典图案的神秘效果。

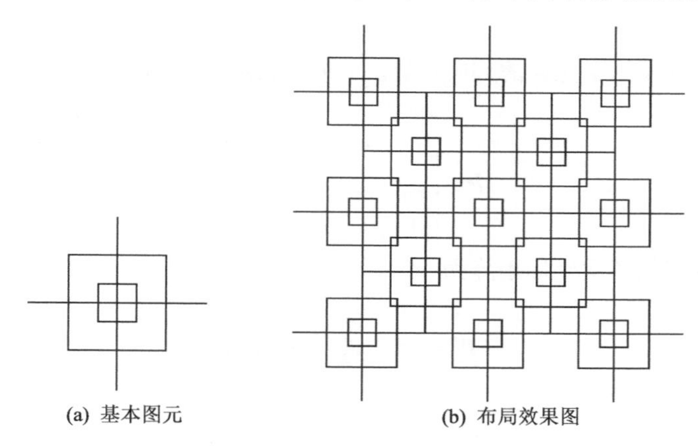

图 3.1　窗户防护栏

3.1　齐次坐标

为了使图形几何变换表达为图形顶点矩阵与某一变换矩阵相乘的问题，人们引入了齐次坐标。

所谓齐次坐标，是指用 $n+1$ 维向量表示 n 维向量。例如，在二维平面中，点 $P(x,y)$ 的齐次坐标表示为 $(X,Y,W)=(wx,wy,w)$。因此，$(2,3,1)$, $(4,6,2)$, $(12,18,6)$ 是用不同的齐次坐标三元组表示的同一个二维点 $(2,3)$。也就是说，每个二维点有多种齐次坐标表示形式。$W=w$ 为任意不为 0 的系数。使用齐次坐标反求原坐标为 $x=X/w,\ y=Y/w$。为了避免除法运算，常令 $w=1$，称为规范化的齐次坐标。相应地，点 $P(x,y)$ 的规范化齐次坐标表示为 $(x,y,1)$。类似地，在三维空间中，点 $P(x,y,z)$ 的规范化齐次坐标表示为 $(x,y,z,1)$。

定义顶点的规范化齐次坐标后，图形几何变换可以统一表示为图形顶点规范化齐次坐标矩阵与某一变换矩阵相乘的形式。

3.2 二维几何变换【理论 5】

3.2.1 二维几何变换矩阵

二维点的齐次坐标是 3 个元素的列向量，因此用规范化齐次坐标表示的二维变换矩阵必须是一个 3×3 的方阵，即

$$T=\begin{bmatrix} a & b & e \\ c & d & f \\ p & q & s \end{bmatrix} \tag{3.1}$$

从功能上可以把二维变换矩阵 T 分为 4 个子矩阵，即

$$T_0=\begin{bmatrix} a & b \\ c & d \end{bmatrix}, T_1=\begin{bmatrix} e \\ f \end{bmatrix}, T_2=[p \quad q], T_3=[s]$$

其中 T_0 对图形进行比例、旋转、反射和错切变换；T_1 对图形进行平移变换；T_2 对图形进行投影变换，对于二维变换取 $p=0,q=0$；T_3 对图形进行整体比例变换。

3.2.2 二维变换形式

齐次坐标表示的点为 3 个元素的列向量。n 个顶点表示为 $3\times n$ 的矩阵。设变换前图形顶点的规范化齐次坐标矩阵为

$$P=\begin{bmatrix} x_0 & x_1 & \cdots & x_{n-1} \\ y_0 & y_1 & \cdots & y_{n-1} \\ 1 & 1 & \cdots & 1 \end{bmatrix}$$

变换后图形顶点的规范化齐次坐标矩阵为

$$P'=\begin{bmatrix} x_1' & x_2' & \cdots & x_n' \\ y_1' & y_2' & \cdots & y_n' \\ 1 & 1 & \cdots & 1 \end{bmatrix}$$

二维变换矩阵为

$$T=\begin{bmatrix} a & b & e \\ c & d & f \\ p & q & s \end{bmatrix}$$

则二维变换公式为 $P'=T\cdot P$，它可以写成

$$\begin{bmatrix} x_1' & x_2' & \cdots & x_n' \\ y_1' & y_2' & \cdots & y_n' \\ 1 & 1 & \cdots & 1 \end{bmatrix}=\begin{bmatrix} a & b & e \\ c & d & f \\ p & q & s \end{bmatrix}\begin{bmatrix} x_0 & x_1 & \cdots & x_{n-1} \\ y_0 & y_1 & \cdots & y_{n-1} \\ 1 & 1 & \cdots & 1 \end{bmatrix} \tag{3.2}$$

下面以图 3.2 所示的三角形绕坐标系原点顺时针方向旋转 90° 为例，说明二维旋转的方法：（1）使用直线段连接三角形的顶点，绘制变换前的三角形；（2）使用变换矩阵乘以变换前三角形顶点的规范化齐次坐标矩阵，得到变换后三角形顶点的规范化齐次坐标矩阵；（3）连接变换后的三角形顶点，绘制出变换后的新三角形图形。

3.2.3 基本几何变换矩阵

二维图形基本几何变换是指相对于坐标原点或坐标轴进行的几何变换。物体变换是通过变换物体上的每个顶点实现的，因此我们以点的变换为例讲解二维基本几何变换矩阵。二维坐标点的

基本几何变换可以表示成 $\boldsymbol{P}'=\boldsymbol{T}\cdot\boldsymbol{P}$ 的形式，其中 $P(x,y)$ 为变换前的二维坐标点，$P'(x',y')$ 为变换后的二维坐标点，$\boldsymbol{T}$ 为 3×3 的变换矩阵。

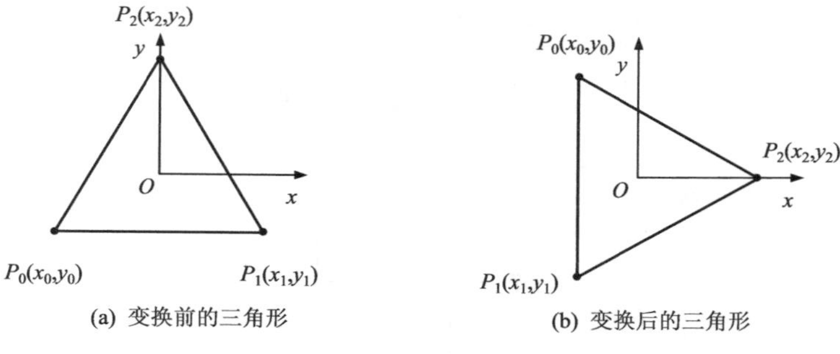

图 3.2　三角形的二维变换

1. 平移变换

平移是一种不产生变形而移动物体的变换，物体上每个点移动相同数量的坐标。平移变换是指将 P 点沿直线路径移动到 P' 点的过程，如图 3.3 所示。

平移变换的坐标表示为

$$\begin{cases} x'=x+T_x \\ y'=y+T_y \end{cases}$$

式中，T_x,T_y 为平移系数。相应的齐次坐标矩阵表示为

$$\begin{bmatrix} x' \\ y' \\ 1 \end{bmatrix}=\begin{bmatrix} x+T_x \\ y+T_y \\ 1 \end{bmatrix}=\begin{bmatrix} 1 & 0 & T_x \\ 0 & 1 & T_y \\ 0 & 0 & 1 \end{bmatrix}\begin{bmatrix} x \\ y \\ 1 \end{bmatrix}$$

因此，二维平移变换矩阵为

$$\boldsymbol{T}=\begin{bmatrix} 1 & 0 & T_x \\ 0 & 1 & T_y \\ 0 & 0 & 1 \end{bmatrix} \tag{3.3}$$

2. 比例变换

比例变换也称缩放变换，是指 P 点相对于坐标原点 O，沿 x 方向缩放 S_x 倍，沿 y 方向缩放 S_y 倍，得到 P' 点的过程，如图 3.4 所示。

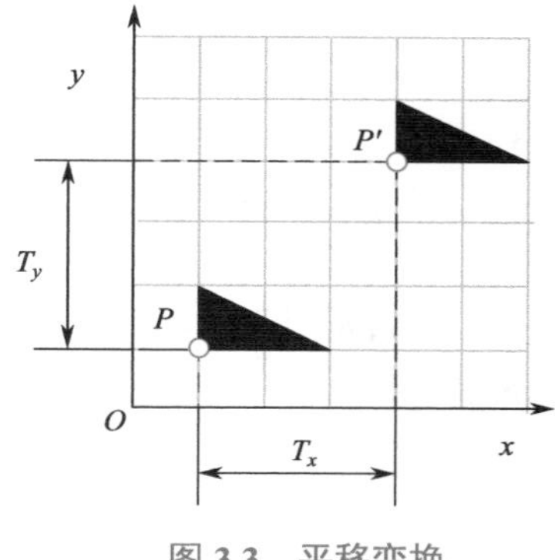

图 3.3　平移变换

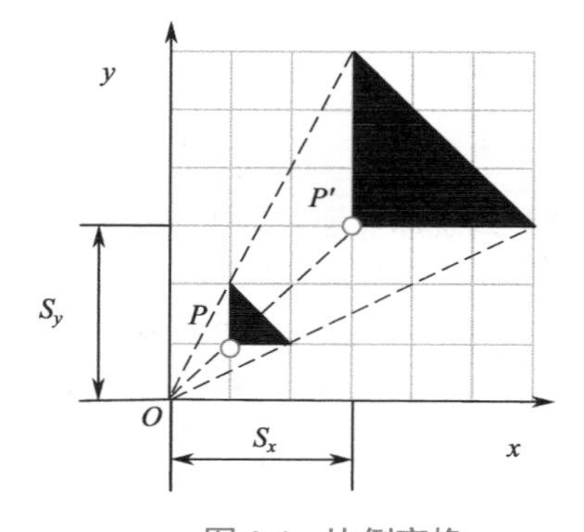

图 3.4　比例变换

比例变换的坐标表示为

$$\begin{cases} x' = x \cdot S_x \\ y' = y \cdot S_y \end{cases}$$

式中，S_x, S_y 为比例系数。相应的齐次坐标矩阵表示为

$$\begin{bmatrix} x' \\ y' \\ 1 \end{bmatrix} = \begin{bmatrix} x \cdot S_x \\ y \cdot S_y \\ 1 \end{bmatrix} = \begin{bmatrix} S_x & 0 & 0 \\ 0 & S_y & 0 \\ 0 & 0 & 1 \end{bmatrix} \begin{bmatrix} x \\ y \\ 1 \end{bmatrix}$$

因此，二维比例变换矩阵为

$$\boldsymbol{T} = \begin{bmatrix} S_x & 0 & 0 \\ 0 & S_y & 0 \\ 0 & 0 & 1 \end{bmatrix} \tag{3.4}$$

前面介绍过，变换矩阵的子矩阵 $\boldsymbol{T}_4 = [s]$ 对图形做整体比例变换，关于这一点读者可以令 $S_x = S_y = S$ 导出，注意这里 $s = 1/S$，即 $s > 1$ 时图形整体缩小，而 $0 < s < 1$ 时图形整体放大。

比例变换可以改变二维图形的形状。当 $S_x = S_y$ 且 S_x, S_y 大于 1 时，图形等比放大；当 $S_x = S_y$ 且 S_x, S_y 大于 0 而小于 1 时，图形等比缩小；当 $S_x \neq S_y$ 时，图形发生形变。

3. 旋转变换

旋转变换是指 P 点相对于坐标原点 O 旋转一个角度 β（规定旋转角的正值为逆时针方向，旋转角的负值为顺时针方向）得到 P' 点的过程，如图 3.5 所示。图中 α 为起始角，β 为旋转角，r 为从原点 O 到 P 或 P' 的距离。

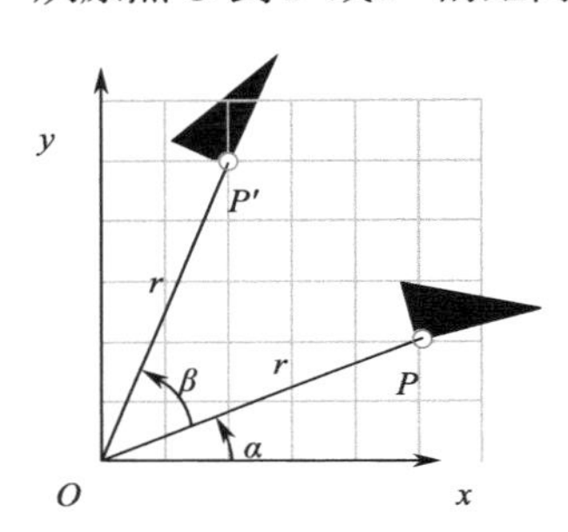

图 3.5 旋转变换

P 点的极坐标表示为

$$\begin{cases} x = r\cos\alpha \\ y = r\sin\alpha \end{cases}$$

P' 点的极坐标表示为

$$\begin{cases} x' = r\cos(\alpha+\beta) = r\cos\alpha\cos\beta - r\sin\alpha\sin\beta = x\cos\beta - y\sin\beta \\ y' = r\sin(\alpha+\beta) = r\cos\alpha\sin\beta + r\sin\alpha\cos\beta = x\sin\beta + y\cos\beta \end{cases}$$

相应的齐次坐标矩阵表示为

$$\begin{bmatrix} x' \\ y' \\ 1 \end{bmatrix} = \begin{bmatrix} x\cos\beta - y\sin\beta \\ x\sin\beta + y\cos\beta \\ 1 \end{bmatrix} = \begin{bmatrix} \cos\beta & -\sin\beta & 0 \\ \sin\beta & \cos\beta & 0 \\ 0 & 0 & 1 \end{bmatrix} \begin{bmatrix} x \\ y \\ 1 \end{bmatrix}$$

因此，二维旋转变换矩阵为

$$\boldsymbol{T} = \begin{bmatrix} \cos\beta & -\sin\beta & 0 \\ \sin\beta & \cos\beta & 0 \\ 0 & 0 & 1 \end{bmatrix} \tag{3.5}$$

式（3.5）为绕原点逆时针方向旋转的变换矩阵，若旋转方向为顺时针，则 β 角取负值。绕原点顺时针方向旋转的变换矩阵为

$$\boldsymbol{T} = \begin{bmatrix} \cos(-\beta) & -\sin(-\beta) & 0 \\ \sin(-\beta) & \cos(-\beta) & 0 \\ 0 & 0 & 1 \end{bmatrix} = \begin{bmatrix} \cos\beta & \sin\beta & 0 \\ -\sin\beta & \cos\beta & 0 \\ 0 & 0 & 1 \end{bmatrix} \tag{3.6}$$

4. 反射变换

反射变换也称对称变换，是指 P 点关于原点或某个坐标轴反射得到 P' 点的过程。反射可以细分为关于原点反射、关于 x 轴反射、关于 y 轴反射等几种情况，如图 3.6 所示。

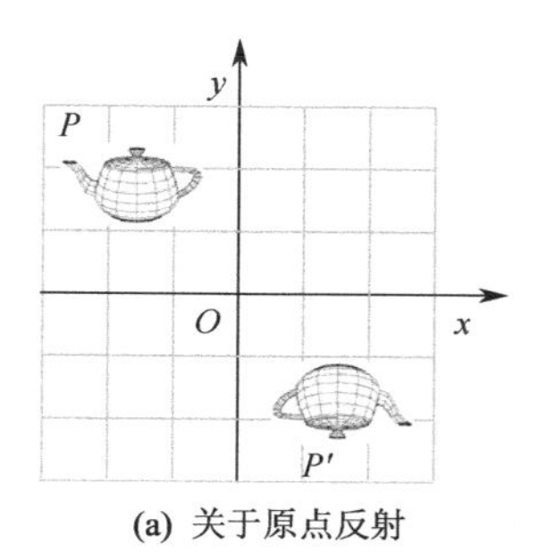

(a) 关于原点反射

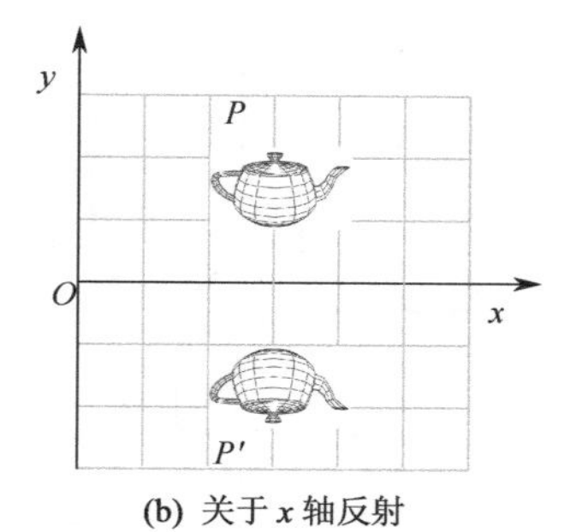

(b) 关于 x 轴反射

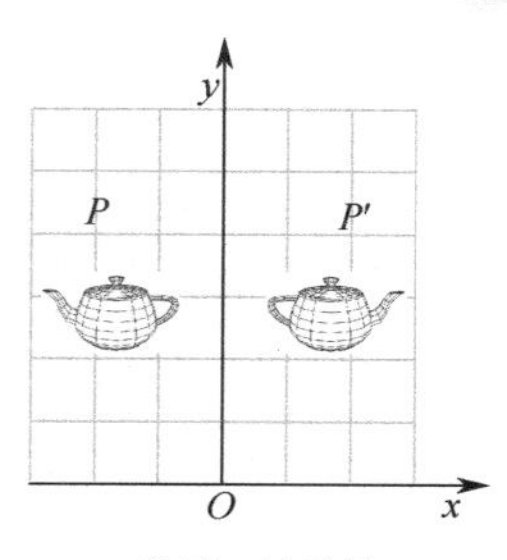

(c) 关于 y 轴反射

图 3.6　反射变换

关于原点反射的坐标表示为

$$\begin{cases} x' = -x \\ y' = -y \end{cases}$$

相应的齐次坐标矩阵表示为

$$\begin{bmatrix} x' \\ y' \\ 1 \end{bmatrix} = \begin{bmatrix} -x \\ -y \\ 1 \end{bmatrix} = \begin{bmatrix} -1 & 0 & 0 \\ 0 & -1 & 0 \\ 0 & 0 & 1 \end{bmatrix} \begin{bmatrix} x \\ y \\ 1 \end{bmatrix}$$

因此，关于原点的二维反射变换矩阵为

$$\boldsymbol{T} = \begin{bmatrix} -1 & 0 & 0 \\ 0 & -1 & 0 \\ 0 & 0 & 1 \end{bmatrix} \tag{3.7}$$

同理可得关于 x 轴的二维反射变换矩阵为

$$\boldsymbol{T} = \begin{bmatrix} 1 & 0 & 0 \\ 0 & -1 & 0 \\ 0 & 0 & 1 \end{bmatrix} \tag{3.8}$$

关于 y 轴的二维反射变换矩阵为

$$\boldsymbol{T} = \begin{bmatrix} -1 & 0 & 0 \\ 0 & 1 & 0 \\ 0 & 0 & 1 \end{bmatrix} \tag{3.9}$$

5. 错切变换

错切变换是指点 P 沿 x 轴和 y 轴发生不等量变换得到 P' 点的过程，如图 3.7 所示。

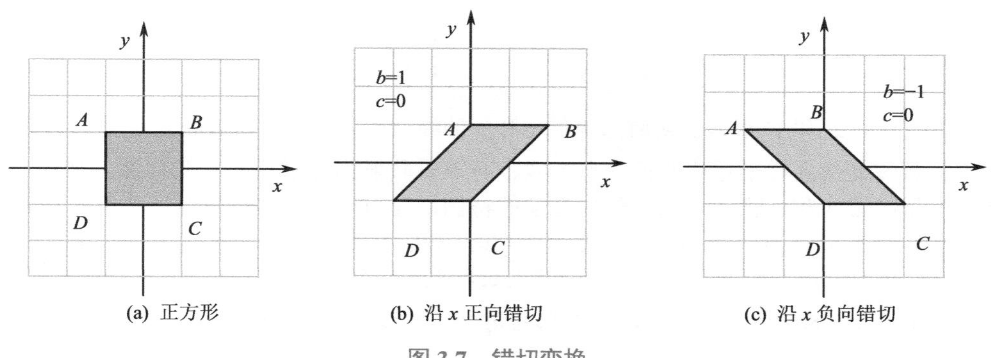

图 3.7　错切变换

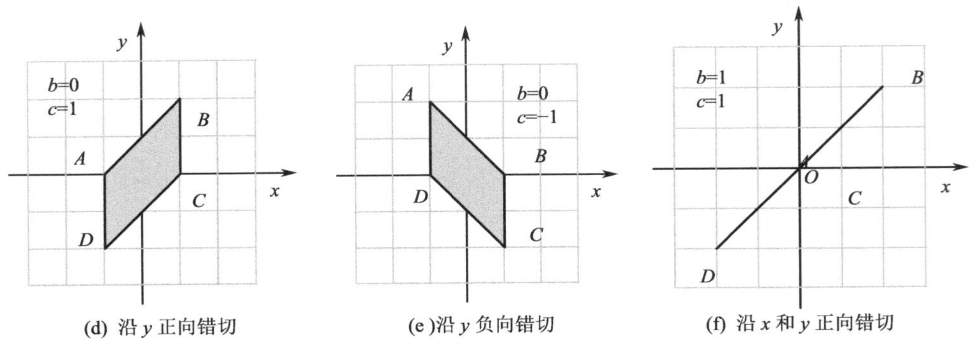

(d) 沿 y 正向错切　(e)沿 y 负向错切　(f) 沿 x 和 y 正向错切

图 3.7　错切变换（续）

沿 x, y 方向的错切变换的坐标表示为

$$\begin{cases} x' = x + by \\ y' = cx + y \end{cases}$$

其中 b, c 为错切参数。相应的齐次坐标矩阵表示为

$$\begin{bmatrix} x' \\ y' \\ 1 \end{bmatrix} = \begin{bmatrix} x+by \\ cx+y \\ 1 \end{bmatrix} = \begin{bmatrix} 1 & b & 0 \\ c & 1 & 0 \\ 0 & 0 & 1 \end{bmatrix} \begin{bmatrix} x \\ y \\ 1 \end{bmatrix}$$

因此，沿 x, y 两个方向的二维错切变换矩阵为

$$\boldsymbol{T} = \begin{bmatrix} 1 & b & 0 \\ c & 1 & 0 \\ 0 & 0 & 1 \end{bmatrix} \tag{3.10}$$

令 $c = 0$ 可以得到沿 x 方向的错切变换，$b = 1$ 发生沿 x 正向的错切变换，$b = -1$ 发生沿 x 负向的错切变换，如图 3.7(b)和图 3.7(c)所示。令 $b = 0$ 可以得到沿 y 方向的错切变换，$c = 1$ 发生沿 y 正向的错切变换，$c = -1$ 发生沿 y 负向的错切变换，如图 3.7(d)和图 3.7(e)所示。若 $b = 1$ 且 $c = 1$，则正方形错切为一条 45° 斜线，如图 3.7(f)所示。

上面讨论的 5 种变换给出的都是点变换的公式。二维变换都能通过点变换来完成。多边形变换的实现方式是，首先对每个顶点进行变换，然后连接新顶点得到变换后的新多边形。自由曲线变换的实现方式是，首先变换控制多边形的控制点，然后重新生成曲线。

符合以下形式的坐标变换称为二维仿射变换：

$$\begin{cases} x' = ax + by + e \\ y' = cx + dy + f \end{cases} \tag{3.11}$$

写成矩阵形式为

$$\begin{bmatrix} x' \\ y' \end{bmatrix} = \begin{bmatrix} a & b \\ c & d \end{bmatrix} \begin{bmatrix} x \\ y \end{bmatrix} + \begin{bmatrix} e \\ f \end{bmatrix} \tag{3.12}$$

变换后的坐标 x' 和 y' 都是变换前的坐标 x 和 y 的线性函数。参数 a, b, c, d 是变形系数，e, f 是平移系数。仿射变换具有平行线变换为平行线、有限点映射为有限点的一般特性。平移、比例、旋转、反射和错切 5 种变换都是二维仿射变换的特例，任何一组二维仿射变换总可表示为这 5 种变换的组合。仿射变换具有保持直线平行的特点，但是不保持长度和角度不变。例如，如果对图 3.8(a)所示的一个正方形首先施加 $\beta = -45°$ 的旋转变换，然后施加 $S_x = 2, S_y = 1$ 的非均匀比例变换，那么结果如图 3.8(b)所示。显然，正方形的角度和长度都会发生变换，但是平行线仍然平行。

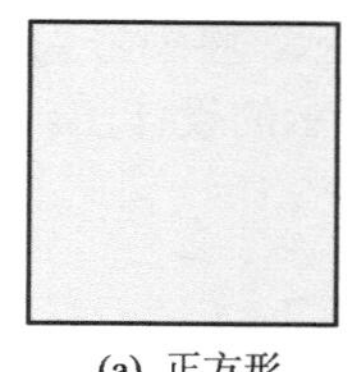

(a) 正方形

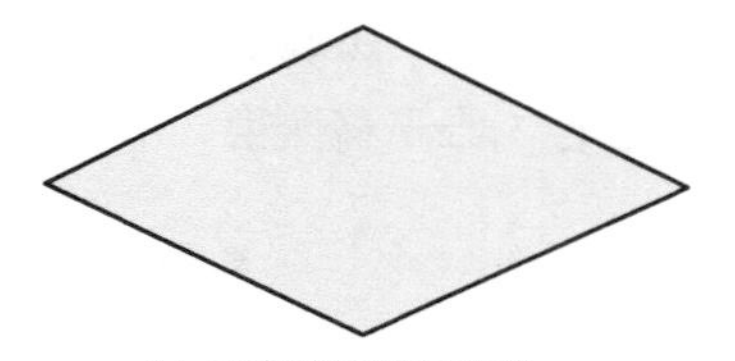

(b) 正方形旋转缩放图

图 3.8　仿射变换

3.2.4　二维复合变换

复合变换是指图形做了一次以上的基本变换，复合变换矩阵是基本变换矩阵的组合形式。对于由单一的二维基本变换 $\boldsymbol{T}_1,\boldsymbol{T}_2,\cdots,\boldsymbol{T}_n$ 组成的复合变换，复合变换矩阵为

$$\boldsymbol{T}=\boldsymbol{T}_n\cdot\boldsymbol{T}_{n-1}\cdot\cdots\cdot\boldsymbol{T}_2\cdot\boldsymbol{T}_1,\quad n>1 \tag{3.13}$$

使用齐次坐标时，二维复合变换仅通过一个简单的矩阵乘法就可以实现。对于用列向量表示的顶点矩阵，二维基本变换矩阵的排列顺序与变换的操作顺序相反。

1．相对于任意参考点的二维变换

前面已经定义，二维基本变换是相对于坐标系原点进行的变换，但在实际应用中常会遇到参考点不在坐标系原点的情况。事实上，比例变换和旋转变换是与参考点相关的。相对于任意参考点的比例变换和旋转变换应表达为复合变换形式，变换方法如下：首先将参考点平移到坐标系原点，相对于坐标系原点进行比例变换或旋转变换，然后进行反平移将参考点平移回原位置。

2．相对于任意参考方向的二维变换

二维基本反射变换是相对于坐标轴进行的变换。在实际应用中常遇到变换方向不与坐标轴重合的情况。此时的变换方法如下：首先对“任意方向”做旋转变换，使其与坐标轴重合，然后相对于坐标轴进行反射变换，最后做反向旋转变换，将“任意方向”还原为原方向。

3.3　实验 5：绘制防护栏图案

1．实验描述

自定义 CTransform2 类，编程绘制图 3.9 所示的窗户防护栏图案，实验效果如图 3.10 所示。

图 3.9　窗户防护栏图案

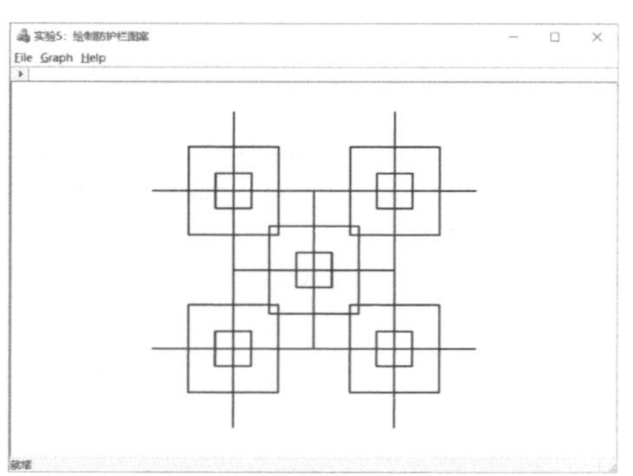

图 3.10　实验效果

2．实验设计

通过对图 3.9 所示的窗户防护栏图案进行分析，可知防护栏的图元由嵌套的两个正方形与穿越

中心的十字线构成，参考点为十字线的中心点，如图 3.11(a)所示。将编号为 0 的图元分别向左下、右下、右上和左上位置进行二维平移变换，形成如图 3.11(b)所示的设计图。

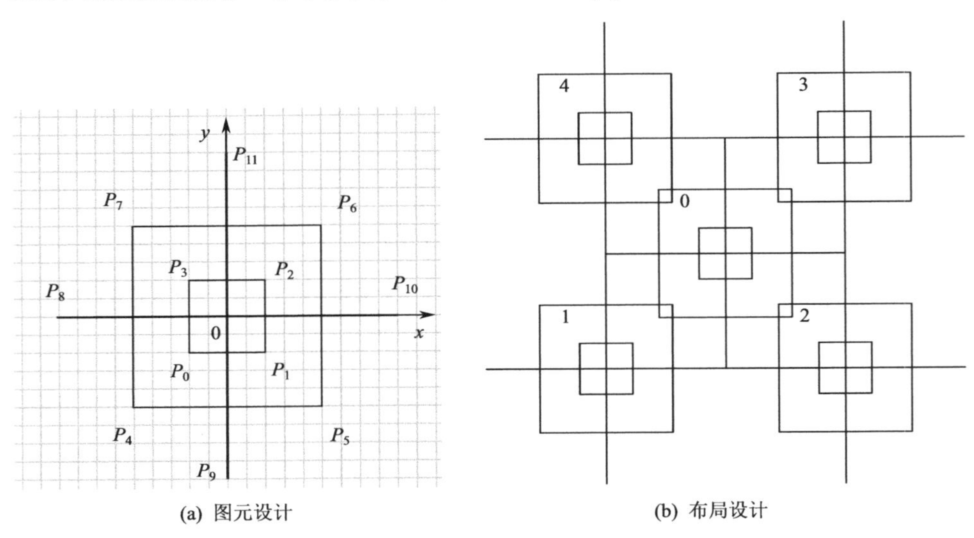

(a) 图元设计　　(b) 布局设计

图 3.11　防护栏设计图

3. 实验编码

(1) 二维齐次坐标点类

定义二维浮点类 CP2，用于处理浮点数运算，以保证计算精度。

```
1    class CP2
     {
     public:
         CP2(void);
5        virtual ~CP2(void);
         CP2(double x,double y);
         friend CP2 operator + (const CP2 &p0, const CP2 &p1);   //运算符重载
         friend CP2 operator - (const CP2 &p0, const CP2 &p1);
         friend CP2 operator * (const CP2 &p, double scalar);
10       friend CP2 operator * (double scalar,const CP2 &p);
         friend CP2 operator / (const CP2 &p, double scalar);
         friend CP2 operator += (CP2 &p0, CP2 &p1);
         friend CP2 operator -= (CP2 &p0, CP2 &p1);
         friend CP2 operator *= (CP2 &p, double scalar);
15       friend CP2 operator /= (CP2 &p, double scalar);
     public:
         double x, y, w;                    //w 为齐次坐标
     };
      CP2::CP2(void)
20   {
         x=0, y=0, w=1;
     }
     CP2::~CP2(void)
     {
25   }
     CP2::CP2(double x, double y)
```

```
    {
        this->x=x, this->y=y, this->w=1;
    }
30  CP2 operator +(const CP2 &p0, const CP2 &p1)                //“+”运算符重载
    {
        CP2 result;
        result.x = p0.x + p1.x;
        result.y = p0.y + p1.y;
35      return result;
    }
    CP2 operator -(const CP2 &p0, const CP2 &p1)                //“-”运算符重载
    {
        CP2 result;
40      result.x = p0.x - p1.x;
        result.y = p0.y - p1.y;
        return result;
    }
    CP2 operator * (const CP2 &p, double scalar)                //点与常量的积
45  {
        return CP2(p.x * scalar, p.y * scalar);
    }
    CP2 operator * (double scalar, const CP2 &p)                //常量与点的积
    {
50      return CP2(p.x * scalar,p.y * scalar);
    }
    CP2 operator / (const CP2 &p, double scalar)                //数除
    {
        if(fabs(scalar) < 1e-4)                                 //避免除数为零
55          scalar = 1.0;
        CP2 result;
        result.x = p.x / scalar;
        result.y = p.y / scalar;
        return result;
60  }
    CP2 operator += (CP2 &p0, CP2 &p1)                          //“+=”运算符重载
    {
        p0.x += p1.x;
        p0.y += p1.y;
65      return p0;
    }
    CP2 operator -= (CP2 &p0, CP2 &p1)                          //“-=”运算符重载
    {
        p0.x -= p1.x;
70      p0.y -= p1.y;
        return p0;
    }
    CP2 operator *= (CP2 &p, double scalar)                     //“*=”运算符重载
    {
75      p.x *= scalar;
        p.y *= scalar;
        return p;
```

```
    }
    CP2 operator/=(CP2 &p, double scalar)                    //"/="运算符重载
80  {
        if(fabs(scalar) < 1e-4)
            scalar = 1.0;
        p.x /= scalar;
        p.y /= scalar;
85      return p;
    }
```

程序说明：为了方便对象之间的数学运算，对+、-、*、/、+=、-=、*=、/=等运算符进行了运算符重载。受篇幅所限，在后面的三维浮点类 CP3、三维向量类 CVector3、颜色类 CRGB 等类中将不再列出运算符重载函数。

（2）二维几何变换类

定义二维几何变换类 CTransform2 用于进行基本变换与复合变换。

```
    #include "P2.h"          //包含二维齐次坐标点
1   class CTransform2
    {
    public:
        CTransform2(void);
5       virtual ~CTransform2(void);
        void SetMatrix(CP2* Point,int ptNumber);    //图形顶点矩阵赋值
        void Identity(void);                        //单位矩阵
        void Translate(double tx,double ty);        //平移变换
        void Scale(double sx,double sy);            //比例变换
10      void Scale(double sx,double sy,CP2 p);      //相对于任意点的比例变换
        void Rotate(double beta);                   //旋转变换
        void Rotate(double beta,CP2 p);             //相对于任意点的旋转变换
        void ReflectO(void);                        //关于原点的反射变换
        void ReflectX(void);                        //关于 X 轴的反射变换
15      void ReflectY(void);                        //关于 Y 轴的反射变换
        void Shear(double b, double c);             //错切变换
        void MultiplyMatrix(void);                  //矩阵相乘
    private:
        double T[3][3];                             //变换矩阵
20      CP2* P;                                     //图形顶点数组指针
        int ptNumber;                               //图形顶点个数
    };
    CTransform2::CTransform2(void)
    {
25  }
    CTransform2::~CTransform2(void)
    {
    }
    void CTransform2::SetMatrix(CP2* P, int ptNumber)    //顶点矩阵赋值
30  {
        this->P = P;
        this->ptNumber = ptNumber;
    }
    void CTransform2::Identity(void)                     //单位矩阵
```

```
35  {
        T[0][0] = 1.0;T[0][1] = 0.0;T[0][2] = 0.0;
        T[1][0] = 0.0;T[1][1] = 1.0;T[1][2] = 0.0;
        T[2][0] = 0.0;T[2][1] = 0.0;T[2][2] = 1.0;
    }
40  void CTransform2::Translate(double tx,double ty)      //平移变换
    {
        Identity();
        T[0][2] = tx;T[1][2] = ty;
        MultiplyMatrix();
45  }
    void CTransform2::Scale(double sx,double sy)          //比例变换
    {
        Identity();
        T[0][0] = sx;T[1][1] = sy;
50      MultiplyMatrix();
    }
    void CTransform2::Scale(double sx,double sy,CP2 p)  //相对于任意点的整体比例变换
    {
        Translate(-p.x, - p.y);
55      Scale(sx,sy);
        Translate(p.x, p.y);
    }
    void CTransform2::Rotate(double beta)                  //旋转变换
    {
60      Identity();
        T[0][0] = cos(beta * PI/180);T[0][1] =-sin(beta * PI/180);
        T[1][0] = sin(beta * PI/180);T[1][1] = cos(beta * PI/180);
        MultiplyMatrix();
    }
65  void CTransform2::Rotate(double beta,CP2 p)            //相对于任意点的旋转变换
    {
        Translate(-p.x, - p.y);
        Rotate(beta);
        Translate(p.x, p.y);
70  }
    void CTransform2::ReflectO(void)                       //原点反射变换
    {
        Identity();
        T[0][0] = -1;T[1][1] = -1;
75      MultiplyMatrix();
    }
    void CTransform2::ReflectX(void)                       //X 轴反射变换
    {
        Identity();
80      T[0][0] = 1;T[1][1] = -1;
        MultiplyMatrix();
    }
    void CTransform2::ReflectY(void)                       //Y 轴反射变换
    {
85      Identity();
```

```
        T[0][0] = -1;T[1][1] = 1;
        MultiplyMatrix();
    }
90  void CTransform2::Shear(double b, double c)          //错切变换
    {
        Identity();
        T[0][1] = b;T[1][0] = c;
        MultiplyMatrix();
95  }
    void CTransform2::MultiplyMatrix(void)                //矩阵相乘
    {
        CP2* PTemp = new CP2[ptNumber];
        for (int i = 0;i < ptNumber; i++)
100         PTemp[i] = P[i];
        for (int i = 0;i < ptNumber; i++)
        {
            P[i].x = T[0][0]* PTemp[i].x+T[0][1]* PTemp[i].y+T[0][2]* PTemp[i].w;
            P[i].y = T[1][0]* PTemp[i].x+T[1][1]* PTemp[i].y+T[1][2]* PTemp[i].w;
105         P[i].w = T[2][0]* PTemp[i].x+T[2][1]* PTemp[i].y+T[2][2]* PTemp[i].w;
        }
        delete []PTemp;
    }
```

程序说明：第 6 行语句读入图形顶点数组。由于物体的二维顶点用一维数组表示，所以 SetMatrix 函数的参数为数组名 P 与数组元素个数 ptNumer。第 34～39 行语句定义单位矩阵。二维变换矩阵是以单位矩阵为基础定义的。第 96～108 行语句定义二维变换矩阵与顶点矩阵相乘的函数。第 98～100 行语句将顶点数组 P 转储为 PTemp 数组。变换矩阵与变换前的顶点数组相乘时，需要先将变换前的顶点数组由 P 先转储为 PTemp，后做变换矩阵 T 与 PTemp 的乘法，运算结果存储在变换后的图形顶点数组 P 中。

（3）防护栏图元类

防护栏图元由 12 个顶点构成。图形为嵌套的大小正方形，水平与垂直中心线伸出大正方形之外。

```
1   class CFence
    {
    public:
        CFence(void);
5       virtual ~CFence(void);
        void ReadPoint(void);
        void Draw(CDC* pDC);
    public:
        CP2 P[12];
10  };
    CFence::CFence(void)
    {
    }
    CFence::~CFence(void)
15  {
    }
    void CFence::ReadPoint(void)
    {
```

```
        P[0] = CP2(-1, -1);
20      P[1] = CP2(1, -1);
        P[2] = CP2(1, 1);
        P[3] = CP2(-1, 1);
        P[4] = CP2(-2.5, -2.5);
        P[5] = CP2(2.5, -2.5);
25      P[6] = CP2(2.5, 2.5);
        P[7] = CP2(-2.5, 2.5);
        P[8] = CP2((P[4].x + P[7].x) / 2 - 2, (P[4].y + P[7].y) / 2);
        P[9] = CP2((P[5].x + P[6].x) / 2 + 2, (P[5].y + P[6].y) / 2);
        P[10] = CP2((P[4].x + P[5].x) / 2, (P[4].y + P[5].y) / 2 - 2);
30      P[11] = CP2((P[6].x + P[7].x) / 2, (P[6].y + P[7].y) / 2 + 2);
    }
    void CFence::Draw(CDC* pDC)
    {
        CPen NewPen(PS_SOLID, 3, RGB(0, 0, 0));
35      CPen* pOldPen = pDC->SelectObject(&NewPen);
        pDC->MoveTo(ROUND(P[0].x), ROUND(P[0].y));
        pDC->LineTo(ROUND(P[1].x), ROUND(P[1].y));
        pDC->LineTo(ROUND(P[2].x), ROUND(P[2].y));
        pDC->LineTo(ROUND(P[3].x), ROUND(P[3].y));
40      pDC->LineTo(ROUND(P[0].x), ROUND(P[0].y));
        pDC->MoveTo(ROUND(P[4].x), ROUND(P[4].y));
        pDC->LineTo(ROUND(P[5].x), ROUND(P[5].y));
        pDC->LineTo(ROUND(P[6].x), ROUND(P[6].y));
        pDC->LineTo(ROUND(P[7].x), ROUND(P[7].y));
45      pDC->LineTo(ROUND(P[4].x), ROUND(P[4].y));
        pDC->MoveTo(ROUND(P[8].x), ROUND(P[8].y));
        pDC->LineTo(ROUND(P[10].x), ROUND(P[10].y));
        pDC->MoveTo(ROUND(P[9].x), ROUND(P[9].y));
        pDC->LineTo(ROUND(P[11].x), ROUND(P[11].y));
50      pDC->SelectObject(pOldPen);
    }
```

程序说明：第 17～31 行语句读入图形顶点坐标。第 32～51 行语句绘制防护栏图元。第 36～40 行语句绘制内部正方形。第 41～45 行语句绘制外部正方形。第 46～47 行语句绘制水平中心线。第 48～49 行语句绘制垂直中心线。

（4）初始化二维变换对象

这里给出的是由 5 个图元组成的最终防护栏，因此有 5 个中心坐标和 5 个变换对象。

```
1   CTestView::CTestView()
    {
        // TODO: 在此处添加构造代码
        bPlay = FALSE;
5       double a = 30;
        double b = 4.5 * a;
        CenterPoint[0] = CP2(0, 0);
        CenterPoint[1] = CP2(-b, -b);
        CenterPoint[2] = CP2(b, -b);
10      CenterPoint[3] = CP2(b, b);
        CenterPoint[4] = CP2(-b, b);
        for (int i = 0; i < 5; i++)
```

```
        {
            fence[i].ReadPoint();
15          transform[i].SetMatrix(fence[i].P, 12);
            transform[i].Scale(a, a);
            transform[i].Translate(CenterPoint[i].x, CenterPoint[i].y);
        }
    }
```

程序说明：第 5～6 行语句定义放大比例因子。第 7～11 行语句定义 5 个图元的中心点坐标，如图 3.11(b)所示。第 14 行语句读入图元的顶点坐标。第 15 行语句初始化二维变换矩阵，每个图元有 12 个顶点坐标，如图 3.11(a)所示。第 16 行语句对图元进行比例变换。第 17 行语句使用平移变换移动图元。

4. 实验小结

根据二维几何变换矩阵编制了二维几何变换类，可以实现基本变换与复合变换。

3.4 三维变换

3.4.1 三维变换矩阵

类似于二维变换，三维变换同样引入了齐次坐标技术，在四维空间内进行讨论。点 (x, y, z) 的规范化齐次坐标表示为 $(x, y, z, 1)$。于是，三维变换就可表示为某一变换矩阵与物体顶点集合的齐次坐标矩阵相乘的形式。三维变换矩阵是一个 4×4 方阵，即

$$\boldsymbol{T}=\begin{bmatrix} a & b & c & l \\ d & e & f & m \\ g & h & i & n \\ p & q & r & s \end{bmatrix} \tag{3.14}$$

它可以分为如下 4 个子矩阵：

$$\boldsymbol{T}_1=\begin{bmatrix} a & b & c \\ d & e & f \\ g & h & i \end{bmatrix}, \boldsymbol{T}_2=\begin{bmatrix} l \\ m \\ n \end{bmatrix}, \boldsymbol{T}_3=\begin{bmatrix} p & q & r \end{bmatrix}, \boldsymbol{T}_4=[s]$$

其中，$\boldsymbol{T}_1$ 为 3×3 阶子矩阵，它对物体进行比例、旋转、反射和错切变换；$\boldsymbol{T}_2$ 为 3×1 阶子矩阵，它对物体进行平移变换；$\boldsymbol{T}_3$ 为 1×3 阶子矩阵，它对物体进行投影变换；$\boldsymbol{T}_4$ 为 1×1 阶子矩阵，它对物体进行整体比例变换。

3.4.2 三维变换形式

三维变换的基本方法是把变换矩阵作为一个算子，作用到变换前物体顶点的齐次坐标矩阵上，得到变换后新的顶点的齐次坐标矩阵。连接物体的新顶点，就可以绘制出变换后的三维物体线框模型。

设变换前物体顶点的规范化齐次坐标矩阵为

$$\boldsymbol{P}=\begin{bmatrix} x_0 & x_1 & \cdots & x_{n-1} \\ y_0 & y_1 & \cdots & y_{n-1} \\ z_0 & z_1 & \cdots & z_{n-1} \\ 1 & 1 & \cdots & 1 \end{bmatrix}$$

变换后物体新顶点的规范化齐次坐标矩阵为

$$\boldsymbol{P}'=\begin{bmatrix} x_0' & x_1' & \cdots & x_{n-1}' \\ y_0' & y_1' & \cdots & y_{n-1}' \\ z_0' & z_1' & \cdots & z_{n-1}' \\ 1 & 1 & \cdots & 1 \end{bmatrix}$$

三维变换矩阵为

$$\boldsymbol{T}=\begin{bmatrix} a & b & c & l \\ d & e & f & m \\ g & h & i & n \\ p & q & r & s \end{bmatrix}$$

则三维变换公式为 $\boldsymbol{P}'=\boldsymbol{T}\cdot\boldsymbol{P}$，它可以写成

$$\begin{bmatrix} x_0' & x_1' & \cdots & x_{n-1}' \\ y_0' & y_1' & \cdots & y_{n-1}' \\ z_0' & z_1' & \cdots & z_{n-1}' \\ 1 & 1 & \cdots & 1 \end{bmatrix}=\begin{bmatrix} a & b & c & l \\ d & e & f & m \\ g & h & i & n \\ p & q & r & s \end{bmatrix}\begin{bmatrix} x_0 & x_1 & \cdots & x_{n-1} \\ y_0 & y_1 & \cdots & y_{n-1} \\ z_0 & z_1 & \cdots & z_{n-1} \\ 1 & 1 & \cdots & 1 \end{bmatrix} \tag{3.15}$$

3.5　三维基本变换矩阵【理论 6】

三维基本变换和二维基本变换一样，都是相对于坐标原点或坐标轴进行的几何变换，包括平移、比例、旋转、反射和错切 5 种变换。因为三维变换矩阵的推导过程与二维变换矩阵的推导过程类似，因此这里只给出结论。

3.5.1　基本几何变换矩阵

1．平移变换

平移变换的坐标表示为

$$\begin{cases} x'=x+T_x \\ y'=y+T_y \\ z'=z+T_z \end{cases}$$

因此，三维平移变换矩阵为

$$\boldsymbol{T}=\begin{bmatrix} 1 & 0 & 0 & T_x \\ 0 & 1 & 0 & T_y \\ 0 & 0 & 1 & T_z \\ 0 & 0 & 0 & 1 \end{bmatrix} \tag{3.16}$$

式中，T_x,T_y,T_z 是平移参数。

2．比例变换

比例变换的坐标表示为

$$\begin{cases} x'=x\cdot S_x \\ y'=y\cdot S_y \\ z'=z\cdot S_z \end{cases}$$

因此，三维比例变换矩阵为

$$T=\begin{bmatrix} S_x & 0 & 0 & 0 \\ 0 & S_y & 0 & 0 \\ 0 & 0 & S_z & 0 \\ 0 & 0 & 0 & 1 \end{bmatrix} \tag{3.17}$$

式中，S_x,S_y,S_z是比例系数。

3．旋转变换

三维旋转变换一般是二维旋转变换的组合，它可以分为绕 x 轴旋转、绕 y 轴旋转、绕 z 轴旋转。绕坐标轴的旋转角用 β 表示。β 正向的定义满足右手螺旋法则：大拇指指向旋转轴正向，四指的转向为转角的正向。

（1）绕 x 轴旋转

绕 x 轴旋转变换的坐标表示为

$$\begin{cases} x'=x \\ y'=y\cos\beta-z\sin\beta \\ z'=y\sin\beta+z\cos\beta \end{cases}$$

因此，绕 x 轴的三维旋转变换矩阵为

$$T=\begin{bmatrix} 1 & 0 & 0 & 0 \\ 0 & \cos\beta & -\sin\beta & 0 \\ 0 & \sin\beta & \cos\beta & 0 \\ 0 & 0 & 0 & 1 \end{bmatrix} \tag{3.18}$$

式中，β 为正向旋转角。

（2）绕 y 轴旋转

同理可得，绕 y 轴旋转变换的坐标表示为

$$\begin{cases} x'=x\cos\beta+z\sin\beta \\ y'=y \\ z'=-x\sin\beta+z\cos\beta \end{cases}$$

因此，绕 y 轴的三维旋转变换矩阵为

$$T=\begin{bmatrix} \cos\beta & 0 & \sin\beta & 0 \\ 0 & 1 & 0 & 0 \\ -\sin\beta & 0 & \cos\beta & 0 \\ 0 & 0 & 0 & 1 \end{bmatrix} \tag{3.19}$$

式中，β 为正向旋转角。

（3）绕 z 轴旋转

同理可得，绕 z 轴旋转变换的坐标表示为

$$\begin{cases} x'=x\cos\beta-y\sin\beta \\ y'=x\sin\beta+y\cos\beta \\ z'=z \end{cases}$$

因此，绕 z 轴的三维旋转变换矩阵为

$$T=\begin{bmatrix} \cos\beta & -\sin\beta & 0 & 0 \\ \sin\beta & \cos\beta & 0 & 0 \\ 0 & 0 & 1 & 0 \\ 0 & 0 & 0 & 1 \end{bmatrix} \tag{3.20}$$

式中，β 为正向旋转角。

4．反射变换

三维反射分为关于坐标轴的反射和关于坐标平面的反射两类。

（1）关于 x 轴的反射

关于 x 轴反射变换的坐标表示为

$$\begin{cases} x' = x \\ y' = -y \\ z' = -z \end{cases}$$

因此，关于 x 轴的三维反射变换矩阵为

$$\boldsymbol{T} = \begin{bmatrix} 1 & 0 & 0 & 0 \\ 0 & -1 & 0 & 0 \\ 0 & 0 & -1 & 0 \\ 0 & 0 & 0 & 1 \end{bmatrix} \tag{3.21}$$

（2）关于 y 轴的反射

关于 y 轴反射变换的坐标表示为

$$\begin{cases} x' = -x \\ y' = y \\ z' = -z \end{cases}$$

因此，关于 y 轴的三维反射变换矩阵为

$$\boldsymbol{T} = \begin{bmatrix} -1 & 0 & 0 & 0 \\ 0 & 1 & 0 & 0 \\ 0 & 0 & -1 & 0 \\ 0 & 0 & 0 & 1 \end{bmatrix} \tag{3.22}$$

（3）关于 z 轴的反射

关于 z 轴反射变换的坐标表示为

$$\begin{cases} x' = -x \\ y' = -y \\ z' = z \end{cases}$$

因此，关于 z 轴的三维反射变换矩阵为

$$\boldsymbol{T} = \begin{bmatrix} -1 & 0 & 0 & 0 \\ 0 & -1 & 0 & 0 \\ 0 & 0 & 1 & 0 \\ 0 & 0 & 0 & 1 \end{bmatrix} \tag{3.23}$$

（4）关于 xOy 面的反射

关于 xOy 面反射变换的坐标表示为

$$\begin{cases} x' = x \\ y' = y \\ z' = -z \end{cases}$$

因此，关于 xOy 面的三维反射变换矩阵为

$$T=\begin{bmatrix}1 & 0 & 0 & 0\\0 & 1 & 0 & 0\\0 & 0 & -1 & 0\\0 & 0 & 0 & 1\end{bmatrix} \tag{3.24}$$

（5）关于 yOz 面的反射

关于 yOz 面反射变换的坐标表示为

$$\begin{cases}x'=-x\\y'=y\\z'=z\end{cases}$$

因此，关于 yOz 面的三维反射变换矩阵为

$$T=\begin{bmatrix}-1 & 0 & 0 & 0\\0 & 1 & 0 & 0\\0 & 0 & 1 & 0\\0 & 0 & 0 & 1\end{bmatrix} \tag{3.25}$$

（6）关于 zOx 面的反射

关于 zOx 面反射变换的坐标表示为

$$\begin{cases}x'=x\\y'=-y\\z'=z\end{cases}$$

因此，关于 zOx 面的三维反射变换矩阵为

$$T=\begin{bmatrix}1 & 0 & 0 & 0\\0 & -1 & 0 & 0\\0 & 0 & 1 & 0\\0 & 0 & 0 & 1\end{bmatrix} \tag{3.26}$$

5．错切变换

三维错切变换的坐标表示为

$$\begin{cases}x'=x+by+cz\\y'=dx+y+fz\\z'=gx+hy+z\end{cases}$$

因此，三维错切变换矩阵为

$$T=\begin{bmatrix}1 & b & c & 0\\d & 1 & f & 0\\g & h & 1 & 0\\0 & 0 & 0 & 1\end{bmatrix} \tag{3.27}$$

在三维错切变换中，一个坐标的变化受另外两个坐标变化的影响。若变换矩阵第 1 行中的元素 b 和 c 不为 0，则产生沿 x 轴方向的错切；若第 2 行中的元素 d 和 f 不为 0，则产生沿 y 轴方向的错切；若第 3 行中的元素 g 和 h 不为 0，则产生沿 z 轴方向的错切。

（1）沿 x 方向错切

此时，$d=0,f=0,g=0,h=0$。因此，沿 x 方向的错切变换矩阵为

$$T=\begin{bmatrix}1 & b & c & 0\\ 0 & 1 & 0 & 0\\ 0 & 0 & 1 & 0\\ 0 & 0 & 0 & 1\end{bmatrix} \tag{3.28}$$

当 $b=0$ 时，错切平面离开 z 轴，沿 x 方向移动距离 cz；当 $c=0$ 时，错切平面离开 y 轴，沿 x 方向移动距离 by。

（2）沿 y 方向错切

此时，$b=0,c=0,g=0,h=0$。因此，沿 y 方向的错切变换矩阵为

$$T=\begin{bmatrix}1 & 0 & 0 & 0\\ d & 1 & f & 0\\ 0 & 0 & 1 & 0\\ 0 & 0 & 0 & 1\end{bmatrix} \tag{3.29}$$

当 $d=0$ 时，错切平面离开 z 轴，沿 y 方向移动距离 fz；当 $f=0$ 时，错切平面离开 x 轴，沿 y 方向移动距离 dx。

（3）沿 z 方向错切

此时，$b=0,c=0,d=0,f=0$。因此，沿 z 方向的错切变换矩阵为

$$T=\begin{bmatrix}1 & 0 & 0 & 0\\ 0 & 1 & 0 & 0\\ g & h & 1 & 0\\ 0 & 0 & 0 & 1\end{bmatrix} \tag{3.30}$$

当 $g=0$ 时，错切平面离开 y 轴，沿 z 方向移动距离 hy；当 $h=0$ 时，错切平面离开 x 轴，沿 z 方向移动距离 gx。

3.5.2　三维复合变换

三维基本变换是相对于坐标原点或坐标轴进行的几何变换。类似于二维复合变换，三维复合变换是指对图形做一次以上的基本变换，总变换矩阵是每一步变换矩阵相乘的结果，即

$$P'=T\cdot P=T_n\cdot T_{n-1}\cdot\cdots\cdot T_2\cdot T_1\cdot P,\quad n>1$$

式中，T 为复合变换矩阵，$T_1,T_2,\cdots,T_n$ 为 n 个单一的基本变换矩阵。

1．相对于任一参考点的三维变换

在三维基本变换中，旋转变换和比例变换是与参考点相关的。相对于任一参考点的比例变换和旋转变换应表达为复合变换形式。变换方法是首先将参考点平移到坐标系原点，相对于坐标系原点做比例变换或旋转变换，然后进行反平移将参考点平移回原位置。

2．相对于任意方向的三维变换

相对于任意方向的变换方法是，首先对“任意方向”做旋转变换，使“任意方向”与某个坐标轴重合，然后相对于该坐标轴进行三维基本变换，最后做反向旋转变换，将“任意方向”还原为原方向。三维变换中需要进行两次旋转变换才能使“任意方向”与某一坐标轴重合。一般做法是，首先将“任意方向”旋转到某个坐标平面内，然后旋转到与该坐标平面内的某个坐标轴重合。某个坐标轴可以是三个坐标轴中的任意一个，其中 z 轴是个不错的选择。

变换步骤如下：

（1）平移物体，使得旋转轴通过坐标系原点。

（2）旋转物体，使得旋转轴与某一坐标轴重合。

（3）绕坐标轴完成指定的旋转。

（4）利用逆旋转使旋转轴回到其原始方向。

（5）利用逆平移使旋转轴回到其原始方向。

3.6　实验 6：旋转立方体

1．实验描述

在窗口客户区中心绘制立方体的线框模型，使用三维变换类对象旋转立方体生成动画，效果如图 3.12 所示。

2．实验设计

（1）立方体建模

立方体使用边界表示法（Boundary Representation，BRep）建模。边界表示法使用点、边、面来描述物体的几何特征，最典型的例子是多面体建模。多面体通过定义顶点表描述其几何信息，通过定义表面表来描述其拓扑信息。建立的单位立方体几何模型如图 3.13 所示，立方体有 8 个顶点（见表 3.1）和 6 个表面（见表 3.2）。

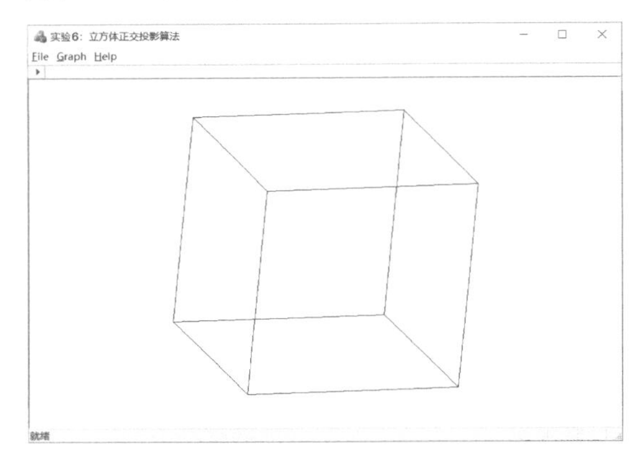

图 3.12　实验 6 效果图

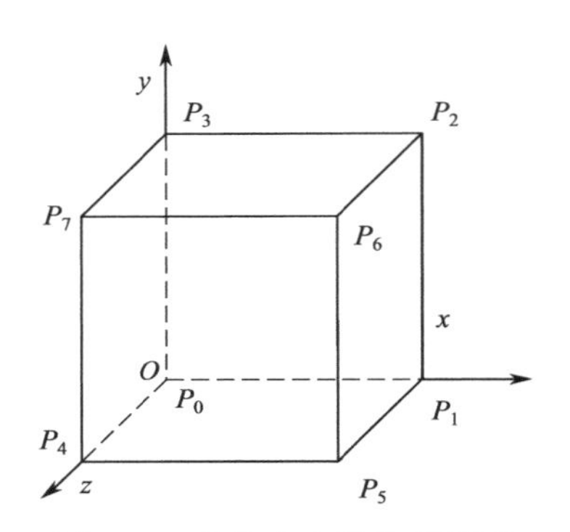

图 3.13　单位立方体几何模型

表 3.1　立方体顶点表

顶点	x 坐标	y 坐标	z 坐标
P_0	$x_0=0$	$y_0=0$	$z_0=0$
P_1	$x_1=1$	$y_1=0$	$z_1=0$
P_2	$x_2=1$	$y_2=1$	$z_2=0$
P_3	$x_3=0$	$y_3=1$	$z_3=0$
P_4	$x_4=0$	$y_4=0$	$z_4=1$
P_5	$x_5=1$	$y_5=0$	$z_5=1$
P_6	$x_6=1$	$y_6=1$	$z_6=1$
P_7	$x_7=0$	$y_7=1$	$z_7=1$

表 3.2　立方体表面表

表面	点数	顶点 1 序号	顶点 2 序号	顶点 3 序号	顶点 4 序号	说明
F_0	4	4	5	6	7	前面
F_1	4	0	3	2	1	后面
F_2	4	0	4	7	3	左面

续表

表面	点数	顶点 1 序号	顶点 2 序号	顶点 3 序号	顶点 4 序号	说明
F_3	4	1	2	6	5	右面
F_4	4	2	3	7	6	顶面
F_5	4	0	1	5	4	底面

（2）立方体有 8 个顶点 $P_0 \sim P_7$，变换后的顶点为 $P_0' \sim P_7'$，变换矩阵为 3×3 的矩阵，三维变换表示为

$$\begin{bmatrix} x_0' & x_1' & x_2' & x_3' & x_4' & x_5' & x_6' & x_7' \\ y_0' & y_1' & y_2' & y_3' & y_4' & y_5' & y_6' & y_7' \\ z_0' & z_1' & z_2' & z_3' & z_4' & z_5' & z_6' & z_7' \\ 1 & 1 & 1 & 1 & 1 & 1 & 1 & 1 \end{bmatrix} = \begin{bmatrix} a & b & c & l \\ d & e & f & m \\ g & h & i & n \\ p & q & r & s \end{bmatrix} \begin{bmatrix} x_0 & x_1 & x_2 & x_3 & x_4 & x_5 & x_6 & x_7 \\ y_0 & y_1 & y_2 & y_3 & y_4 & y_5 & y_6 & y_7 \\ z_0 & z_1 & z_2 & z_3 & z_4 & z_5 & z_6 & z_7 \\ 1 & 1 & 1 & 1 & 1 & 1 & 1 & 1 \end{bmatrix}$$

程序中，三维顶点定义为 CP3 类型，一般用数组表示变换前后的顶点集合。于是，变换前的三维顶点数组为 $\boldsymbol{P}$，变换后的顶点数组为 $\boldsymbol{P}'$，三维变换矩阵用 $\boldsymbol{T}$ 表示，上式可以简单写为

$$\boldsymbol{P}' = \boldsymbol{T} \cdot \boldsymbol{P}$$

为了对三维物体实施连续变换，将变换后的顶点 $\boldsymbol{P}'$ 仍然赋给 $\boldsymbol{P}$，可以对物体进行连续三维变换。

3. 实验编码

（1）设计表面类

表面类定义物体每个表面的顶点索引号，给出物体表面与顶点之间的拓扑信息。

```
1     class CFacet
      {
      public:
            CFacet(void);
5           virtual ~CFacet(void);
      public:
            int Number;                         //表面顶点数目
            int Index[4];                       //表面的顶点索引号
      };
```

程序说明：物体表面一般分为四边形表面或三角形表面。为通用起见，使用 4 个顶点索引号的定义，这个定义包含了三角形的情况。若表面之间顶点数量相差很大，则需要根据表面顶点数动态地定义表面数组，通常使用 new 和 delete 运算符实现。

（2）三维齐次坐标点类

设计 CP3 类来存储三维坐标点。为了保证计算精度，x,y,z 分量类型为双精度型。

```
1     class CP3 : public CP2
      {
      public:
           CP3(void);
5          virtual ~CP3(void);
           CP3(double x,double y,double z);
      public:
           double z;
      };
10     CP3::CP3(void)
      {
           x = 0, y = 0, z = 0, w = 1;
      }
```

```
    CP3::~CP3(void)
15  {
    }
    CP3::CP3(double x,double y,double z):CP2(x,y)
    {
        this->z = z;
20  }
```

程序说明：三维点类 CP3 公有继承于二维齐次坐标点类 CP2，也包含了参数 w。第 17～20 行语句定义派生类的构造函数。在为 z 坐标赋值的同时，需要调用基类的构造函数将 (x,y) 坐标赋给二维点。

（3）设计立方体类

设计立方体类读入立方体的顶点表、表面表，并使用直线连接每个表面内的多边形顶点。将每个三维表面绘制到 xOy 面内，采用的是正交投影，即只取三维顶点的 x 和 y 坐标来绘制。

```
1   class CCube
    {
    public:
        CCube(void);
5       virtual ~CCube(void);
        void ReadPoint(void);                  //读入顶点表
        void ReadFacet(void);                  //读入表面表
        CP3*  GetVertexArrayName(void);        //得到顶点数组名
        void Draw(CDC* pDC);                   //绘制立方体线框模型
10  private:
        CP3 P[8];                              //顶点数组
        CFacet F[6];                           //表面数组
    };
    CCube::CCube(void)
15  {
    }
    CCube::~CCube(void)
    {
    }
20  CP3* CCube::GetVertexArrayName(void)
    {
        return   P;
    }
    void CCube::ReadPoint(void)                //顶点表
25  {
        P[0].x = 0, P[0].y = 0, P[0].z = 0;
        P[1].x = 1, P[1].y = 0, P[1].z = 0;
        P[2].x = 1, P[2].y = 1, P[2].z = 0;
        P[3].x = 0, P[3].y = 1, P[3].z = 0;
30      P[4].x = 0, P[4].y = 0, P[4].z = 1;
        P[5].x = 1, P[5].y = 0, P[5].z = 1;
        P[6].x = 1, P[6].y = 1, P[6].z = 1;
        P[7].x = 0, P[7].y = 1, P[7].z = 1;
    }
35  void CCube::ReadFacet(void)          //表面表
    {
```

```
        F[0].Index[0]=4;F[0].Index[1]=5;F[0].Index[2]=6;F[0].Index[3]=7; //前面
        F[1].Index[0]=0;F[1].Index[1]=3;F[1].Index[2]=2;F[1].Index[3]=1; //后面
        F[2].Index[0]=0;F[2].Index[1]=4;F[2].Index[2]=7;F[2].Index[3]=3; //左面
40      F[3].Index[0]=1;F[3].Index[1]=2;F[3].Index[2]=6;F[3].Index[3]=5; //右面
        F[4].Index[0]=2;F[4].Index[1]=3;F[4].Index[2]=7;F[4].Index[3]=6; //顶面
        F[5].Index[0]=0;F[5].Index[1]=1;F[5].Index[2]=5;F[5].Index[3]=4; //底面
}
    void CCube::Draw(CDC* pDC)
45  {
        CP2 ScreenPoint, temp;                                  //屏幕顶点与临时顶点
        for (int nFacet = 0; nFacet < 6; nFacet++)              //表面循环
        {
            for (int nPoint = 0; nPoint < 4; nPoint++)      //顶点循环
50          {
                ScreenPoint.x = P[F[nFacet].Index[nPoint]].x;     //正交投影
                ScreenPoint.y = P[F[nFacet].Index[nPoint]].y;
                if (0 == nPoint)
                {
55                  pDC->MoveTo(ROUND(ScreenPoint.x), ROUND(ScreenPoint.y));
                    temp = ScreenPoint;
                }
                else
                {
60                  pDC->LineTo(ROUND(ScreenPoint.x), ROUND(ScreenPoint.y));
                }
            }
            pDC->LineTo(ROUND(temp.x), ROUND(temp.y));      //闭合四边形
        }
65  }
```

程序说明：第20～23行语句返回立方体顶点数组名。第24～34行语句读入立方体的三维顶点坐标。第35～43行语句读入每个表面相应的顶点序号。由于立方体所有表面的顶点数相同皆为4，所以没有单独定义表面的顶点数。第44～65行语句绘制每个表面的四边形。第51～52行语句取三维顶点的x和y坐标绘图，即在xOy面内绘制立方体的正交投影。为了定义立方体的外表面，按照表面外法向量的右手法则确定顶点索引号。每个表面的第一个顶点索引号取最小值。例如立方体的“前面”有4种结果，即4567、5674、6745和7456，最后约定4567作为前面的顶点索引号。第53～63行语句是一段通用代码，可以绘制闭合的多边形。

（4）三维几何变换类

```
    #include "P3.h"             //包含三维齐次坐标点
1   class CTransform3
    {
    public:
        CTransform3(void);
5       virtual ~CTransform3(void);
        void SetMatrix(CP3* P,int ptNumber);     //三维顶点数组初始化
        void Identity(void);                     //单位矩阵初始化
        void Translate(double tx,double ty,double tz);   //平移变换
        void Scale(double sx,double sy,double sz);       //比例变换
10      void Scale(double sx,double sy,double sz,CP3 p); //相对于任意点的比例变换
        void RotateX(double beta);                       //绕X轴旋转变换
```

```
        void RotateY(double beta);                        //绕 Y 轴旋转变换
        void RotateZ(double beta);                        //绕 Z 轴旋转变换
        void RotateX(double beta,CP3 p);       //相对于任意点的绕 X 轴旋转变换
15      void RotateY(double beta,CP3 p);       //相对于任意点的绕 Y 轴旋转变换
        void RotateZ(double beta,CP3 p);       //相对于任意点的绕 Z 轴旋转变换
        void ReflectX(void);                   //关于 X 轴反射变换
        void ReflectY(void);                   //关于 Y 轴反射变换
        void ReflectZ(void);                   //关于 Z 轴反射变换
20      void ReflectXOY(void);                 //关于 XOY 面反射变换
        void ReflectYOZ(void);                 //关于 YOZ 面反射变换
        void ReflectZOX(void);                 //关于 ZOX 面反射变换
        void ShearX(double b,double c);        //沿 X 方向错切变换
        void ShearY(double d,double f);        //沿 Y 方向错切变换
25      void ShearZ(double g,double h);        //沿 Z 方向错切变换
        void MultiplyMatrix(void);             //矩阵相乘
    private:
        double T[4][4];                        //三维变换矩阵
        CP3* P;                                //三维顶点数组名
30      int  ptNumber;                         //三维顶点个数
    };
    CTransform3::CTransform3(void)
    {
    }
35  CTransform3::~CTransform3(void)
    {
    }
    void CTransform3::SetMatrix(CP3* P,int ptNumber)    //顶点数组初始化
    {
40      this->P = P;
        this->ptNumber = ptNumber;
    }
    void CTransform3::Identity(void)               //单位矩阵
    {
45      T[0][0] = 1.0;T[0][1] = 0.0;T[0][2] = 0.0;T[0][3] = 0.0;
        T[1][0] = 0.0;T[1][1] = 1.0;T[1][2] = 0.0;T[1][3] = 0.0;
        T[2][0] = 0.0;T[2][1] = 0.0;T[2][2] = 1.0;T[2][3] = 0.0;
        T[3][0] = 0.0;T[3][1] = 0.0;T[3][2] = 0.0;T[3][3] = 1.0;
    }
50  void CTransform3::Translate(double tx,double ty,double tz)    //平移变换
    {
        Identity();
        T[0][3] = tx;T[1][3] = ty;T[2][3] = tz;
        MultiplyMatrix();
55  }
    void CTransform3::Scale(double sx,double sy,double sz)        //比例变换
    {
        Identity();
        T[0][0] = sx;T[1][1] = sy;T[2][2] = sz;
        MultiplyMatrix();
65  }
    void CTransform3::Scale(double sx,double sy,double sz,CP3 p)//相对于任意点的比例变换
```

```
    {
        Translate(-p.x,-p.y,-p.z);
        Scale(sx,sy,sz);
70      Translate(p.x,p.y,p.z);
    }
    void CTransform3::RotateX(double beta)              //绕 X 轴的旋转变换
    {
        Identity();
75      beta = beta * PI/180;
        T[1][1] = cos(beta);T[1][2] =-sin(beta);
        T[2][1] = sin(beta);T[2][2] = cos(beta);
        MultiplyMatrix();
    }
80  void CTransform3::RotateY(double beta)              //绕 Y 轴的旋转变换
    {
        Identity();
        beta = beta * PI/180;
        T[0][0] = cos(beta);T[0][2] = sin(beta);
85      T[2][0] =-sin(beta);T[2][2] = cos(beta);
        MultiplyMatrix();
    }
    void CTransform3::RotateZ(double beta)              //绕 Z 轴的旋转变换
    {
90      Identity();
        beta = beta * PI/180;
        T[0][0] = cos(beta);T[0][1] =-sin(beta);
        T[1][0] = sin(beta);T[1][1] = cos(beta);
        MultiplyMatrix();
95  }
    void CTransform3::RotateX(double beta,CP3 p)    //相对于任意点的绕 X 轴的旋转变换
    {
        Translate(-p.x,-p.y,-p.z);
        RotateX(beta);
100     Translate(p.x,p.y,p.z);
    }
    void CTransform3::RotateY(double beta,CP3 p)    //相对于任意点的绕 Y 轴的旋转变换
    {
        Translate(-p.x,-p.y,-p.z);
105     RotateY(beta);
        Translate(p.x,p.y,p.z);
    }
    void CTransform3::RotateZ(double beta,CP3 p)    //相对于任意点的绕 Z 轴的旋转变换
    {
110     Translate(-p.x,-p.y,-p.z);
        RotateZ(beta);
        Translate(p.x,p.y,p.z);
    }
    void CTransform3::ReflectX(void)                    //关于 X 轴的反射变换
115 {
        Identity();
```

```
        T[1][1] = -1;T[2][2] = -1;
        MultiplyMatrix();
    }
120 void CTransform3::ReflectY(void)            //关于 Y 轴的反射变换
    {
        Identity();
        T[0][0] = -1;T[2][2] = -1;
        MultiplyMatrix();
125 }
    void CTransform3::ReflectZ(void)            //关于 Z 轴的反射变换
    {
        Identity();
        T[0][0] = -1;T[1][1] = -1;
130     MultiplyMatrix();
    }
    void CTransform3::ReflectXOY(void)          //关于 XOY 面的反射变换
    {
        Identity();
135     T[2][2] = -1;
        MultiplyMatrix();
    }
    void CTransform3::ReflectYOZ(void)          //关于 YOZ 面的反射变换
    {
140     Identity();
        T[0][0] = -1;
        MultiplyMatrix();
    }
    void CTransform3::ReflectZOX(void)          //关于 ZOX 面的反射变换
145 {
        Identity();
        T[1][1] = -1;
        MultiplyMatrix();
    }
150 void CTransform3::ShearX(double b,double c)    //沿 X 方向的错切变换
    {
        Identity();
        T[0][1] = b;T[0][2] = c;
        MultiplyMatrix();
155 }
    void CTransform3::ShearY(double d,double f)    //沿 Y 方向的错切变换
    {
        Identity();
        T[1][0] = d;T[1][2] = f;
160     MultiplyMatrix();
    }
    void CTransform3::ShearZ(double g,double h)    //沿 Z 方向的错切变换
    {
        Identity();
165     T[2][0] = g;T[2][1] = h;
        MultiplyMatrix();
```

```
        }
        void CTransform3::MultiplyMatrix(void)          //矩阵相乘
        {
170         CP3* PTemp = new CP3[ptNumber];
            for(int i = 0;i < ptNumber; i++)
                PTemp[i] = P[i];
            for(int i = 0;i < ptNumber; i++)
            {
#175            P[i].x = T[0][0] * PTemp[i].x + T[0][1] * PTemp[i].y +
                         T[0][2] * PTemp[i].z + T[0][3] * PTemp[i].w;
                P[i].y = T[1][0] * PTemp[i].x + T[1][1] * PTemp[i].y +
                         T[1][2] * PTemp[i].z + T[1][3] * PTemp[i].w;
                P[i].z = T[2][0] * PTemp[i].x + T[2][1] * PTemp[i].y +
                         T[2][2] * PTemp[i].z + T[2][3] * PTemp[i].w;
                P[i].w = T[3][0] * PTemp[i].x + T[3][1] * PTemp[i].y +
                         T[3][2] * PTemp[i].z + T[3][3] * PTemp[i].w;
            }
#180        delete []PTemp;
        }
```

程序说明：第 38～42 行语句初始化三维顶点矩阵。基于齐次坐标的三维顶点用列阵表示，类型为 CP3。三维变换 CTransform3 是在二维变换 CTransform2 的基础上扩展而成的，请读者参考实验 5。

（5）初始化立方体

在 CTestView 类的构造函数中，使用三维变换类对象初始化立方体对象。

```
1       CTestView::CTestView() noexcept
        {
            // TODO: 在此处添加构造代码
            bPlay = FALSE;
5           cube.ReadPoint();
            cube.ReadFacet();
            transform.SetMatrix(cube.GetVertexArrayName(), 8);             //初始化顶点矩阵
            double nEdge = 400;
            transform.Scale(nEdge, nEdge, nEdge);                          //比例变换
10          transform.Translate(-nEdge / 2, -nEdge / 2, -nEdge / 2);       //平移变换
        }
```

程序说明：第 5～6 行语句读入立方体的顶点表和表面表。第 7 行语句用立方体的顶点矩阵初始化三维变换矩阵。第 8 行语句对立方体进行比例变换，将单位立方体放大。第 10 行语句将立方体的体心移动到世界坐标系原点，方便旋转立方体。

（6）绘制立方体

```
        void CTestView::DrawObject(CDC* pDC)
        {
            cube.Draw(pDC);
        }
```

程序说明：在双缓冲函数中调用立方体的成员函数 Draw 绘制立方体。

（7）工具栏图标旋转立方体

使用工具栏图标按钮▶，在 WM_TIMER 消息映射函数中旋转立方体。

```
1       void CTestView::OnTimer(UINT_PTR nIDEvent)
```

```
    {
        // TODO: 在此添加消息处理程序代码和/或调用默认值
        Alpha = 10, Beta = 10;
5       transform.RotateX(Alpha);
        transform.RotateY(Beta);
        Invalidate(FALSE);
        CView::OnTimer(nIDEvent);
    }
```

程序说明：第 4 行语句设置立方体绕 x 轴的旋转角 α 和绕 y 轴的旋转角 β。第 5 行语句绕 x 轴旋转立方体。第 6 行语句绕 y 轴旋转立方体。第 7 行语句重绘窗口客户区，绘制旋转后的立方体。

（8）方向键旋转立方体

在 WM_KEYDOWN 消息映射函数中，使用方向键旋转立方体。

```
1   void CTestView::OnKeyDown(UINT nChar, UINT nRepCnt, UINT nFlags)
    {
        // TODO: 在此添加消息处理程序代码和/或调用默认值
        if (!bPlay)
5       {
            switch (nChar)
            {
            case VK_UP:
                Alpha = -5;
10              transform.RotateX(Alpha);
                break;
            case VK_DOWN:
                Alpha = +5;
                transform.RotateX(Alpha);
15              break;
            case VK_LEFT:
                Beta = -5;
                transform.RotateY(Beta);
                break;
20          case VK_RIGHT:
                Beta = +5;
                transform.RotateY(Beta);
                break;
            default:
25              break;
            }
            Invalidate(FALSE);
        }
        CView::OnKeyDown(nChar, nRepCnt, nFlags);
30  }
```

程序说明：第 8～10 行语句设置向上方向键，执行绕 x 轴的旋转，因为旋转角 $\alpha=-5°$，所以立方体顺时针旋转。第 12～14 行语句设置向下方向键，立方体执行绕 x 轴的逆时针旋转。第 16～18 行语句设置向左方向键，立方体绕 y 轴顺时针旋转。第 20～22 行语句设置向右方向键，立方体绕 y 轴逆时针旋转。第 27 行语句强制客户区重绘，实现立方体旋转。

4．实验小结

使用边界表示法建立了单位立方体的几何模型，使用正交投影绘制了立方体的正交投影图。定义三维变换类 CTransform3，将单位立方体从建模坐标系导入世界坐标系，将立方体放大并将立方体的体心平移到世界坐标系原点。使用基本变换矩阵旋转立方体。读者可以注释掉平移变换语句，使用相对于任意点的三维变换，实现立方体绕体心的旋转。

3.7　本章小结

几何变换是使图形运动的一种方式，其中平移变换和旋转变换属于刚体变换，物体的形状不发生改变。分别定义了二维变换类和三维变换类，将几何变换作为一个算子施加到图形上建立图形的旋转动画。在后续的课程中，CTransform3 类将作为一个工具使用，请读者掌握三维变换中物体顶点矩阵的初始化方法。

习题 3

3.1　题图 3.1(a)所示为地砖九宫格模块，题图 3.1(b)所示地砖图元。试在窗口客户区内，按照题图 3.1(c)所示的九宫格设计图，应用二维变换铺设地砖，效果如题图 3.1(d)所示。

(a) 地砖九宫格模块

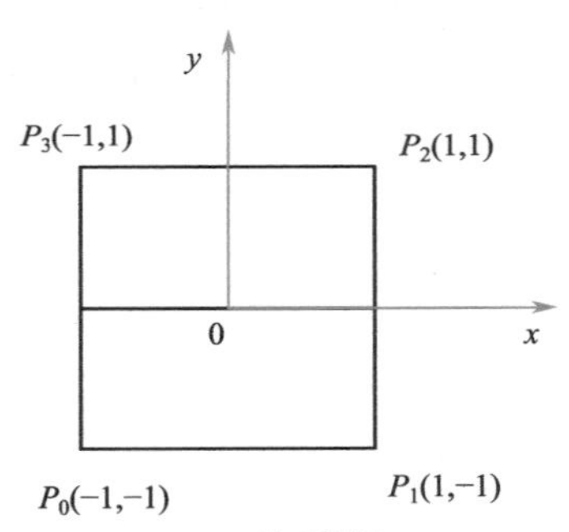

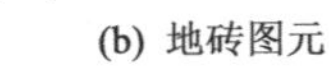

(b) 地砖图元

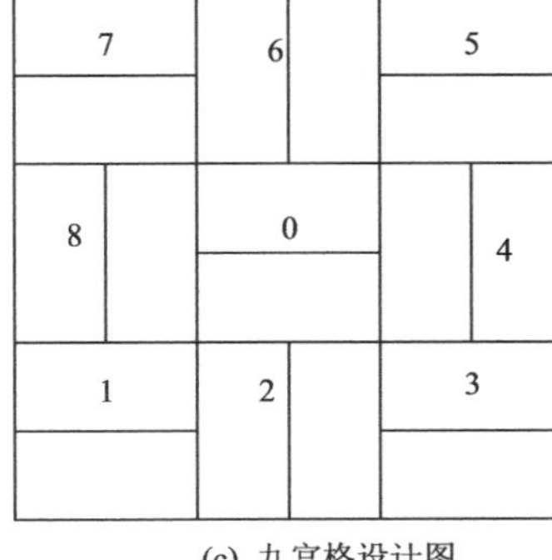

(c) 九宫格设计图

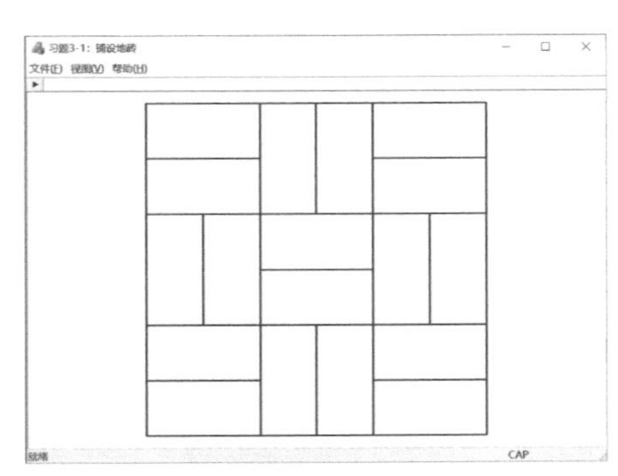

(d) 效果图

题图 3.1

3.2　取立方体的顶面中心向 4 个底面顶点连线，制作金字塔的几何模型。试对金字塔施加三维变换，制作旋转动画，效果如题图 3.2 所示。

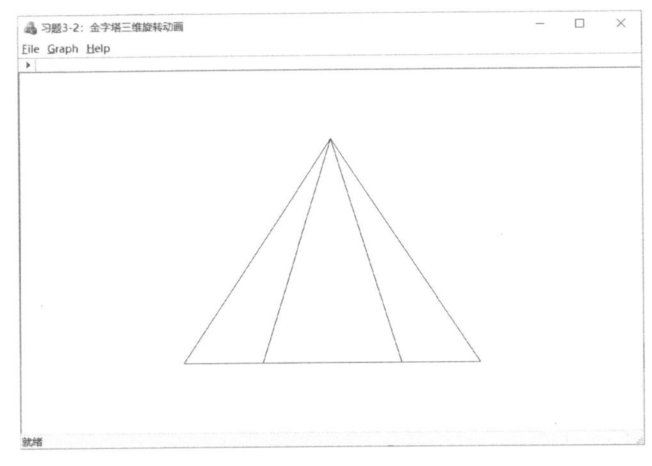

题图 3.2

3.3 正八面体有 6 个顶点、12 条边和 8 个面，表面为正三角形。设正八面体的外接球半径为 r，6 个顶点都取自坐标轴，并且两两关于原点对称，如题图 3.3(a)所示。试使用三维复合变换制作 4 个正八面体对象绕自身中心的旋转动画，如题图 3.3(b)所示。要求：左下角对象绕自身中心的 x 轴旋转，右下角对象绕自身中心的 y 轴旋转，右上角对象绕自身中心的 z 轴旋转，左上角对象绕自身中心的 x 和 y 轴旋转。

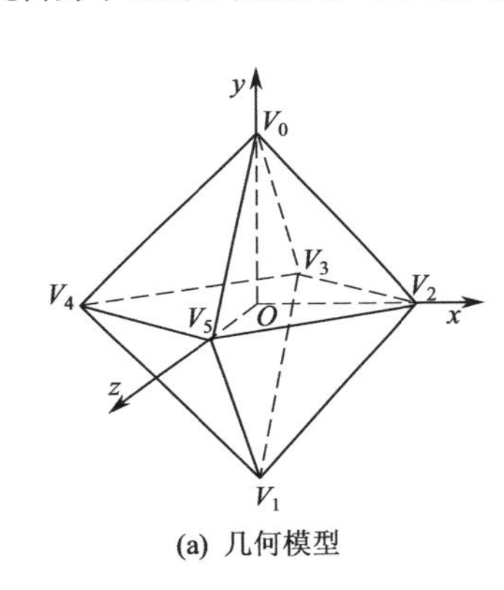

(a) 几何模型

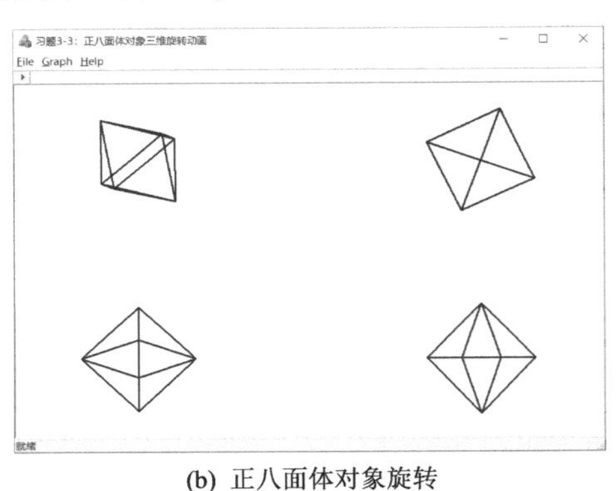

(b) 正八面体对象旋转

题图 3.3

第4章　自由曲面建模

- 学习重点：三次贝塞尔曲线绘制圆。
- 学习难点：双三次贝塞尔曲面绘制球。

图4.1所示的汽车车身、飞机机翼和轮船船体等曲面，可采用多种自由曲面来建模，其中贝塞尔方法是最简单的一种方案。下面首先介绍贝塞尔曲线，然后使用贝塞尔曲线来“编织”贝塞尔曲面。

图4.1　汽车车身曲面

4.1　贝塞尔曲线【理论7】

4.1.1　贝塞尔曲线的定义

给定 $n+1$ 个控制点 P_i, $i=0,1,2,\cdots,n$，则 n 次贝塞尔曲线定义为

$$p(t)=\sum_{i=0}^{n}P_iB_{i,n}(t),\quad t\in[0,1] \tag{4.1}$$

式中，$B_{i,n}(t)$ 是 Bernstein 基函数，其表达式为

$$B_{i,n}(t)=\frac{n!}{i!(n-i)!}t^i(1-t)^{n-i}=C_n^it^i(1-t)^{n-i},\ i=0,1,2,\cdots,n \tag{4.2}$$

式中，$0^0=1,0!=1$。由式（4.1）可以看出，贝塞尔函数是控制点关于 Bernstein 基函数的加权和。贝塞尔曲线的次数为 n，需要 $n+1$ 个顶点来定义。

1. 一次贝塞尔曲线

（1）定义法

当 $n=1$ 时，贝塞尔曲线的控制多边形有两个控制点 P_0 和 P_1，贝塞尔曲线是一次多项式，称为一次贝塞尔曲线，

$$p(t)=\sum_{i=0}^{1}P_iB_{i,1}(t)=(1-t)P_0+tP_1,\quad t\in[0,1]$$

写成矩阵形式为

$$\boldsymbol{p}(t)=\begin{bmatrix}t & 1\end{bmatrix}\begin{bmatrix}-1 & 1\\ 1 & 0\end{bmatrix}\begin{bmatrix}P_0\\ P_1\end{bmatrix},\quad t\in[0,1] \tag{4.3}$$

式中，Bernstein 基函数为 $B_{0,1}(t)=1-t, B_{1,1}(t)=t$。

（2）几何法

可以看出，一次贝塞尔曲线是连接起点 P_0 和终点 P_1 的直线段，如图 4.2 所示。

2．二次贝塞尔曲线

（1）定义法

当 $n=2$ 时，贝塞尔曲线的控制多边形有 3 个控制点 P_0, P_1 和 P_2，贝塞尔曲线是二次多项式，称为二次贝塞尔曲线，

$$\begin{aligned}p(t)&=\sum_{i=0}^{2}P_iB_{i,2}(t)\\&=(1-t)^2P_0+2t(1-t)P_1+t^2P_2\\&=(t^2-2t+1)P_0+(-2t^2+2t)P_1+t^2P_2,\quad t\in[0,1]\end{aligned} \tag{4.4}$$

写成矩阵形式为

$$\boldsymbol{p}(t)=\begin{bmatrix}t^2 & t & 1\end{bmatrix}\begin{bmatrix}1 & -2 & 1\\ -2 & 2 & 0\\ 1 & 0 & 0\end{bmatrix}\begin{bmatrix}P_0\\ P_1\\ P_2\end{bmatrix},\quad t\in[0,1] \tag{4.5}$$

式中，Bernstein 基函数为 $B_{0,2}(t)=(1-t)^2, B_{1,2}(t)=2t(1-t), B_{2,2}(t)=t^2$。

可以证明，二次贝塞尔曲线是一段起点在 P_0、终点在 P_2 的抛物线，如图 4.3 所示。

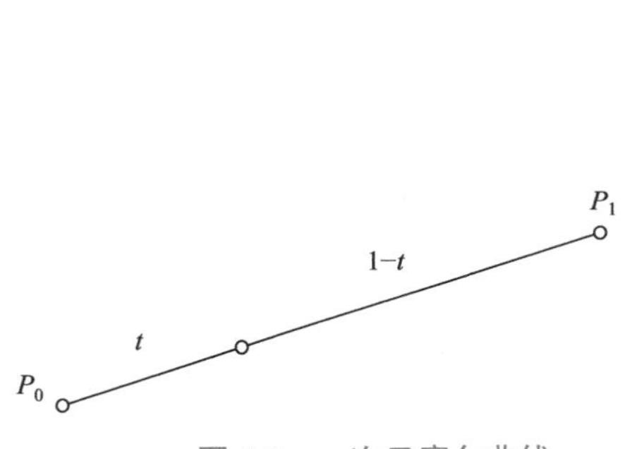

图 4.2　一次贝塞尔曲线

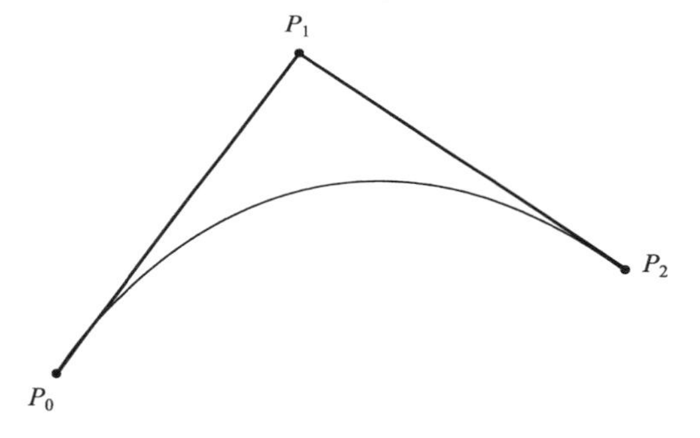

图 4.3　二次贝塞尔曲线

（2）几何法

给定三个顶点 P_0, P_1, P_2 后，可以通过连续插值进行递归，如图 4.4 所示：

$$P_0^1=(1-t)P_0+tP_1 \tag{4.6}$$

$$P_1^1=(1-t)P_1+tP_2 \tag{4.7}$$

式中，上标 1 表示第一次递归。随后，对 P_0^1 和 P_1^1 进行插值，有

$$P_0^2=(1-t)P_0^1+tP_1^1 \tag{4.8}$$

式中，上标 2 表示第二次递归。

将式（4.6）和式（4.7）代入式（4.8），即可得到二次贝塞尔曲线：

$$P_0^2=(1-t)P_0^1+tP_1^1=(1-t)^2P_0+2t(1-t)P_1+t^2P_2$$

这种算法被称为 de Casteljau 算法，由法国雪铁龙公司的 Paul de Casteljau 发明。

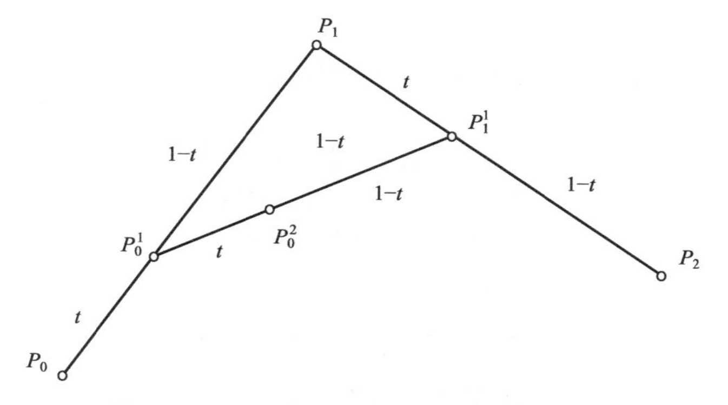

图 4.4　二次贝塞尔曲线的 de Casteljau 算法

3. 三次贝塞尔曲线

（1）定义法

当 $n=3$ 时，贝塞尔曲线的控制多边形有 4 个控制点 P_0, P_1, P_2 和 P_3，贝塞尔曲线是三次多项式，称为三次贝塞尔曲线，

$$\begin{aligned} p(t) &= \sum_{i=0}^{3} P_i B_{i,3}(t) \\ &= (1-t)^3 P_0 + 3t(1-t)^2 P_1 + 3t^2(1-t) P_2 + t^3 P_3 \\ &= (-t^3+3t^2-3t+1)P_0 + (3t^3-6t^2+3t)P_1 + (-3t^3+3t^2)P_2 + t^3 P_3, \quad t \in [0,1] \end{aligned} \tag{4.9}$$

写成矩阵形式为

$$\boldsymbol{p}(t) = \begin{bmatrix} t^3 & t^2 & t & 1 \end{bmatrix} \begin{bmatrix} -1 & 3 & -3 & 1 \\ 3 & -6 & 3 & 0 \\ -3 & 3 & 0 & 0 \\ 1 & 0 & 0 & 0 \end{bmatrix} \begin{bmatrix} P_0 \\ P_1 \\ P_2 \\ P_3 \end{bmatrix}, \quad t \in [0,1] \tag{4.10}$$

式中，Bernstein 基函数为 $B_{0,3}(t)=(1-t)^3$，$B_{1,3}(t)=3t(1-t)^2$，$B_{2,3}(t)=3t^2(1-t)$，$B_{3,3}(t)=t^3$。可以证明，三次贝塞尔曲线是一段自由曲线。图 4.5 给出了不同形状的三次贝塞尔曲线。二次贝塞尔曲线缺少应有的灵活性，三次贝塞尔曲线是自由曲线，甚至可以出现拐点，因此三次贝塞尔曲线在计算机图形学中获得了广泛应用。

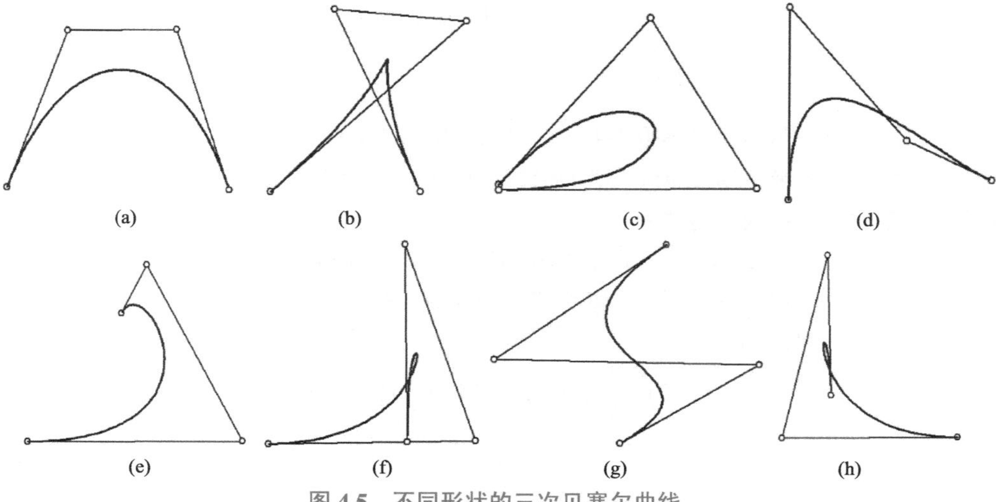

图 4.5　不同形状的三次贝塞尔曲线

（2）几何法

给定4个顶点P_0, P_1, P_2, P_3后，三次贝塞尔曲线可以通过连续插值进行递归，即所谓de Casteljau算法的几何作图法：

$$\begin{cases} P_0^1(t) = (1-t)P_0^0(t) + tP_1^0(t) \\ P_1^1(t) = (1-t)P_1^0(t) + tP_2^0(t) \\ P_2^1(t) = (1-t)P_2^0(t) + tP_3^0(t) \end{cases} \tag{4.11}$$

$$\begin{cases} P_0^2(t) = (1-t)P_0^1(t) + tP_1^1(t) \\ P_1^2(t) = (1-t)P_1^1(t) + tP_2^1(t) \end{cases} \tag{4.12}$$

$$P_0^3(t) = (1-t)P_0^2(t) + tP_1^2(t) \tag{4.13}$$

式中，上标1, 2, 3表示递归次数。

图4.6绘制的是$t = 1/3$的点。当t在区间[0, 1]内连续变化时，使用直线段连接控制多边形凸包内的所有P_0^3点，可以绘制出三次贝塞尔曲线，如图4.7所示。

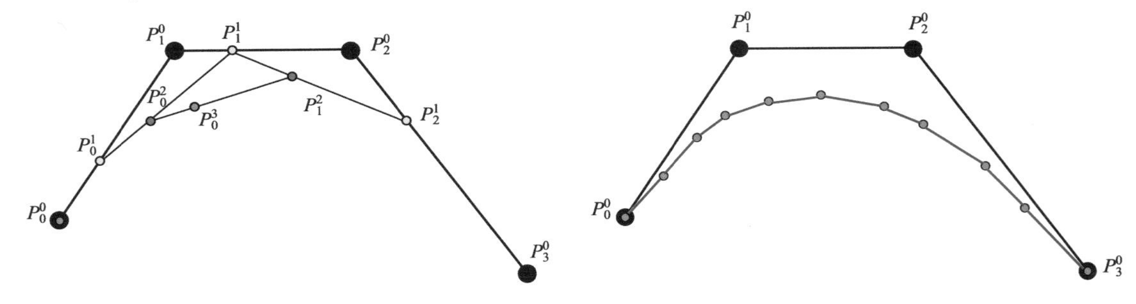

图4.6 de Casteljau算法的几何作图法　　图4.7 用10段直线连接而成的三次贝塞尔曲线

（3）三次贝塞尔曲线的切向量

对式（4.9）求导有

$$p'(t) = (-3t^2 + 6t - 3)P_0 + (9t^2 - 12t + 3)P_1 + (-9t^2 + 6t)P_2 + 3t^2 P_3 \tag{4.14}$$

对式（4.10）求导，写成矩阵形式

$$\boldsymbol{p}'(t) = \begin{bmatrix} 3t^2 & 2t & 1 & 0 \end{bmatrix} \begin{bmatrix} -1 & 3 & -3 & 1 \\ 3 & -6 & 3 & 0 \\ -3 & 3 & 0 & 0 \\ 1 & 0 & 0 & 0 \end{bmatrix} \begin{bmatrix} P_0 \\ P_1 \\ P_2 \\ P_3 \end{bmatrix}, \quad t \in [0,1] \tag{4.15}$$

4.1.2 三次贝塞尔曲线绘制圆弧

使用一段三次贝塞尔曲线可模拟1/4单位圆弧，如图4.8所示。假定，P_0^0的坐标为$(0,1)$，P_1^0的坐标为$(m,1)$，P_2^0的坐标为$(1,m)$，P_3^0的坐标为$(1,0)$。下面来计算m。

三次贝塞尔曲线的参数表达式为

$$p(t) = (1-t)^3 P_0 + 3t(1-t)^2 P_1 + 3t^2(1-t)P_2 + t^3 P_3$$

式中，P_0^0用P_0表示，P_1^0用P_1表示，P_2^0用P_2表示，P_3^0用P_3表示。

对于圆弧中点，取$t = 0.5$，有

$$p\left(\tfrac{1}{2}\right) = \frac{1}{8}P_0 + \frac{3}{8}P_1 + \frac{3}{8}P_2 + \frac{1}{8}P_3 = \sqrt{2}/2 \tag{4.16}$$

将控制点的x坐标代入，解方程得

$$\frac{0}{8}+\frac{3m}{8}+\frac{3}{8}+\frac{1}{8}=\frac{\sqrt{2}}{2}$$

解得 $m\approx0.5523$，m 常被称为魔术常数。

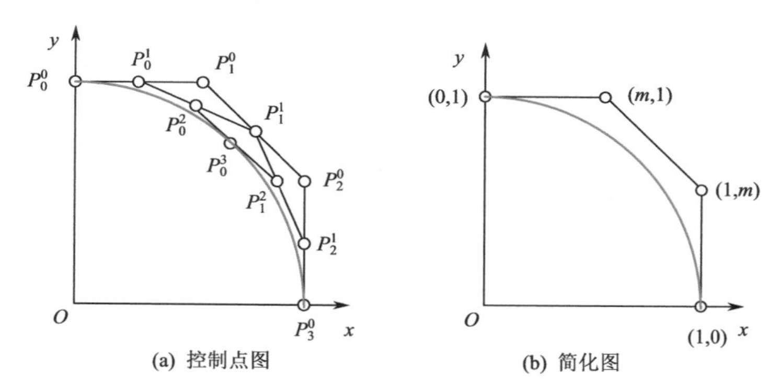

图 4.8 一段三次贝塞尔曲线模拟 1/4 单位圆弧

4.1.3 贝塞尔曲线的拼接

对于复杂曲线，工程中常由多段三次贝塞尔曲线光滑连接而成，这种贝塞尔曲线称为组合贝塞尔曲线。假设两段三次贝塞尔曲线分别为 $p(t)$ 和 $q(t)$，其控制多边形的顶点分别为 P_0, P_1, P_2, P_3 和 Q_0, Q_1, Q_2, Q_3。如果光滑拼接两段三次贝塞尔曲线，那么要求 $P_2, Q_0(P_3)$和 Q_1 三点共线，且 P_2 和 Q_1 位于 $Q_0(P_3)$的两侧，如图 4.9 所示。

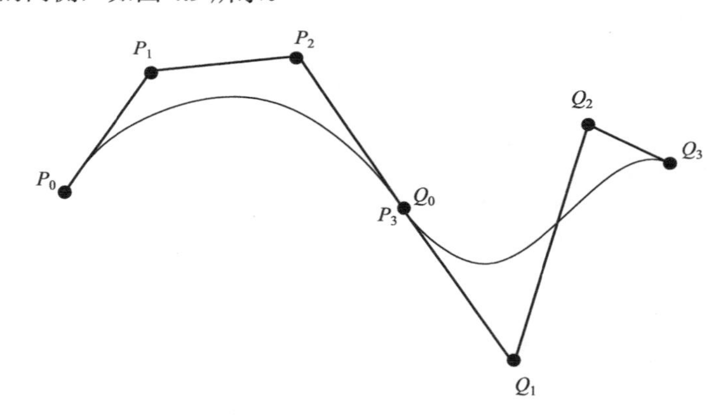

图 4.9 两段三次贝塞尔曲线的拼接

4.2 实验 7：使用三次贝塞尔曲线绘制圆

1．实验描述

拼接 4 段三次贝塞尔曲线表示圆。圆用红色线条表示，控制多边形用蓝色线条表示，控制点用蓝色实心圆表示，效果如图 4.10 所示。

2．实验设计

一段三次贝塞尔曲线可以表示一段 1/4 圆弧，有 4 个控制点。使用 4 段三次贝塞尔曲线可以拼接一个圆，考虑重合点的情况下，共需要 12 个控制点 P_0～P_{11}，控制点编号如图 4.11 所示。需要说明的是，三次贝塞尔曲线不能精确地表示圆弧，绘制的结果只是一个近似圆。需要精确绘制圆时，可用 4 段有理二次贝塞尔曲线拼接成圆，详细代码请查看参考文献[10]。

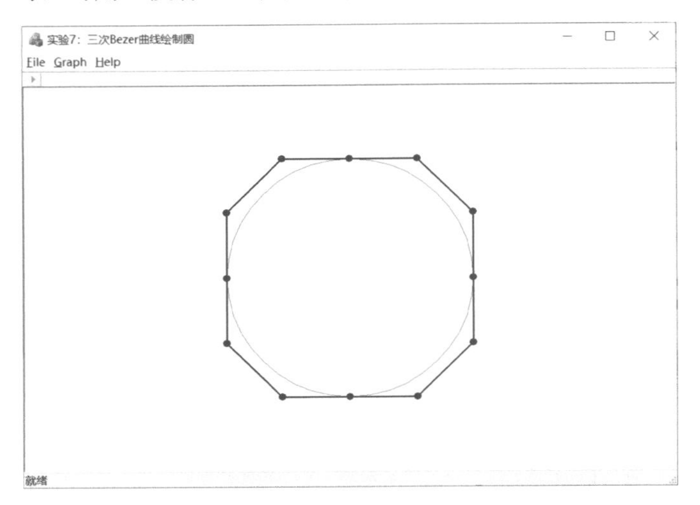

图 4.10　实验 7 效果图

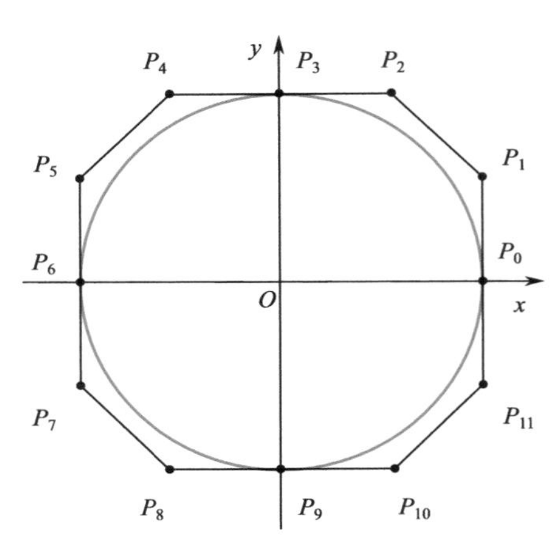

图 4.11　4 段三次贝塞尔曲线拼接圆

3. 实验编码

（1）设计三次贝塞尔曲线类 CBezierCurve

三次贝塞尔曲线使用 4 个控制点，并使用 de Casteljau 递推算法绘制。CBezierCurve 类提供了绘制曲线函数 DrawCurve 和绘制控制多边形函数 DrawPolygon。

```
1    class CBezierCurve                          //三次贝塞尔曲线
     {
     public:
         CBezierCurve(void);
5        virtual ~CBezierCurve(void);
         void ReadPoint(CP2* P);                 //读入控制点
         void DrawCurve(CDC* pDC);               //绘制曲线
         void DrawPolygon(CDC* pDC);             //绘制控制多边形
     private:
10       CP2 P[4];                               //控制点数组
     };
     CBezierCurve::CBezierCurve(void)
     {
     }
15   CBezierCurve::~CBezierCurve(void)
     {
     }
     void CBezierCurve::ReadPoint(CP2* P)
     {
20       for (int i = 0; i < 4; i++)
             this->P[i] = P[i];
     }
     void CBezierCurve::DrawCurve(CDC* pDC)          //de Casteljau 递推算法
     {
25       CPen NewPen, *pOldPen;
         NewPen.CreatePen(PS_SOLID, 1, RGB(255, 0, 0));          //红色画笔
         pOldPen = pDC->SelectObject(&NewPen);
```

```
        CP2 p00 = P[0], p10 = P[1], p20 = P[2], p30 = P[3];      //控制点
        CP2 p01, p11, p21, p02, p12, p03;                          //插值点
30      double tStep = 0.1;                                        //步长
        pDC->MoveTo(ROUND(P[0].x), ROUND(P[0].y));
        for (double t = 0.0; t < 1; t += tStep)
        {
            p01 = (1 - t) * p00 + t * p10;
35          p11 = (1 - t) * p10 + t * p20;
            p21 = (1 - t) * p20 + t * p30;
            p02 = (1 - t) * p01 + t * p11;
            p12 = (1 - t) * p11 + t * p21;
            p03 = (1 - t) * p02 + t * p12;
40          pDC->LineTo(ROUND(p03.x), ROUND(p03.y));
        }
        pDC->LineTo(ROUND(P[3].x), ROUND(P[3].y));
        pDC->SelectObject(pOldPen);
        NewPen.DeleteObject();
45  }
    void CBezierCurve::DrawPolygon(CDC* pDC)                      //绘制控制多边形
    {
        CPen pen(PS_SOLID, 3, RGB(0, 0, 255));                     //蓝色画笔
        CPen* pOldPen = pDC->SelectObject(&pen);
50      CBrush brush(RGB(0, 0, 255));                              //蓝色画刷
        CBrush* pOldBrush = pDC->SelectObject(&brush);
        for (int i = 0; i < 4; i++)
        {
            if (0 == i)
55          {
                pDC->MoveTo(ROUND(P[i].x), ROUND(P[i].y));
                pDC->Ellipse(ROUND(P[i].x) - 5, ROUND(P[i].y) - 5,
                             ROUND(P[i].x) + 5, ROUND(P[i].y) + 5);
            }
            else
            {
60              pDC->LineTo(ROUND(P[i].x), ROUND(P[i].y));
                pDC->Ellipse(ROUND(P[i].x) - 5, ROUND(P[i].y) - 5,
                             ROUND(P[i].x) + 5, ROUND(P[i].y) + 5);
            }
        }
        pDC->SelectObject(pOldBrush);
65      pDC->SelectObject(pOldPen);
    }
```

程序说明：第 30 行语句设置参数 t 的步长为 0.1，意味着一段曲线用 10 段直线来绘制。第 32～41 行语句使用 de Casteljau 递推算法绘制曲线。第 34～36 行语句进行第一层递归运算。第 37～38 行语句进行第二层递归运算。第 39 行语句进行第三层递归运算。第 40 行语句使用直线段依次连接曲线上的各个递归点，绘制三次贝塞尔曲线。

（2）设计圆类 CCircle

定义圆为单位圆。分别定义圆在 4 个象限内的控制点，分 4 次调用三次贝塞尔曲线类绘制整圆。

```
1   class CCircle
    {
```

```
    public:
        CCircle(void);
5       virtual ~CCircle(void);
        void ReadPoint(void);
        void Draw(CDC* pDC);
    private:
        CP2 P[12];                          //控制点数组
10      CBezierCurve Bezier[4];             //曲线段
    };
    CCircle::CCircle(void)
    {
    }
15  CCircle::~CCircle(void)
    {
    }
    CP2* CCircle::GetVertexArrayName(void)
    {
20      return P;
    }
    void CCircle::ReadPoint(void)
    {
        double m = 0.5523;
25      P[0].x = 1,  P[0].y = 0;
        P[1].x = 1,  P[1].y = m;
        P[2].x = m,  P[2].y = 1;
        P[3].x = 0,  P[3].y = 1;
        P[4].x = -m, P[4].y = 1;
30      P[5].x = -1, P[5].y = m;
        P[6].x = -1, P[6].y = 0;
        P[7].x = -1, P[7].y = -m;
        P[8].x = -m, P[8].y = -1;
        P[9].x = 0,  P[9].y = -1;
35      P[10].x = m, P[10].y = -1;
        P[11].x = 1, P[11].y = -m;
    }
    void CCircle::Draw(CDC* pDC)
    {
40      CP2 CtrP[4];                                //三次贝塞尔曲线的控制点
        CtrP[0] = P[0], CtrP[1] = P[1], CtrP[2] = P[2], CtrP[3] = P[3];
        Bezier[0].ReadPoint(CtrP);
        Bezier[0].DrawCurve(pDC);
        CtrP[0] = P[3], CtrP[1] = P[4], CtrP[2] = P[5], CtrP[3] = P[6];
45      Bezier[1].ReadPoint(CtrP);
        Bezier[1].DrawCurve(pDC);
        CtrP[0] = P[6], CtrP[1] = P[7], CtrP[2] = P[8], CtrP[3] = P[9];
        Bezier[2].ReadPoint(CtrP);
        Bezier[2].DrawCurve(pDC);
50      CtrP[0] = P[9], CtrP[1] = P[10], CtrP[2] = P[11], CtrP[3] = P[0];
        Bezier[3].ReadPoint(CtrP);
        Bezier[3].DrawCurve(pDC);
    }
```

程序说明：第 22～37 行语句定义圆上的 12 个控制点。第 41～43 行语句绘制第一段圆弧，使用的整圆控制点为 P_0～P_3。第 44～46 行语句绘制第二段三次贝塞尔曲线，使用的整圆控制点为 P_3～P_6。第 47～49 行语句绘制第三段三次贝塞尔曲线，使用的整圆控制点为 P_6～P_9。第 50～52 行语句绘制第四段三次贝塞尔曲线，使用的整圆控制点为 P_9～P_0。

（3）初始化圆对象

在 CTestView 类内，初始化圆的控制点与二维变换矩阵，并对单位圆进行比例变换，以放大为半径为 R 的圆。

```
1    CTestView::CTestView() noexcept
     {
         //TODO: 在此处添加构造代码
         circle.ReadPoint();
5        transform.SetMatrix(circle.GetVertexArrayName(), 12);
         double R = 200;
         transform.Scale(R, R);
     }
```

程序说明：第 4 行语句读入圆上的 12 个控制点。第 5 行语句将圆上的控制点赋给变换矩阵的顶点数组，GetVertexArrayName 函数获取圆对象的控制点数组名。第 6 行语句设置圆的半径。第 7 行语句将单位圆比例放大。

（4）绘制圆

在 OnDraw 函数中，自定义二维坐标系。

```
     void CTestView::OnDraw(CDC* pDC)
     {
         CTestDoc* pDoc = GetDocument();
         ASSERT_VALID(pDoc);
         if (!pDoc)
             return;
         //TODO: 在此处为本机数据添加绘制代码
1        CRect rect;
         GetClientRect(&rect);
         pDC->SetMapMode(MM_ANISOTROPIC);
         pDC->SetWindowExt(rect.Width(), rect.Height());
5        pDC->SetViewportExt(rect.Width(), -rect.Height());
         pDC->SetViewportOrg(rect.Width() / 2, rect.Height() / 2);
         circle.Draw(pDC);
     }
```

程序说明：第 1～6 行语句自定义二维坐标系：原点位于窗口客户区中心，x 轴向右为正，y 轴向上为正。第 7 行语句绘制整圆，circle 为 CCircle 类定义的对象。

4．实验小结

正确拼接 4 段三次贝塞尔曲线可以近似表示圆，这里用到了魔术常数。从三维角度考虑，按照构建圆的思想，沿着赤道和南北极方向，各正确拼接的 4 个贝塞尔曲面可以表示球面。

4.3　贝塞尔曲面【理论 8】

曲面由曲线拓广而来，称为双参数曲面。最常用的是双三次贝塞尔曲面。通过拼接双三次贝塞尔曲面，可以构造复杂的曲面。

4.3.1 双三次贝塞尔曲面的定义

双三次贝塞尔曲面由 u, v 方向的两组三次贝塞尔曲线交织而成。控制网格由 16 个控制点构成，如图 4.12 所示。可以看出，双三次贝塞尔曲面有 16 个控制点，只有角上的 4 个控制点位于曲面上。曲面的边界由 4 条三次贝塞尔曲线组成。

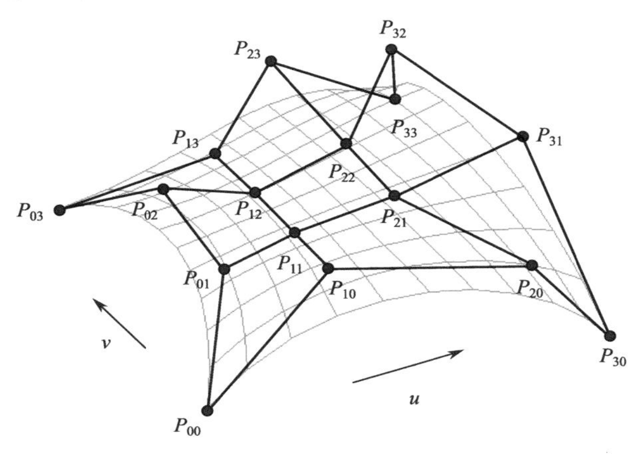

图 4.12 双三次贝塞尔曲面

双三次贝塞尔曲面定义如下：

$$\boldsymbol{p}(u,v)=\sum_{i=0}^{3}\sum_{j=0}^{3}P_{i,j}B_{i,3}(u)B_{j,3}(v),\quad (u,v)\in[0,1]\times[0,1] \tag{4.17}$$

式中， $P_{ij},i,j=0,1,2,3$ 是 4×4 = 16 个控制点。 $B_{i,3}(u)$ 和 $B_{j,3}(v)$ 是三次 Bernstein 基函数。展开式（4.17），有

$$\boldsymbol{p}(u,v)=\begin{bmatrix}B_{0,3}(u) & B_{1,3}(u) & B_{2,3}(u) & B_{3,3}(u)\end{bmatrix}\begin{bmatrix}P_{00} & P_{01} & P_{02} & P_{03}\\ P_{10} & P_{11} & P_{12} & P_{13}\\ P_{20} & P_{21} & P_{22} & P_{23}\\ P_{30} & P_{31} & P_{32} & P_{33}\end{bmatrix}\begin{bmatrix}B_{0,3}(v)\\ B_{1,3}(v)\\ B_{2,3}(v)\\ B_{3,3}(v)\end{bmatrix} \tag{4.18}$$

式中，$B_{0,3}(u)$，$B_{1,3}(u)$，$B_{2,3}(u)$，$B_{3,3}(u)$，$B_{0,3}(v)$，$B_{1,3}(v)$，$B_{2,3}(v)$，$B_{3,3}(v)$ 是三次Bernstein基函数：

$$\begin{cases}B_{0,3}(u)=(1-u)^3\\ B_{1,3}(u)=3u(1-u)^2\\ B_{2,3}(u)=3u^2(1-u)\\ B_{3,3}(u)=u^3\end{cases},\begin{cases}B_{0,3}(v)=(1-v)^3\\ B_{1,3}(v)=3v(1-6)^2\\ B_{2,3}(v)=3v^2(1-v)\\ B_{3,3}(v)=v^3\end{cases} \tag{4.19}$$

将式（4.19）代入式（4.18）得

$$\boldsymbol{p}(u,v)=\begin{bmatrix}u^3 & u^2 & u & 1\end{bmatrix}\begin{bmatrix}-1 & 3 & -3 & 1\\ 3 & -6 & 3 & 0\\ -3 & 3 & 0 & 0\\ 1 & 0 & 0 & 0\end{bmatrix}\begin{bmatrix}P_{0,0} & P_{0,1} & P_{0,2} & P_{0,3}\\ P_{1,0} & P_{1,1} & P_{1,2} & P_{1,3}\\ P_{2,0} & P_{2,1} & P_{2,2} & P_{2,3}\\ P_{3,0} & P_{3,1} & P_{3,2} & P_{3,3}\end{bmatrix}\cdot\begin{bmatrix}-1 & 3 & -3 & 1\\ 3 & -6 & 3 & 0\\ -3 & 3 & 0 & 0\\ 1 & 0 & 0 & 0\end{bmatrix}\begin{bmatrix}v^3\\ v^2\\ v\\ 1\end{bmatrix} \tag{4.20}$$

令 $\boldsymbol{U}=\begin{bmatrix}u^3 & u^2 & u & 1\end{bmatrix},\boldsymbol{V}=\begin{bmatrix}v^3 & v^2 & v & 1\end{bmatrix}$，

$$M=\begin{bmatrix}-1 & 3 & -3 & 1\\ 3 & -6 & 3 & 0\\ -3 & 3 & 0 & 0\\ 1 & 0 & 0 & 0\end{bmatrix},\ P=\begin{bmatrix}P_{0,0} & P_{0,1} & P_{0,2} & P_{0,3}\\ P_{1,0} & P_{1,1} & P_{1,2} & P_{1,3}\\ P_{2,0} & P_{2,1} & P_{2,2} & P_{2,3}\\ P_{3,0} & P_{3,1} & P_{3,2} & P_{3,3}\end{bmatrix}$$

有

$$p(u,v)=\boldsymbol{UMPM}^{\mathrm{T}}\boldsymbol{V}^{\mathrm{T}} \tag{4.21}$$

式中，系数矩阵 $\boldsymbol{M}$ 为对称矩阵，即 $\boldsymbol{M}^{\mathrm{T}}=\boldsymbol{M}$ 。

对式（4.21）编程可以绘制出一个双三次贝塞尔曲面，具体步骤如下：

（1）$\boldsymbol{P}$ 矩阵左乘 $\boldsymbol{M}$ 矩阵，乘积仍然存储在 $\boldsymbol{P}$ 矩阵中，公式为 $p(u,v)=\boldsymbol{UPM}^{\mathrm{T}}\boldsymbol{V}^{\mathrm{T}}$；

（2）$\boldsymbol{P}$ 矩阵右乘 $\boldsymbol{M}^{\mathrm{T}}$ 矩阵，乘积仍然存储在 $\boldsymbol{P}$ 矩阵中，公式为 $p(u,v)=\boldsymbol{UPV}^{\mathrm{T}}$；

（3）将这个代表乘积 $\boldsymbol{MPM}^{\mathrm{T}}$ 的矩阵 $\boldsymbol{P}$，左乘 $\boldsymbol{U}$，右乘 $\boldsymbol{V}^{\mathrm{T}}$，得到曲面上的当前点 $p(u,v)$ 。

4.3.2　双三次贝塞尔曲面递归细分

从本质上说，双三次贝塞尔曲面是一个“弯曲的四面体”，采用四叉树递归划分法进行细分，直到分割出来的子曲面近似为平面四边形。图 4.13 所示为曲面细分法，较好的细分方法是自适应细分法，根据曲面的复杂度来决定递归深度。由于 uv 方向的正交性，沿某一方向细分曲面时，可以不考虑另一个方向。一个简单的策略是均匀细分，即将所有曲面分割到相同的层次。当子曲面达到规定的递归深度时，可以用小平面四边形来代替曲面四边形。如果用于着色，那么每个四边形需要再转换为两个小三角形。按照不同递归深度 n 划分的双三次贝塞尔曲面效果如图 4.14 所示。当 $n=5$ 时，一个双三次贝塞尔曲面细分为 1024 个四边形网格。

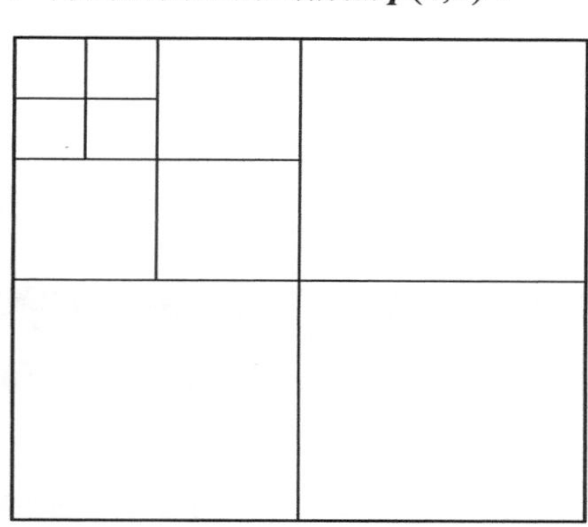

图 4.13　曲面细分法

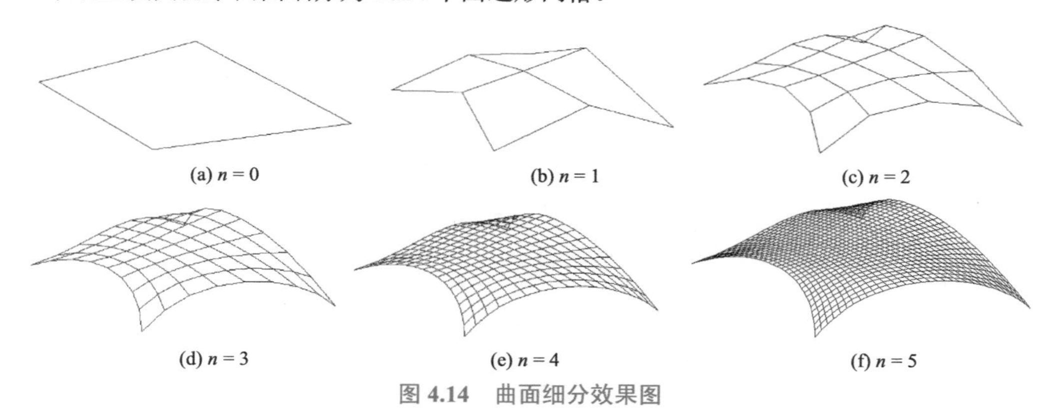

图 4.14　曲面细分效果图

4.3.3　双三次贝塞尔曲面的法向量

为曲面添加光照或纹理效果时，需要计算曲面上每个细分网格点的法向量。假定曲面上一个细分点的 u 向切向量为 $\boldsymbol{P}_u$，v 向切向量为 $\boldsymbol{P}_v$ ，即

$$\boldsymbol{P}_u=\frac{\partial \boldsymbol{P}(u,v)}{\partial u},\quad \boldsymbol{P}_v=\frac{\partial \boldsymbol{P}(u,v)}{\partial v} \tag{4.22}$$

该点的法向量为两个切向量的叉积，如图 4.15 所示：

$$N = \frac{\partial P(u,v)}{\partial u} \times \frac{\partial P(u,v)}{\partial v} \tag{4.23}$$

根据式（4.21）计算细分点的 u, v 方向切向量为

$$p'_u(u,v) = \begin{bmatrix} 3u^2 & 2u & 1 & 0 \end{bmatrix} MPM^{\mathrm{T}}V^{\mathrm{T}} \tag{4.24}$$

$$p'_v(u,v) = UMPM^{\mathrm{T}} \begin{bmatrix} 3v^2 & 2v & 1 & 0 \end{bmatrix}^{\mathrm{T}} \tag{4.25}$$

则细分点的法向量为

$$N = p'_u(u,v) \times p'_v(u,v) \tag{4.26}$$

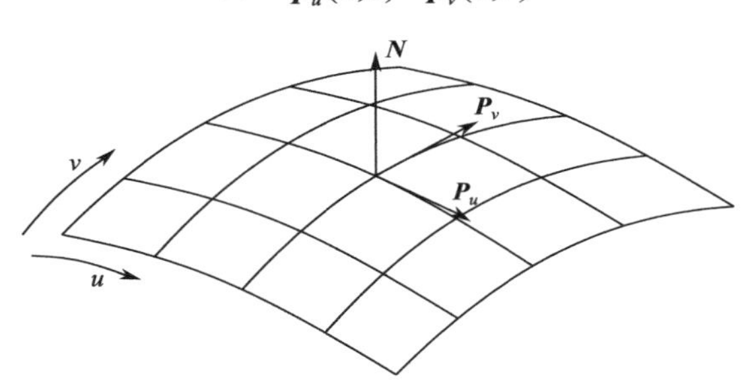

图 4.15　曲面细分点的法向量

4.4　实验 8：回转法构造球面

1．实验描述

如图 4.16(a)所示，将位于 xOy 面内 x 轴正向的半圆绕 y 轴回转一圈，构造双三次贝塞尔球面。试绘制球面及其控制多边形网格，如图 4.16(b)所示。

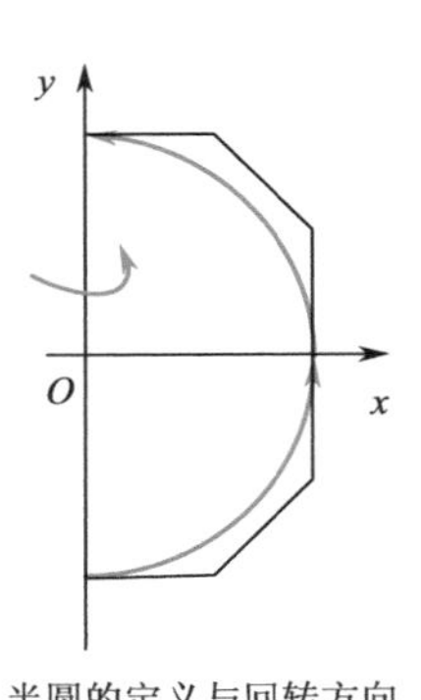

(a) 半圆的定义与回转方向

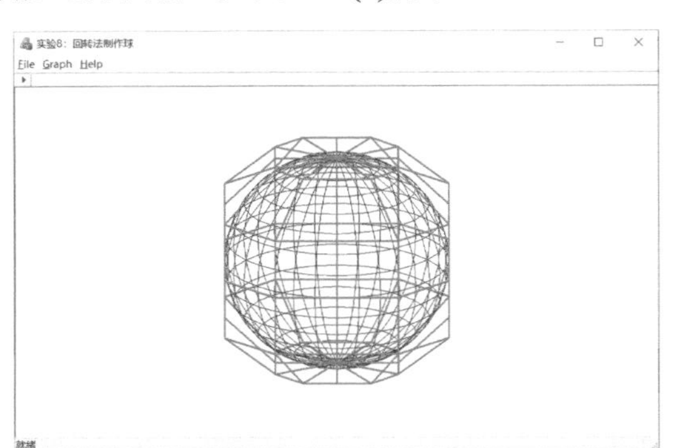

(b) 双三次贝塞尔曲面构造球体

图 4.16　实验 8 效果图

2．实验设计

我们知道，从二维角度拼接 4 段三次贝塞尔曲线可以近似表示圆，那么从三维角度拼接 4 个双三次贝塞尔曲面可以表示一个回转体。

假定在 xOy 面内定义半圆，第一段曲线的二维控制点为 P_0, P_1, P_2, P_3，构成下 1/4 圆弧；第二段曲线的控制点为 P_3, P_4, P_5, P_6，构成上 1/4 圆弧。两段曲线构成半圆，如图 4.17 所示。将半圆的 7 个控制点绕 y 轴逆时针方向回转一圈，由 8 个双三次贝塞尔曲面构造球面。为简单起见，我们讨论一段三次贝塞尔曲线绕 y 轴回转为曲面的问题。三维点 P_0, P_1, P_2, P_3 位于 xOy 面内的 x 轴正向。

控制点的 z 坐标全部取为零，控制点的 x 坐标代表回转半径，如图 4.18 所示。若 4 个控制点的 x 坐标相同且不为零，则回转体为一圆柱，如图 4.19(a)所示；若 4 个控制点不共线，则回转结果为一曲面体，如图 4.19(b)所示。若控制点构成半圆，且有一个控制点位于 y 轴上，则可绘制上下半球，如图 4.20 所示。特别地，若 4 个控制点水平共线，假定取 $y = 0$，点 P_0 的坐标为(0, 0)，点 P_3 的坐标为(r, 0)，点 P_1 的坐标为(r/3, 0)，点 P_2 的坐标为(2r/3, 0)，则回转结果是一个半径为 r 的圆盘，这是双三次贝塞尔曲面退化的结果。圆盘常用来制作回转体的底部，如图 4.21 所示。

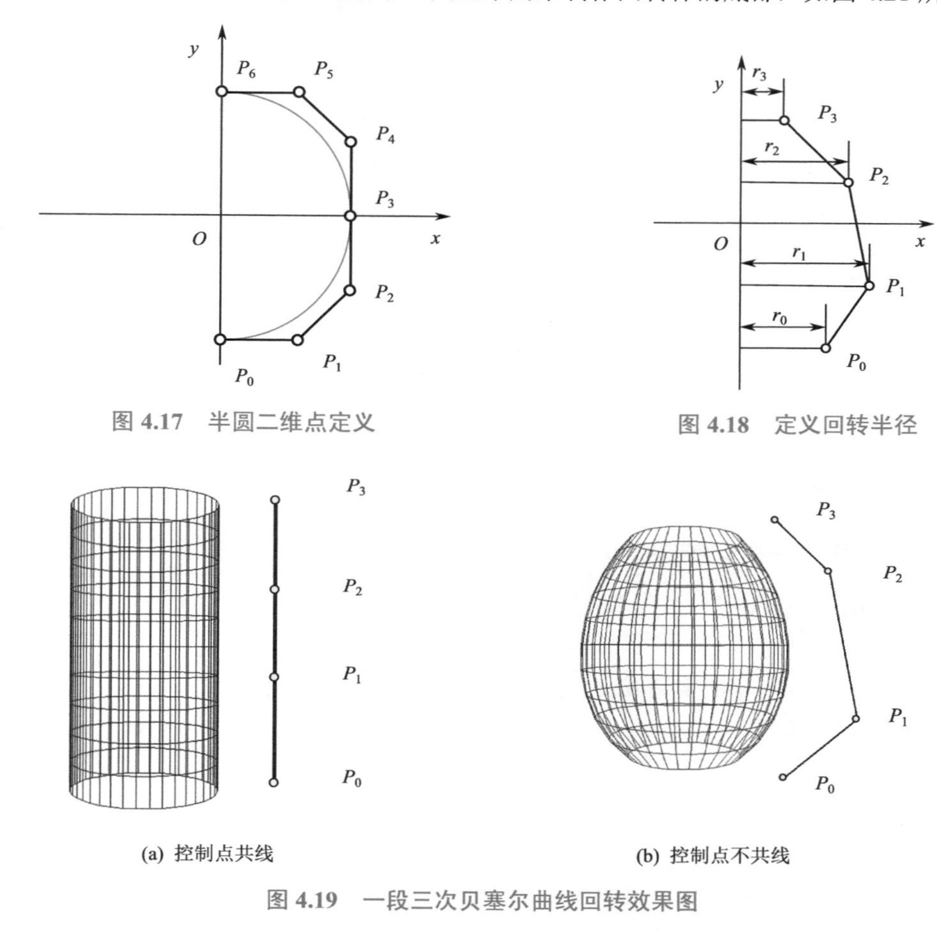

图 4.17　半圆二维点定义

图 4.18　定义回转半径

(a) 控制点共线

(b) 控制点不共线

图 4.19　一段三次贝塞尔曲线回转效果图

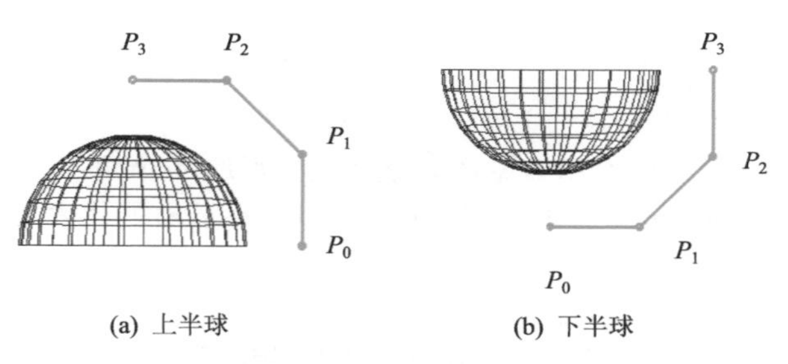

(a) 上半球

(b) 下半球

图 4.20　半圆回转效果图

如何将一段三次贝塞尔曲线回转为曲面呢？对于 4 个控制点，可以设计回转类 CRevolution，使用 4 个双三次贝塞尔曲面构造一个相应的回转体。本实验使用 4 个控制点定义 1/4 圆弧，因此 7 个控制点可以定义半圆，其中的一个控制点 P_3 共用。下 1/4 圆弧的控制点为 P_0～P_3，相应的回转体为下半圆；上 1/4 圆弧的控制点为 P_3～P_6，相应的回转体为上半球；7 个控制点分两次调用回转体类来构造球体。

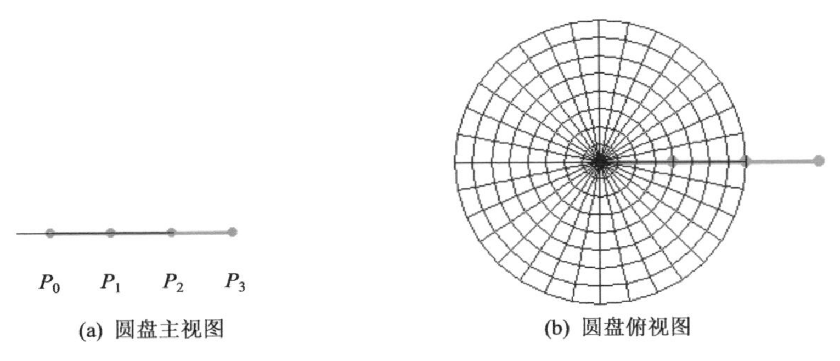

(a) 圆盘主视图　(b) 圆盘俯视图

图 4.21　直线回转圆盘效果图

3. 实验编码

（1）设计参数点类

在双三次贝塞尔曲面中，使用 u，v 参数来定义曲面。为此，设计了 CT2 类型。

```
1    class CT2
     {
     public:
         CT2(void);
5        virtual ~CT2(void);
         CT2(double u, double v);
     public:
         double u, v;
     };
```

程序说明：参数 u 和 v 的定义域皆为区间[0,1]。

（2）设计细分曲面类

```
     #include"T2.h"
1    class CMesh
     {
     public:
         CMesh(void);
5        virtual ~CMesh(void);
     public:
         CT2 BL, BR, TR, TL;                    //四边形的 4 个角点坐标
     };
```

程序说明：该类定义了一个用 u,v 参数表示的矩形的 4 个角点坐标。BL（BottomLeft）代表左下角点，BR（BottomRight）代表右下角点，TR（TopRight）代表右上角点，TL（TopLeft）代表左上角点。

（3）设计双三次贝塞尔曲面类

双三次曲面由 16 个控制点定义，使用递归划分法进行细分。曲面上细分点的投影方式采用正交投影。

```
1    class CBezierPatch                                    //双三次贝塞尔曲面类
     {
     public:
```

```
            CBezierPatch(void);
5           virtual ~CBezierPatch(void);
              void ReadControlPoint(CP3 CtrPt[4][4], int ReNumber);//读入控制点和递归深度
            void DrawCurvedPatch(CDC* pDC);                        //绘制曲面
            void DrawControlGrid(CDC* pDC);                        //绘制控制网格
    private:
10          void Recursion(CDC* pDC, int ReNumber, CMesh Mesh); //递归函数
            void Tessellation(CMesh Mesh);                         //细分函数
            void DrawFacet(CDC* pDC);                              //绘制四边形
            void LeftMultiplyMatrix(double M[4][4], CP3 P[4][4]);  //左乘控制点矩阵
            void RightMultiplyMatrix(CP3 P[4][4], double M[4][4]); //右乘控制点矩阵
15          void TransposeMatrix(double M[4][4]);                  //转置矩阵
    private:
            int ReNumber;                                          //递归深度
            CP3 quardP[4];                                         //四边形网格点
            CP3 CtrPt[4][4];                                     //曲面的 16 个控制点数组
20      };
        CBezierPatch::CBezierPatch(void)
        {
            ReNumber = 0;
        }
25      CBezierPatch::~CBezierPatch(void)
        {
        }
        void CBezierPatch::ReadControlPoint(CP3 CtrPt[4][4], int ReNumber)
        {
30          for (int i = 0; i< 4; i++)
                for (int j = 0; j < 4; j++)
                    this->CtrPt[i][j] = CtrPt[i][j];
            this-> ReNumber = ReNumber;
        }
35      void CBezierPatch::DrawCurvedPatch(CDC* pDC)
        {
            CMesh Mesh;
            Mesh.BL = CT2(0, 0), Mesh.BR = CT2(1, 0);                 //初始化 uv
            Mesh.TR = CT2(1, 1), Mesh.TL = CT2(0, 1);
40          Recursion(pDC, ReNumber, Mesh);                          //递归函数
        }
        void CBezierPatch::Recursion(CDC* pDC, int ReNumber, CMesh Mesh)
        {
            if(0 == ReNumber)
45          {
                Tessellation(Mesh);      //细分曲面，将(u,v)点转换为(x,y)点
                DrawFacet(pDC);          //绘制平面网格
                return;
            }
50          else
            {
                CT2 Mid = (Mesh.BL + Mesh.TR) / 2.0;
                CMesh SubMesh[4];                               //一分为四
                SubMesh[0].BL = Mesh.BL;
```

```
55              SubMesh[0].BR = CT2(Mid.u,Mesh.BL.v);
                SubMesh[0].TR = CT2(Mid.u, Mid.v);
                SubMesh[0].TL = CT2(Mesh.BL.u, Mid.v);
                SubMesh[1].BL = SubMesh[0].BR;
                SubMesh[1].BR = Mesh.BR;
60              SubMesh[1].TR = CT2(Mesh.BR.u, Mid.v);
                SubMesh[1].TL = SubMesh[0].TR;
                SubMesh[2].BL = SubMesh[1].TL;
                SubMesh[2].BR = SubMesh[1].TR;
                SubMesh[2].TR = Mesh.TR;
65              SubMesh[2].TL = CT2(Mid.u, Mesh.TR.v);
                SubMesh[3].BL = SubMesh[0].TL;
                SubMesh[3].BR = SubMesh[2].BL;
                SubMesh[3].TR = SubMesh[2].TL;
                SubMesh[3].TL = Mesh.TL;
70              Recursion(pDC, ReNumber - 1, SubMesh[0]);      //递归子曲面
                Recursion(pDC, ReNumber - 1, SubMesh[1]);
                Recursion(pDC, ReNumber - 1, SubMesh[2]);
                Recursion(pDC, ReNumber - 1, SubMesh[3]);
            }
75      }
        void CBezierPatch::Tessellation(CMesh Mesh)
        {
            double M[4][4];                              //系数矩阵M
            M[0][0] =-1, M[0][1] = 3, M[0][2] =-3, M[0][3] = 1;
80          M[1][0] = 3, M[1][1] =-6, M[1][2] = 3, M[1][3] = 0;
            M[2][0] =-3, M[2][1] = 3, M[2][2] = 0, M[2][3] = 0;
            M[3][0] = 1, M[3][1] = 0, M[3][2] = 0, M[3][3] = 0;
            CP3 P3[4][4];                                //曲线计算用控制点数组
            for(int i = 0; i < 4; i++)
85              for(int j = 0; j < 4; j++)
                    P3[i][j] = CtrPt[i][j];
            LeftMultiplyMatrix(M, P3);                   //系数矩阵左乘三维点矩阵
            TransposeMatrix(M);                          //计算转置矩阵
            RightMultiplyMatrix(P3, M);                  //系数矩阵右乘三维点矩阵
90          double u0, u1, u2, u3, v0, v1, v2, v3;       //u,v参数的幂
            double u[4] = { Mesh.BL.u,Mesh.BR.u ,Mesh.TR.u ,Mesh.TL.u };
            double v[4] = { Mesh.BL.v,Mesh.BR.v ,Mesh.TR.v ,Mesh.TL.v };
            for(int i = 0;i < 4; i++)
95          {
                u3 = pow(u[i], 3.0), u2 = pow(u[i], 2.0), u1 = pow(u[i], 1.0), u0 = 1;
                v3 = pow(v[i], 3.0), v2 = pow(v[i], 2.0), v1 = pow(v[i], 1.0), v0 = 1;
                CP3 Pt = (u3 * P3[0][0] + u2 * P3[1][0] + u1 * P3[2][0] + u0 * P3[3][0]) * v3
                   + (u3 * P3[0][1] + u2 * P3[1][1] + u1 * P3[2][1] + u0 * P3[3][1]) * v2
                   + (u3 * P3[0][2] + u2 * P3[1][2] + u1 * P3[2][2] + u0 * P3[3][2]) * v1
                   + (u3 * P3[0][3] + u2 * P3[1][3] + u1 * P3[2][3] + u0 * P3[3][3]) * v0;
                quardP[i] = Pt;
100         }
        }
        void CBezierPatch::DrawFacet(CDC* pDC)
        {
            CP2 ScreenPoint[4];                                      //二维投影点
```

```
105          for(int nPoint = 0; nPoint < 4; nPoint++)
                 ScreenPoint [nPoint] = quardP[nPoint];      //取x、y坐标进行正交投影
             pDC->MoveTo(ROUND(ScreenPoint [0].x), ROUND(ScreenPoint [0].y));
             pDC->LineTo(ROUND(ScreenPoint [1].x), ROUND(ScreenPoint [1].y));
             pDC->LineTo(ROUND(ScreenPoint [2].x), ROUND(ScreenPoint [2].y));
110          pDC->LineTo(ROUND(ScreenPoint [3].x), ROUND(ScreenPoint [3].y));
             pDC->LineTo(ROUND(ScreenPoint [0].x), ROUND(ScreenPoint [0].y));
         }
         void CBezierPatch::LeftMultiplyMatrix(double M[4][4], CP3 P[4][4])
         {
115          CP3 PTemp[4][4];
             for (int i = 0; i < 4; i++)
                 for (int j = 0; j < 4; j++)
     PTemp[i][j]=M[i][0]*P[0][j]+M[i][1]*P[1][j]+M[i][2]*P[2][j]+M[i][3]*P[3][j];
             for (int i = 0; i < 4; i++)
120              for (int j = 0; j < 4; j++)
                     P[i][j] = PTemp[i][j];
         }
         void CBezierPatch::RightMultiplyMatrix(CP3 P[4][4], double M[4][4])
         {
125          CP3 PTemp[4][4];
             for (int i = 0; i < 4; i++)
                 for (int j = 0; j < 4; j++)
     PTemp[i][j]=P[i][0]*M[0][j]+P[i][1]*M[1][j]+P[i][2]*M[2][j]+P[i][3]*M[3][j];
             for (int i = 0; i < 4; i++)
130              for (int j = 0; j < 4; j++)
                     P[i][j] = PTemp[i][j];
         }
         void CBezierPatch::TransposeMatrix(double M[4][4])
         {
135          double PTemp[4][4];
             for(int i = 0; i < 4; i++)
                 for(int j = 0; j < 4; j++)
                     PTemp[j][i] = M[i][j];
             for(int i = 0; i < 4; i++)
140              for(int j = 0; j < 4; j++)
                     M[i][j] = PTemp[i][j];
         }
         void CBezierPatch::DrawControlGrid(CDC* pDC)
         {
145          CP2 P2[4][4];                              //二维控制点
             for(int i = 0; i < 4; i++)
                 for(int j = 0; j < 4; j++)
                     P2[i][j] = CtrPt[i][j];            //正交投影
             CPen NewPen, *pOldPen;
150          NewPen.CreatePen(PS_SOLID, 3, RGB(0, 128, 0));
             pOldPen = pDC->SelectObject(&NewPen);
             for(int i = 0; i < 4; i++)
             {
                 pDC->MoveTo(ROUND(P2[i][0].x), ROUND(P2[i][0].y));
```

```
155             for(int j = 1; j < 4; j++)
                    pDC->LineTo(ROUND(P2[i][j].x),ROUND(P2[i][j].y));
            }
            for(int j = 0; j < 4; j++)
            {
160             pDC->MoveTo(ROUND(P2[0][j].x), ROUND(P2[0][j].y));
                for(int i = 1; i < 4; i++)
                    pDC->LineTo(ROUND(P2[i][j].x), ROUND(P2[i][j].y));
            }
            pDC->SelectObject(pOldPen);
    165     NewPen.DeleteObject();
    }
```

程序说明：第 28～34 行语句定义 ReadControlPoint 函数读取 16 个三维控制点和递归深度，控制点用二维数组表示。第 42～75 行语句递归细分曲面，将四边形曲面划分为 4 个小四边形 SubMesh0，SubMesh1，SubMesh2 和 SubMesh3，如图 4.22 所示。第 54～57 行语句计算 SubMesh0 的顶点坐标，第 58～61 行语句计算 SubMesh1 的顶点坐标，第 62～65 行语句计算 SubMesh2 的顶点坐标，第 66～69 行语句计算 SubMesh3 的顶点坐标，如图 4.23 所示。第 70～73 行语句对 4 个子曲面进行递归划分。第 76～101 行语句将四边形网格的 uv 表示转换为三维坐标表示。按照式(4.21)，将顶点矩阵左乘系数矩阵，且右乘系数矩阵的转置矩阵，乘积仍然保存在顶点矩阵内，这样顶点矩阵的元素就发生了变化。后面绘制控制网格时，也要用到顶点矩阵，所以第 83～86 行语句将顶点矩阵转储为 P3 数组。第 102～112 行语句将三维坐标点正交投影为二维点后，绘制四边形子曲面。第 113～122 行语句将系数矩阵左乘顶点矩阵，结果存储在顶点矩阵中。第 123～132 行语句将系数矩阵右乘顶点矩阵，结果存储到顶点矩阵中。第 133～142 行语句计算系数矩阵 M 的转置矩阵。第 143～166 行语句绘制控制网格。第 148 行语句对控制点进行正交投影。所谓正交投影是使用三维点的 x 和 y 坐标绘制图形。

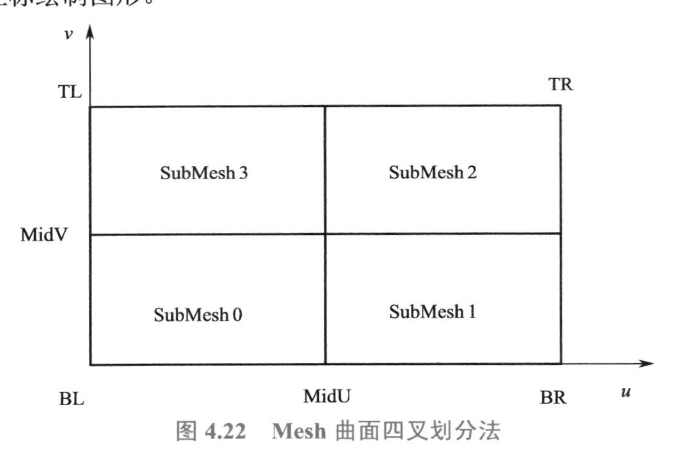

图 4.22　Mesh 曲面四叉划分法

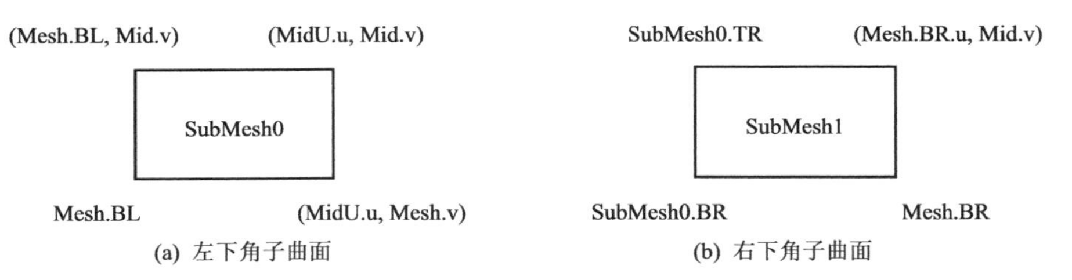

图 4.23　确定子曲面的 4 个顶点坐标

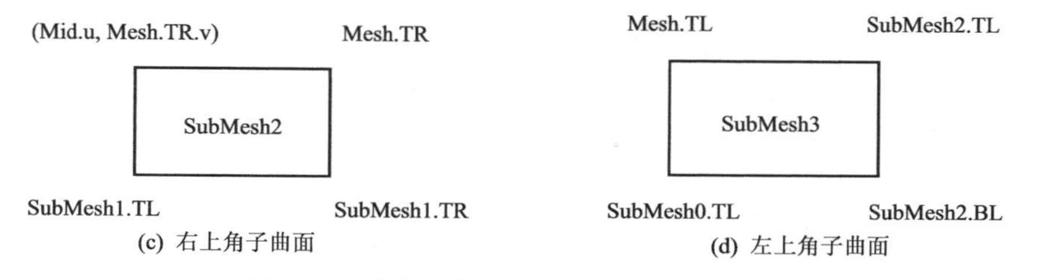

(c) 右上角子曲面　　(d) 左上角子曲面

图 4.23 确定子曲面的 4 个顶点坐标（续）

（4）设计回转类

回转类读入一段贝塞尔曲线的 4 个控制点，制作 4 个双三次贝塞尔曲面，通过拼接构成一个回转体。

```
1   class CRevolution                    //回转类
    {
    public:
        CRevolution(void);
5       virtual ~CRevolution(void);
        void ReadCubicBezierControlPoint(CP3 P[4]);        //曲线顶点初始化
        CP3* GetVertexArrayName(void);                     //得到顶点数组名
        void DrawRevolutionSurface(CDC* pDC);              //绘制回转体
    private:
10      void ReadVertex(void);                             //读入回转体的控制多边形顶点
        void ReadPatch(void);                              //读入回转体的双三次曲面
    private:
        CP3 P[4];                    //来自曲线的 4 个三维控制点数组
        CP3 V[48];                   //回转体总控制点数组
15      CPatch S[4];                 //回转体曲面总面数
    };
    CRevolution::CRevolution(void)
    {
    }
20  CRevolution::~CRevolution(void)
    {
    }
    void CRevolution::ReadCubicBezierControlPoint(CP3 P[4])
    {
25      for (int i = 0; i < 4; i++)
            this->P[i] = P[i];
        ReadVertex();
        ReadPatch();
    }
30  CP3* CRevolution::GetVertexArrayName(void)
    {
        return V;
    }
    void CRevolution::ReadVertex(void)
35  {
        //第一个曲面有 16 个控制点
        V[0] = P[0];                           //P 数组是来自曲线的三维控制点
        V[1] = P[1];
```

```
        V[2] = P[2];
        V[3] = P[3];
40      V[4].x = V[0].x,      V[4].y = V[0].y,  V[4].z = -V[0].x * m;
        V[5].x = V[1].x,      V[5].y = V[1].y,  V[5].z = -V[1].x * m;
        V[6].x = V[2].x,      V[6].y = V[2].y,  V[6].z = -V[2].x * m;
        V[7].x = V[3].x,      V[7].y = V[3].y,  V[7].z = -V[3].x * m;
        V[8].x = V[0].x * m,  V[8].y = V[0].y,  V[8].z = -V[0].x;
45      V[9].x = V[1].x * m,  V[9].y = V[1].y,  V[9].z = -V[1].x;
        V[10].x =V[2].x * m,  V[10].y = V[2].y, V[10].z =-V[2].x;
        V[11].x =V[3].x * m,  V[11].y = V[3].y, V[11].z =-V[3].x;
        V[12].x = V[0].z,     V[12].y = V[0].y, V[12].z =-V[0].x;
        V[13].x = V[1].z,     V[13].y = V[1].y, V[13].z =-V[1].x;
50      V[14].x = V[2].z,     V[14].y = V[2].y, V[14].z =-V[2].x;
        V[15].x = V[3].z,     V[15].y = V[3].y, V[15].z =-V[3].x;
        //第二个曲面有 12 个控制点
        V[16].x =-V[0].x * m, V[16].y = V[0].y, V[16].z =-V[0].x;
        V[17].x =-V[1].x * m, V[17].y = V[1].y, V[17].z =-V[1].x;
        V[18].x =-V[2].x * m, V[18].y = V[2].y, V[18].z =-V[2].x;
55      V[19].x =-V[3].x * m, V[19].y = V[3].y, V[19].z =-V[3].x;
        V[20].x =-V[0].x,     V[20].y = V[0].y, V[20].z =-V[0].x * m;
        V[21].x =-V[1].x,     V[21].y = V[1].y, V[21].z =-V[1].x * m;
        V[22].x =-V[2].x,     V[22].y = V[2].y, V[22].z =-V[2].x * m;
        V[23].x =-V[3].x,     V[23].y = V[3].y, V[23].z =-V[3].x * m;
60      V[24].x =-V[0].x,     V[24].y = V[0].y, V[24].z = V[0].z;
        V[25].x =-V[1].x,     V[25].y = V[1].y, V[25].z = V[1].z;
        V[26].x =-V[2].x,     V[26].y = V[2].y, V[26].z = V[2].z;
        V[27].x =-V[3].x,     V[27].y = V[3].y, V[27].z = V[3].z;
        //第三个曲面有 12 个控制点
        V[28].x =-V[0].x,     V[28].y = V[0].y, V[28].z = V[0].x * m;
65      V[29].x =-V[1].x,     V[29].y = V[1].y, V[29].z = V[1].x * m;
        V[30].x =-V[2].x,     V[30].y = V[2].y, V[30].z = V[2].x * m;
        V[31].x =-V[3].x,     V[31].y = V[3].y, V[31].z = V[3].x * m;
        V[32].x =-V[0].x * m, V[32].y = V[0].y, V[32].z = V[0].x;
        V[33].x =-V[1].x * m, V[33].y = V[1].y, V[33].z = V[1].x;
70      V[34].x =-V[2].x * m, V[34].y = V[2].y, V[34].z = V[2].x;
        V[35].x =-V[3].x * m, V[35].y = V[3].y, V[35].z = V[3].x;
        V[36].x = V[0].z,     V[36].y = V[0].y, V[36].z = V[0].x;
        V[37].x = V[1].z,     V[37].y = V[1].y, V[37].z = V[1].x;
        V[38].x = V[2].z,     V[38].y = V[2].y, V[38].z = V[2].x;
75      V[39].x = V[3].z,     V[39].y = V[3].y, V[39].z = V[3].x;
        //第四个曲面有 8 个控制点
        V[40].x = V[0].x * m, V[40].y = V[0].y, V[40].z = V[0].x;
        V[41].x = V[1].x * m, V[41].y = V[1].y, V[41].z = V[1].x;
        V[42].x = V[2].x * m, V[42].y = V[2].y, V[42].z = V[2].x;
        V[43].x = V[3].x * m, V[43].y = V[3].y, V[43].z = V[3].x;
80      V[44].x = V[0].x,     V[44].y = V[0].y, V[44].z = V[0].x * m;
        V[45].x = V[1].x,     V[45].y = V[1].y, V[45].z = V[1].x * m;
        V[46].x = V[2].x,     V[46].y = V[2].y, V[46].z = V[2].x * m;
        V[47].x = V[3].x,     V[47].y = V[3].y, V[47].z = V[3].x * m;
    }
85  void CRevolution::ReadPatch(void)
```

```
	{
		//第 1 卦限曲面
		S[0].pIndex[0][0] = 0; S[0].pIndex[0][1] = 1; S[0].pIndex[0][2] = 2;  S[0].pIndex[0][3] = 3;
		S[0].pIndex[1][0] = 4; S[0].pIndex[1][1] = 5; S[0].pIndex[1][2] = 6;  S[0].pIndex[1][3] = 7;
90		S[0].pIndex[2][0] = 8; S[0].pIndex[2][1] = 9; S[0].pIndex[2][2] = 10; S[0].pIndex[2][3] = 11;
		S[0].pIndex[3][0] = 12;S[0].pIndex[3][1] = 13;S[0].pIndex[3][2] = 14; S[0].pIndex[3][3] = 15;
		//第 2 卦限曲面
		S[1].pIndex[0][0] = 12; S[1].pIndex[0][1] = 13; S[1].pIndex[0][2] = 14; S[1].pIndex[0][3] = 15;
		S[1].pIndex[1][0] = 16; S[1].pIndex[1][1] = 17; S[1].pIndex[1][2] = 18; S[1].pIndex[1][3] = 19;
95		S[1].pIndex[2][0] = 20; S[1].pIndex[2][1] = 21; S[1].pIndex[2][2] = 22; S[1].pIndex[2][3] = 23;
		S[1].pIndex[3][0] = 24; S[1].pIndex[3][1] = 25; S[1].pIndex[3][2] = 26; S[1].pIndex[3][3] = 27;
		//第 3 卦限曲面
		S[2].pIndex[0][0] = 24; S[2].pIndex[0][1] = 25; S[2].pIndex[0][2] = 26; S[2].pIndex[0][3] = 27;
		S[2].pIndex[1][0] = 28; S[2].pIndex[1][1] = 29; S[2].pIndex[1][2] = 30; S[2].pIndex[1][3] = 31;
100		S[2].pIndex[2][0] = 32; S[2].pIndex[2][1] = 33; S[2].pIndex[2][2] = 34; S[2].pIndex[2][3] = 35;
		S[2].pIndex[3][0] = 36; S[2].pIndex[3][1] = 37; S[2].pIndex[3][2] = 38; S[2].pIndex[3][3] = 39;
		//第 4 卦限曲面
		S[3].pIndex[0][0] = 36; S[3].pIndex[0][1] = 37; S[3].pIndex[0][2] = 38; S[3].pIndex[0][3] = 39;
		S[3].pIndex[1][0] = 40; S[3].pIndex[1][1] = 41; S[3].pIndex[1][2] = 42; S[3].pIndex[1][3] = 43;
105		S[3].pIndex[2][0] = 44; S[3].pIndex[2][1] = 45; S[3].pIndex[2][2] = 46; S[3].pIndex[2][3] = 47;
		S[3].pIndex[3][0] =  0; S[3].pIndex[3][1] =  1; S[3].pIndex[3][2] =  2; S[3].pIndex[3][3] =  3;
	}
	void CRevolution::DrawRevolutionSurface(CDC* pDC)
	{
110		CP3 Point[4][4];                                  //双三次曲面贝塞尔的 16 个控制点
		for(int nPatch = 0;nPatch < 4;nPatch++)
		{
			for(int i = 0;i < 4;i++)
				for (int j = 0;j < 4;j++)
115					Point[i][j] = V[S[nPatch].pIndex[i][j]];
			int nRecursiveDepth = 3;                              //递归深度
			CBezierPatch patch;                                   //双三次贝塞尔曲面
			patch.ReadControlPoint(Point, nRecursiveDepth);
			patch.DrawCurvedPatch(pDC);
120			//patch.DrawControlGrid(pDC);
		}
	}
```

程序说明：第 13 行语句定义 4 个三维控制点，其 z 坐标全部为零。第 14 行语句定义回转面曲面总顶点数组，回转一圈由 4 个曲面拼接，共需 48 个重复的控制点。为了避免与曲线的控制点数组名 P 重复，回转体控制点数组使用了数组名 V。第一个曲面有 16 个控制点。第二个曲面和第三个曲面各有 12 个控制点，共用前面曲面的 4 个控制点。第四个曲面有 8 个控制点，分别共用第三个曲面的 4 个控制点和第一个曲面的 4 个控制点形成封闭的回转体。第 15 行语句定义 4 个曲面数组 S。CPatch 类定义如下：

```
class CPatch
{
public:
	CPatch(void);
	virtual ~CPatch(void);
public:
	int pIndex[4][4];                    //控制点索引号
};
```

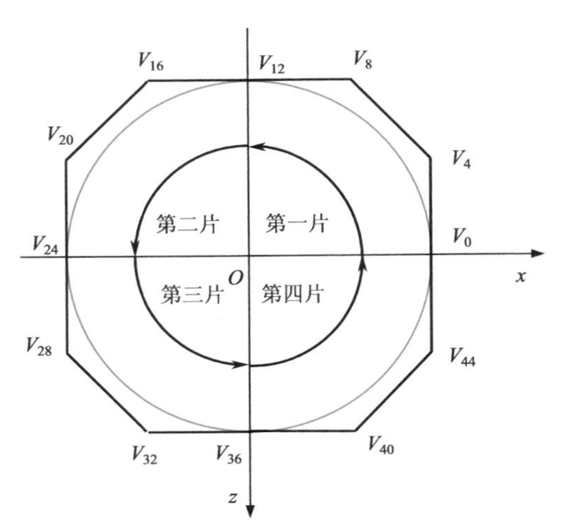

图 4.24 定义回转类的顶点

第 23～29 行语句是接口函数，读入 4 个曲线控制点数组 P，并用 ReadVertex 函数读入回转体的顶点坐标，用 ReadPatch 函数读入曲面控制点的索引号。第 34～84 行语句构造回转体的总控制点数组。图 4.24 是回转体的俯视图（为了说明原理，假定回转体为圆柱），V_0, V_1, V_2, V_3 点在 y 方向上重合，用 V_0 点表示，V_4, V_5, V_6, V_7 点重合，用 V_4 点表示，以此类推。第 85～107 行语句读入每个曲面的 16 个控制点索引号。曲面与控制点的对应关系如图 4.25 所示，四个曲面分别用不同的颜色表示。曲面控制点的索引号使用的是二维数组，i 代表行方向，j 代表列方向。第 115 行语句从回转体中读取每个曲面的 16 个控制点。第 116 行语句设置递归深度。第 117～120 行语句绘制每个曲面。由于一般不绘制控制网格，所以将 120 行语句注释了。绘制不同递归深度的球体，如图 4.26 所示。

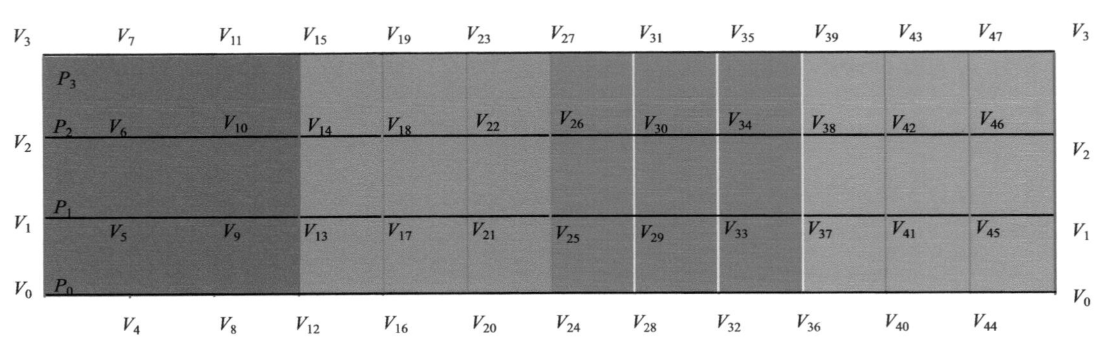

图 4.25 定义回转类 4 个曲面

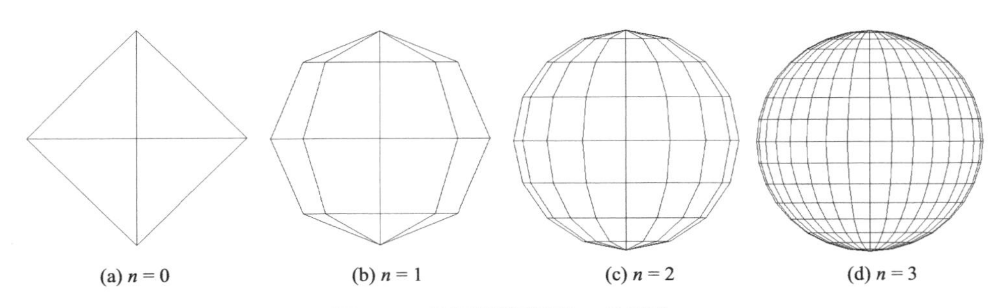

(a) $n = 0$　(b) $n = 1$　(c) $n = 2$　(d) $n = 3$

图 4.26 不同递归深度 n 的球体

（5）初始化曲线段

CTestView 类的构造函数中，初始化半圆曲线的控制点。

```
1    CTestView::CTestView() noexcept
     {
         //TODO: 在此处添加构造代码
         bPlay = FALSE;
5        double R = 200;
         double m = 0.5523;
```

```
        CP2 P2[7];                                  //二维控制点
        P2[0] = CP2(0, -1);                         //7 个二维点模拟半圆
        P2[1] = CP2(m, -1);
10      P2[2] = CP2(1, -m);
        P2[3] = CP2(1, 0);
        P2[4] = CP2(1, m);
        P2[5] = CP2(m, 1);
        P2[6] = CP2(0, 1);
15      CP3 DownPoint[4];                           //下半圆的三维控制点
        DownPoint[0] = CP3(P2[0].x, P2[0].y, 0.0);
        DownPoint[1] = CP3(P2[1].x, P2[1].y, 0.0);
        DownPoint[2] = CP3(P2[2].x, P2[2].y, 0.0);
        DownPoint[3] = CP3(P2[3].x, P2[3].y, 0.0);
20      revoDown.ReadCubicBezierControlPoint(DownPoint);
        tranDown.SetMatrix(revoDown.GetVertexArrayName(), 48);
        tranDown.Scale(R, R, R);
        CP3 UpPoint[4];                             //上半圆的三维控制点
        UpPoint[0] = CP3(P2[3].x, P2[3].y, 0.0);
25      UpPoint[1] = CP3(P2[4].x, P2[4].y, 0.0);
        UpPoint[2] = CP3(P2[5].x, P2[5].y, 0.0);
        UpPoint[3] = CP3(P2[6].x, P2[6].y, 0.0);
        revoUp.ReadCubicBezierControlPoint(UpPoint);
        tranUp.SetMatrix(revoUp.GetVertexArrayName(), 48);
30      tranUp.Scale(R, R, R);
    }
```

程序说明：第 7～14 行语句定义 7 个二维控制点，这是单位半圆的控制点。第 15～19 行语句将下半圆的 4 个控制点由二维数组转换为三维数组。第 20 行语句为回转类对象读入下半圆的 4 个控制点。第 21 行语句初始化回转体的变换对象，参加变换的回转体控制点数为 48 个。第 22 行语句对单位半圆进行比例变换，放大成半径为 R 的半圆。第 23～30 行语句初始化上半球。

（6）绘制线框球

分别使用下半球与上半球的回转类对象，调用 DrawRevolutionSurface 函数绘制整球。

```
1   void CTestView::DrawObject(CDC* pDC)
    {
        revoUp.DrawRevolutionSurface(pDC);
        revoDown.DrawRevolutionSurface(pDC);
5   }
```

程序说明：revoUp 为上半球体的回转类对象，revoDown 为下半球体的回转类对象。

4. 实验小结

球体的建模可以采用多种方案，最简单的方式是使用球体参数方程，本实验采用了多边形网格建模方式。网格顶点可视为平滑球面的采样操作，因此多边形网格是一种近似方案而非准确方案。

回转体是一段曲线绕 y 轴回转出的三维表面。回转面由 4 个双三次贝塞尔曲面拼接而成。每个回转体读入的二维曲线是一段三次贝塞尔曲线，有 4 个控制点。回转类 CRevolution 调用双三次贝塞尔曲面类 CBezierPatch 完成曲面的绘制。在三维场景类 CTestView 中，借助于双缓冲绘图技术，使用三维变换类 CTransform3 制作球体的旋转动画。本实验给出的类的继承关系如图 4.27 所示。

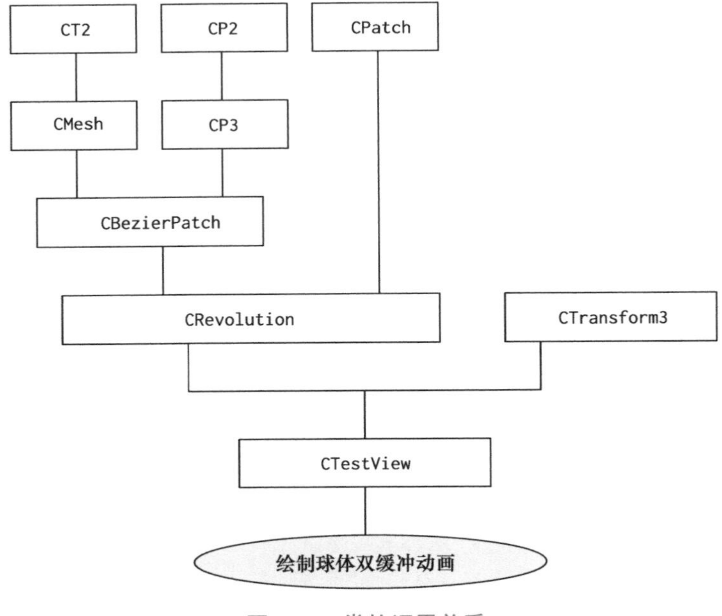

图 4.27 类的调用关系

4.5 本章小结

本章重点讲解了三次贝塞尔曲线与双三次贝塞尔曲面。拼接 4 条三次贝塞尔曲线可以构成圆。同理，拼接 4 个双三次贝塞尔曲面可以构成回转体。曲面通过递归细分，用小平面来近似表示。学完本章后，可将 CBezierPatch 类和 CRevolution 类作为工具类使用。

习题 4

4.1 使用 CDC 类的 Ellipse 函数制作的椭圆属于轴对齐（Axis Aligned Bounding Box，AABB）类型，不能旋转，因此椭圆的旋转成为计算机图形学中的一个难点。试拼接 4 段三次贝塞尔曲线绘制椭圆，并基于双缓冲技术旋转椭圆，效果如题图 4.1 所示。

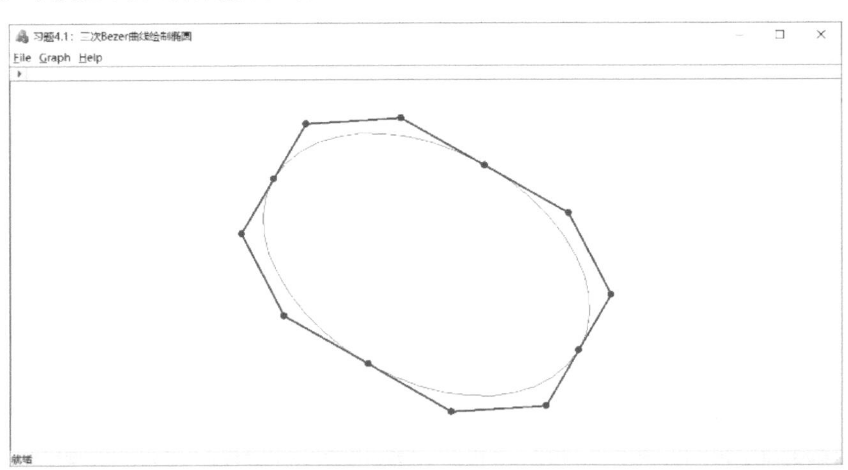

题图 4.1

4.2　在 xOy 面内定义一个偏置圆，如题图 4.2(a)所示。圆使用 4 段三次贝塞尔曲线拼接而成，绕 y 轴回转一圈，构造出一个圆环。试制作圆环旋转动画，效果如题图 4.2(b)所示。

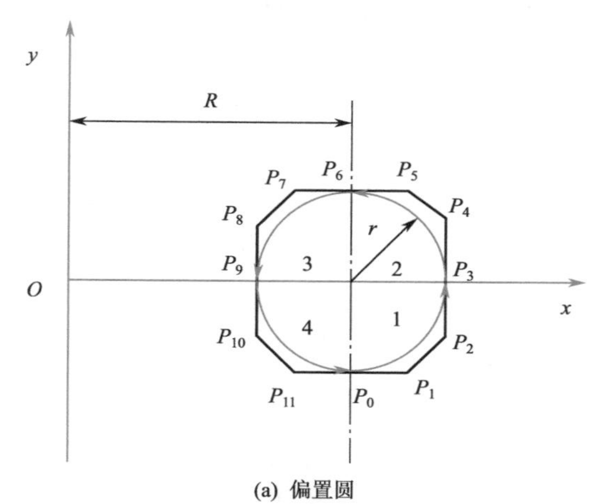

(a) 偏置圆

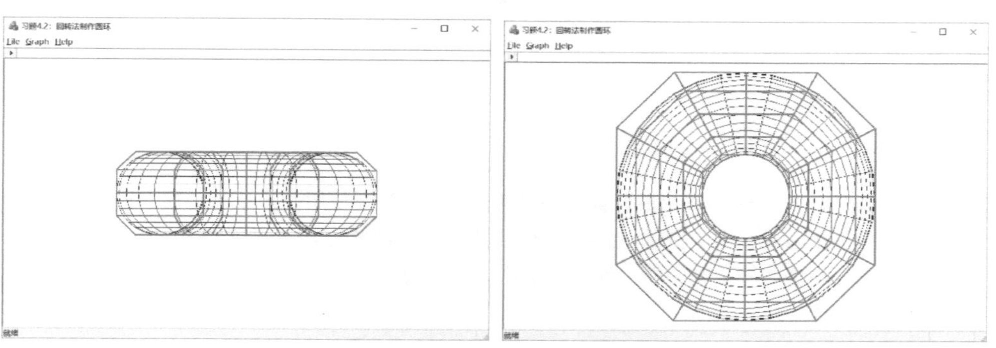

(b) 圆环旋转效果

题图 4.2

4.3　将一幅花瓶位图导入窗口客户区内并居中显示。使用鼠标移动一段三次贝塞尔曲线的控制点，使得曲线贴合花瓶的侧面轮廓线，读取二维控制点坐标，如题图 4.3 所示。

题图 4.3

4.4 使用控制点测量工具读取上题中花瓶的控制点坐标后，将其回转以制作花瓶的曲面模型，并回转一段水平直线为花瓶添加底子，如题图 4.4 所示。提示：测量的结果为 $P_0(113,-183), P_1(197,-103), P_2(305,246), P_3(54,247)$。

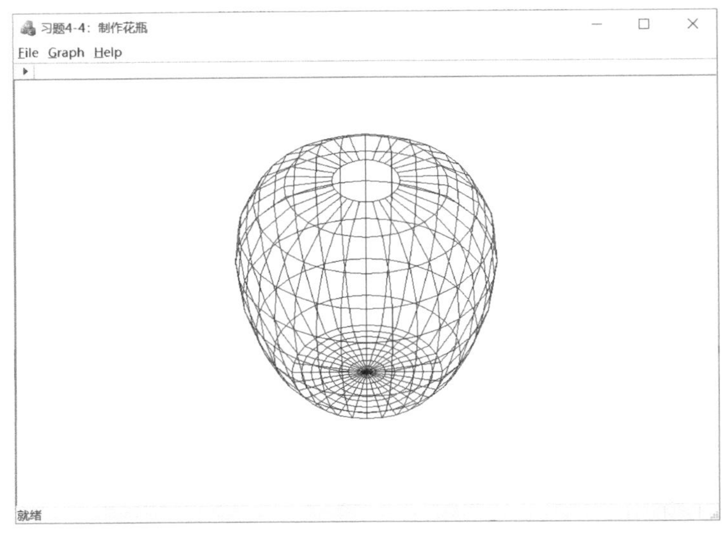

题图 4.4

4.5 在 xOy 面内定义一个偏置半圆，如题图 4.5(a)所示。半圆使用两段三次贝塞尔曲线逆时针方向拼接而成。上半圆的 P_9 点与 P_{12} 点用一段直线相连，下半圆的 P_0 点与 P_3 点用一段直线相连。绕 y 轴回转一圈，构造出一个圆盘。试制作圆盘的三维旋转动画，如题图 4.5(b)所示。

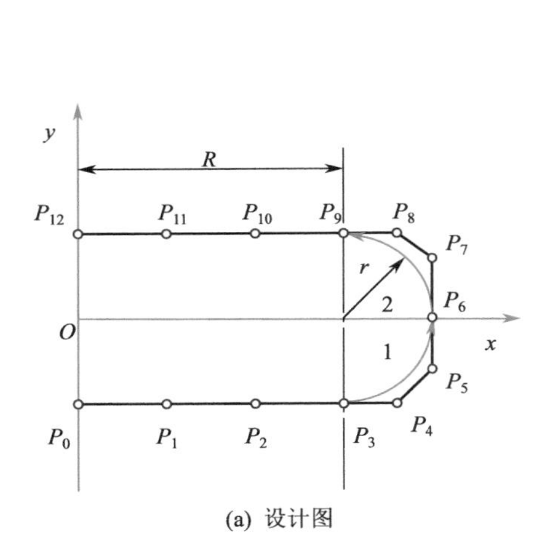

(a) 设计图

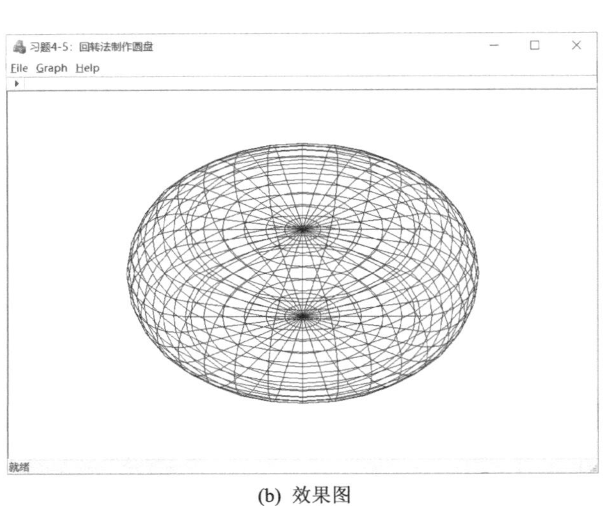

(b) 效果图

题图 4.5

4.6 在 xOy 面内定义一段与 y 轴相距 R、长度为 H 的直线 P_6P_9。该直线与水平线 $P_{12}P_{15}$、P_0P_3 使用半径为 r 的 1/4 圆弧相连，如题图 4.6(a)所示。将该二维几何图形绕 y 轴回转一圈，构造出一个圆角圆柱。试制作圆角圆柱三维旋转动画，如题图 4.6(b)～(e)所示。

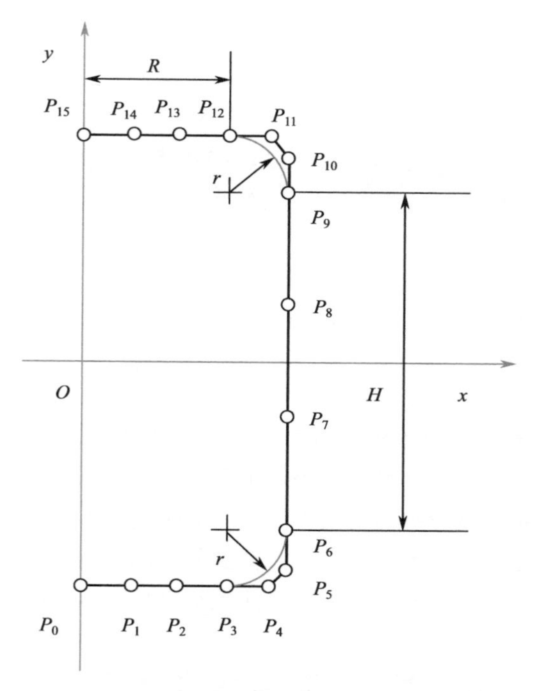

(a) 设计图

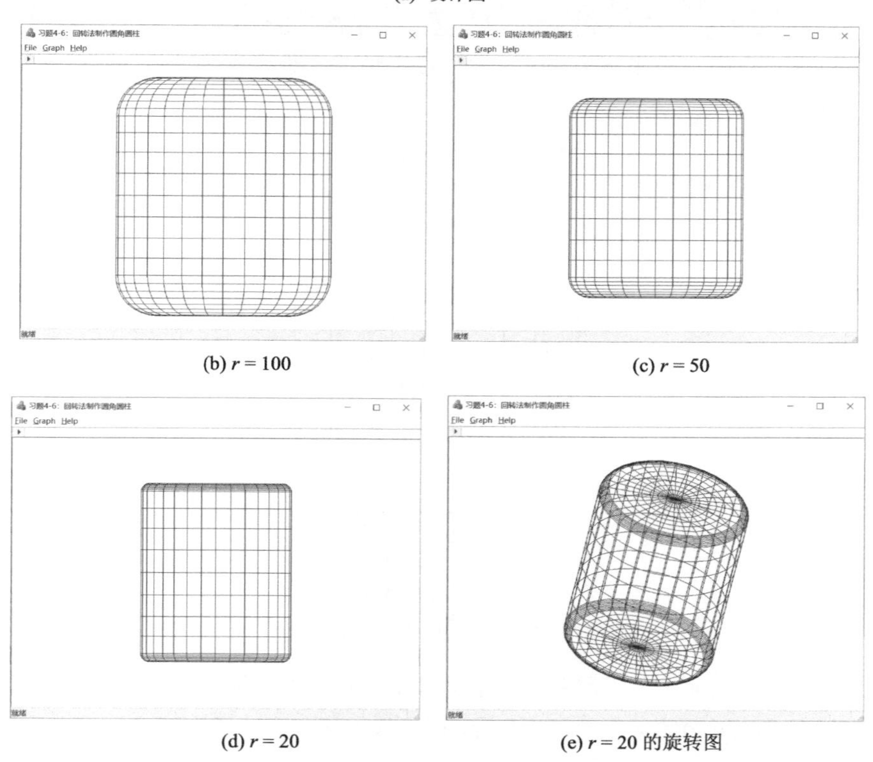

(b) $r = 100$　　(c) $r = 50$

(d) $r = 20$　　(e) $r = 20$ 的旋转图

题图 4.6

第5章　投影与消隐

- 学习重点：斜投影、透视投影、背面剔除。
- 学习难点：投影类 CProjection、向量类 CVector3。

由于显示器的屏幕只能显示二维图形，因此要输出三维模型，就要通过投影来降低维数，将三维点投影变换为二维点。投影是从投影中心发出射线，经过三维物体上的每一点后，与投影面相交所形成的交点集合。根据投影中心与投影面之间的距离的不同，投影可分为平行投影和透视投影。当投影中心到投影面的距离为有限值时，得到的投影称为透视投影；若此距离为无穷大，则投影称为平行投影。定义透视投影时，需要显式地给出投影中心的位置；定义平行投影时，只需给出投影方向。

5.1　正交投影

设物体上任意一点的三维坐标为 $P(x, y, z)$，投影后的三维坐标为 $P'(x', y', z')$，则正交投影方程为

$$\begin{cases} x' = x \\ y' = y \\ z' = 0 \end{cases} \tag{5.1}$$

齐次坐标矩阵表示为

$$\begin{bmatrix} x' \\ y' \\ z' \\ 1 \end{bmatrix} = \begin{bmatrix} x \\ y \\ 0 \\ 1 \end{bmatrix} = \begin{bmatrix} 1 & 0 & 0 & 0 \\ 0 & 1 & 0 & 0 \\ 0 & 0 & 0 & 0 \\ 0 & 0 & 0 & 1 \end{bmatrix} \begin{bmatrix} x \\ y \\ z \\ 1 \end{bmatrix}$$

正交投影变换矩阵为

$$\boldsymbol{T}_{\text{oth}} = \begin{bmatrix} 1 & 0 & 0 & 0 \\ 0 & 1 & 0 & 0 \\ 0 & 0 & 0 & 0 \\ 0 & 0 & 0 & 1 \end{bmatrix} \tag{5.2}$$

假设立方体的前后表面平行于屏幕。由于屏幕坐标是二维坐标(x, y)，因此只需简单地取立方体每个表面三维顶点(x, y, z)的 x 分量和 y 分量，用直线连接各个二维点形成闭合多边形，就可绘制出立方体在 xOy 面内的正交投影。图 5.1 所示的立方体在 xOy 面的正交投影是正方形，如图 5.2 所示，立方体前后表面的正交投影完全重合。

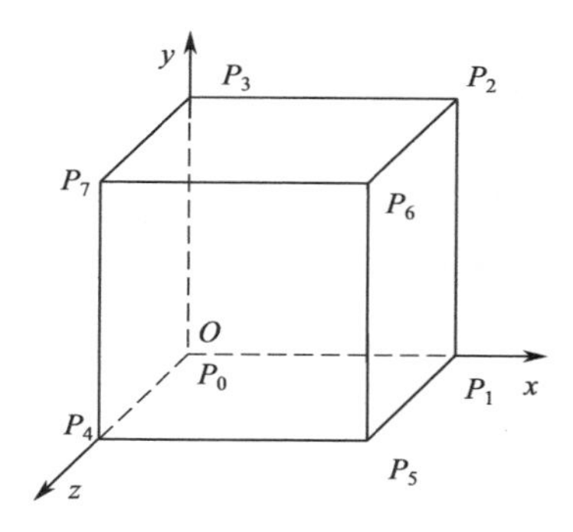

图 5.1　立方体线框模型

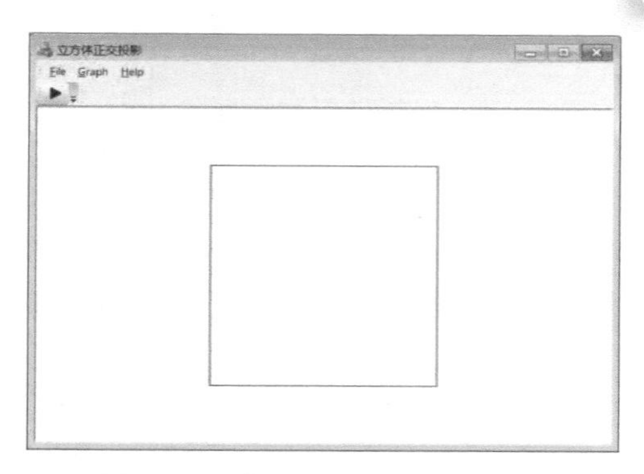

图 5.2　立方体线框模型的正交投影

5.2　斜投影【理论 9】

将三维物体向投影面内作平行投影，但投影方向不垂直于投影面得到的投影称为斜投影，如图 5.3 所示。与正投影相比，斜投影的立体感强。斜投影具有部分正投影的可测量性，平行于投影面的物体表面的长度和角度投影后保持不变。

斜投影的倾斜度可以由两个角来描述，如图 5.4 所示，投影面为 xOy 平面。空间一点 $P_1(x,y,z)$ 位于 z 轴的正向，该点在 xOy 面上的斜投影坐标为 $P_2(x',y',0)$，该点的正交投影坐标为 $P_3(x,y,0)$，则 P_1P_3 垂直于 P_2P_3。过 P_3 点作 x 轴的平行线 PP_3，过 P_2 点作 y 轴的平行线 PP_2，二者交于 P 点。设斜投影线与投影面的夹角为 α，即 P_1P_2 与 P_2P_3 的夹角为 α。P_2P_3 与 PP_3 的夹角为 β。设 P_2P_3 的长度为 L，在三角形 $P_1P_2P_3$ 中有 $L = z\cot\alpha$。

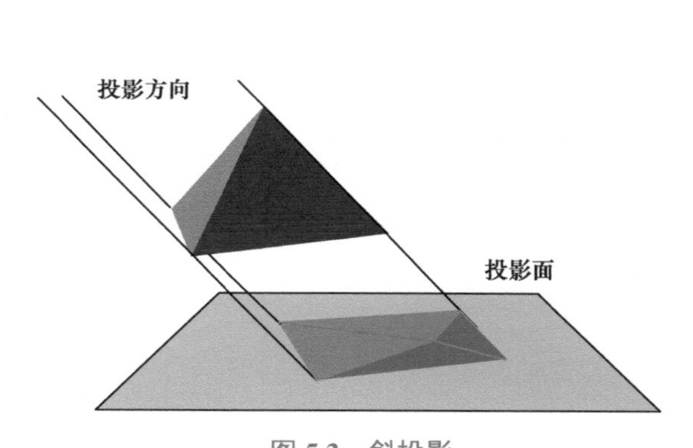

图 5.3　斜投影

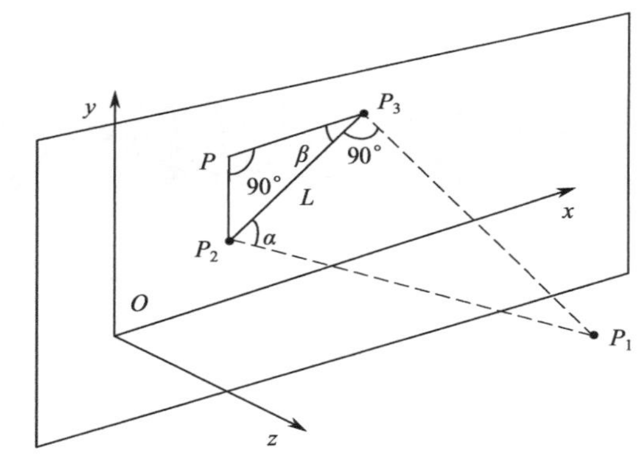

图 5.4　斜投影原理

由图 5.4 可以直接得出斜投影的坐标为

$$\begin{cases} x' = x - L\cos\beta = x - z\cot\alpha\cos\beta \\ y' = y - L\sin\beta = y - z\cot\alpha\sin\beta \end{cases} \tag{5.3}$$

齐次坐标矩阵表示为

$$\begin{bmatrix} x' \\ y' \\ z' \\ 1 \end{bmatrix} = \begin{bmatrix} 1 & 0 & -\cot\alpha\cos\beta & 0 \\ 0 & 1 & -\cot\alpha\sin\beta & 0 \\ 0 & 0 & 0 & 0 \\ 0 & 0 & 0 & 1 \end{bmatrix} \begin{bmatrix} x \\ y \\ z \\ 1 \end{bmatrix}$$

所以斜投影变换矩阵为

$$T_{obl}=\begin{bmatrix}1 & 0 & -\cot\alpha\cos\beta & 0\\0 & 1 & -\cot\alpha\sin\beta & 0\\0 & 0 & 0 & 0\\0 & 0 & 0 & 1\end{bmatrix} \tag{5.4}$$

取 $\beta=45°$， $\cot\alpha=1/2$ 时有 $\alpha\approx63.4°$，得到的斜投影是斜二测投影。立方体的斜二测投影效果如图 5.5 所示。这时，垂直于投影面的任何直线段的投影长度为原来的一半。将 α 和 β 代入式（5.3）有

$$\begin{cases}x'=x-\dfrac{\sqrt{2}}{4}z=x-0.3536z\\y'=y-\dfrac{\sqrt{2}}{4}z=y-0.3536z\end{cases} \tag{5.5}$$

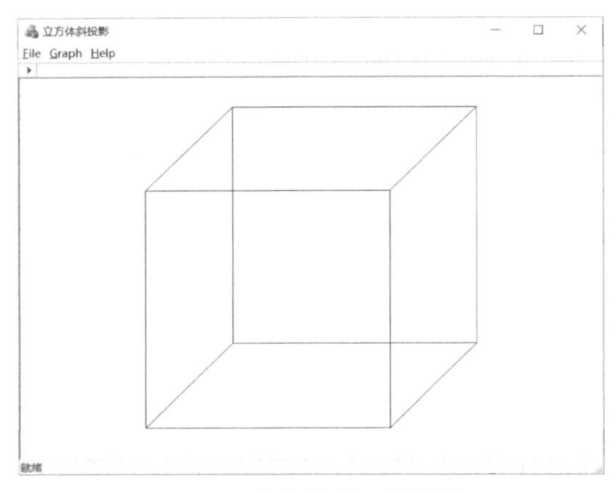

图 5.5 立方体斜二测投影

5.3 实验 9：绘制斜投影双三次贝塞尔曲面

1. 实验描述

使用斜投影绘制双三次贝塞尔曲面，效果如图 5.6 所示。

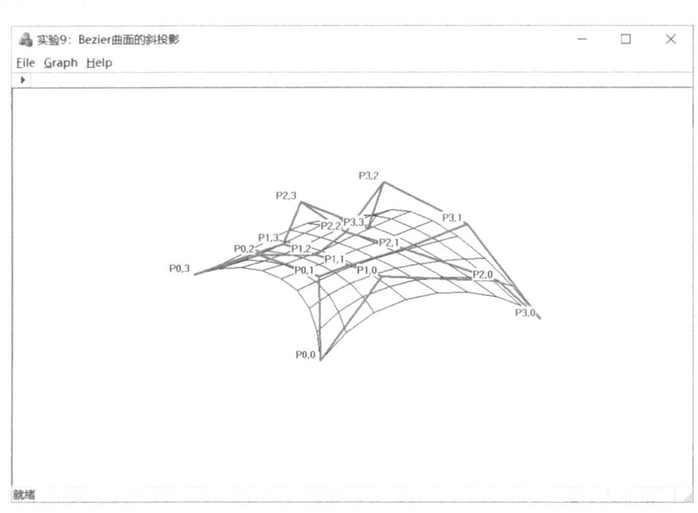

图 5.6 实验 9 效果图

2. 实验设计

双三次贝塞尔曲面由 16 个控制点定义，如表 5.1 所示。曲面使用递归算法细分，投影方法使用斜二测投影。

表 5.1　控制点

编号	x	y	z
P00	20	-50	200
P01	0	70	150
P02	-130	70	50
P03	-250	20	0
P10	100	70	150
P11	30	70	100
P12	-40	70	50
P13	-110	70	0
P20	280	60	140
P21	110	90	80
P22	0	100	30
P23	-100	120	-50
P30	350	00	150
P31	200	120	50
P32	50	170	0
P33	0	70	-70

3. 实验编码

第 4 章介绍过双三次曲面类 CBezierPatch，它采用的是正交投影。本实验将投影方式改变为斜投影，增加了 ObliqueProjection 成员函数。

```
1    class CBezierPatch
     {
     public:
         CBezierPatch(void);
5        virtual ~CBezierPatch(void);
         void ReadControlPoint(CP3 CtrPt[4][4], int ReNumber);
         void DrawCurvedPatch(CDC* pDC);
         void DrawControlGrid(CDC* pDC);
         void MarkControlGrid(CDC* PDC);                        //标注控制点
10   private:
         void Recursion(CDC* pDC, int ReNumber, CMesh Mesh);
         void Tessellation(CMesh Mesh);                         //细分曲面
         void DrawFacet(CDC* pDC);                              //绘制四边形网格
         void LeftMultiplyMatrix(double M[4][4], CP3 P[4][4]);
15       void RightMultiplyMatrix(CP3 P[4][4], double M[4][4]);
         void TransposeMatrix(double M[4][4]);
         CP2 ObliqueProjection(CP3 WorldPoint);                 //斜二测投影
     private:
         int ReNumber;                                          //递归深度
20       CP3 quadrP[4];                                         //四边形网格点
         CP3 CtrPt[4][4];                                       //三维控制点
```

```
     };
     void CBezierPatch::DrawFacet(CDC* pDC, CP3* P)
     {
25       CP2 ScreenPoint[4];                                        //二维投影点
         for (int nPoint = 0; nPoint < 4; nPoint++)
             ScreenPoint[nPoint] = ObliqueProjection(quadrP[nPoint]); //网格细分点斜投影
         pDC->MoveTo(ROUND(ScreenPoint[0].x), ROUND(ScreenPoint[0].y));
         pDC->LineTo(ROUND(ScreenPoint[1].x), ROUND(ScreenPoint[1].y));
         pDC->LineTo(ROUND(ScreenPoint[2].x), ROUND(ScreenPoint[2].y));
30       pDC->LineTo(ROUND(ScreenPoint[3].x), ROUND(ScreenPoint[3].y));
         pDC->LineTo(ROUND(ScreenPoint[0].x), ROUND(ScreenPoint[0].y));
     }
     CP2 CBezierPatch::ObliqueProjection(CP3 WorldPoint)
     {
35       CP2 ScreenPoint;                                             //屏幕坐标系二维点
         ScreenPoint.x = WorldPoint.x - 0.3536 * WorldPoint.z;
         ScreenPoint.y = WorldPoint.y - 0.3536 * WorldPoint.z;
         return ScreenPoint;
     }
40   void CBezierPatch::MarkControlGrid(CDC *pDC)
     {
         CString str;
         pDC->SetTextColor(RGB(0, 0, 255));
         CP2 P2[4][4];                                                //二维控制点
45       for (int i = 0; i < 4; i++)
         {
             for (int j = 0; j < 4; j++)
             {
                 P2[i][j] = ObliqueProjection(CtrPt[i][j]);       //控制点斜投影
50               str.Format(CString("P%d,%d"), i, j);
                 pDC->TextOutW(ROUND(P2[i][j].x - 40), ROUND(P2[i][j].y + 20), str);
             }
         }
     }
```

程序说明：第 26～27 行语句对四边形网格细分点进行斜投影。第 28～32 行语句绘制四边形网格。第 33～39 行语句按照式（5.5）定义斜二测投影函数。第 40～54 行语句为图中的三维控制点做标注。第 43 行语句设置控制点标注字体颜色为蓝色。第 49 行语句将三维控制点斜投影为二维控制点，用以绘制斜投影后的控制网格。

4．实验小结

本实验绘制了双三次贝塞尔曲面和控制网格的斜二测投影图。调用 SetTextColor 函数设置了文本颜色，调用 TextOut 函数输出了控制点的编号。两个函数的格式如下：

（1）设置文本颜色函数

类属：CDC::SetTextColor

原型：virtual COLORREF SetTextColor(COLORREF crColor);

参数：crColor 是文本颜色的 RGB 值。

返回值：原文本颜色的 RGB 值。

（2）输出文本函数

类属：CDC::TextOutW

原型：virtual BOOL TextOutW(int x, int y, LPCTSTR lpszString, int nCount);

　　BOOL TextOutW(int x, int y, const CString& str);

参数：x,y 是文本的起点逻辑坐标。lpszString 是字符串指针。nCount 是文本的字节长度。str 是字符串的 CString 对象。

返回值：若调用成功，则返回非 0；否则，返回 0。

TextOutW 函数使用当前字体在指定位置输出字符串。对于 ANSI 字符方式，需要使用 CString 类（或_T）将其转换为 Unicode 方式才能输出。TextOut 函数也可用 TextOutW 函数来代替，这是因为有以下宏定义：

```
#define TextOut  TextOutW
```

5.4　透视投影【理论 10】

与平行投影相比，透视投影的特点是所有投影线都从投影中心发出，投影中心也称视点。离视点近的物体投影大，离视点远的物体投影小，小到极点就会消失，消失点称为灭点。生活中，照相机拍摄的照片、画家的写生均是透视投影的例子。透视投影模拟了人眼观察物体的过程，具有透视缩小效应，符合视觉习惯，在真实感图形绘制中得到了广泛应用。

透视投影要求的三元素是视点、屏幕、物体，如图 5.7 所示。屏幕位于视点与物体之间。视线与视平面的交点就是物体上一点的透视投影。垂直于视平面的视线与视平面的交点称为视心，视点到视心的距离称为视距（若视点为照相机镜头，则称为焦距)，常用 d 表示。视点到物体的距离称为视径，常用 R 表示。视点是观察坐标系的原点，视心是屏幕坐标系的原点。

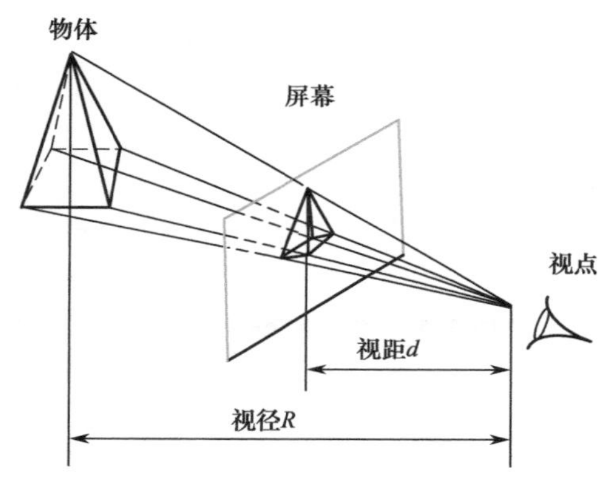

图 5.7　视点、屏幕和物体的位置关系

5.4.1　透视投影坐标系

透视投影是从视点将物体投射到某一观察平面上所得到的图形。在透视投影变换中，物体中心位于世界坐标系 $x_w y_w z_w$ 的原点 O_w，视点位于观察坐标系 $x_v y_v z_v$ 的原点 $O_v(a, b, c)$，屏幕中心位于屏幕坐标系 $x_s y_s z_s$ 的原点 O_s。3 个坐标系的关系如图 5.8 所示。

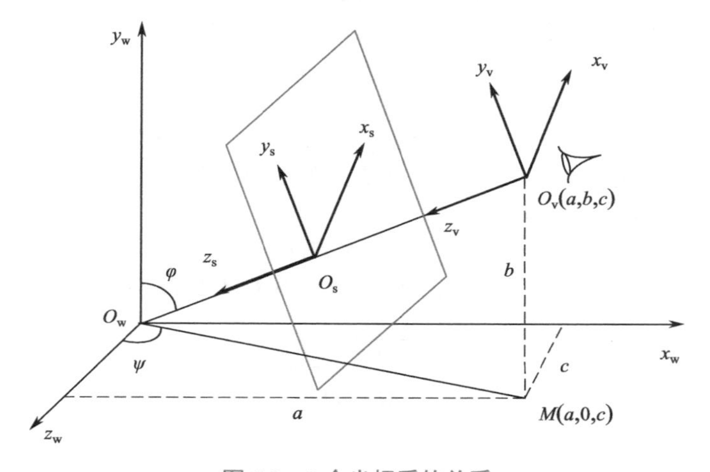

图 5.8　3 个坐标系的关系

1．世界坐标系

世界坐标系 $x_w y_w z_w$ 为右手直角坐标系，坐标原点位于 O_w 点。视点的直角坐标为 $O_v(a, b, c)$，视点的球坐标为 $O_v(R,\phi,\psi)$。O_wO_v 的长度为视径 R，O_wO_v 与 y_w 轴的夹角为 ϕ，O_v 点在 $x_wO_wz_w$ 平面内的投影为 $M(a, 0, c)$，O_wM 与 z_w 轴的夹角为 ψ。视点的直角坐标与球面坐标的关系为

$$\begin{cases} a = R\sin\phi\sin\psi \\ b = R\cos\phi \\ c = R\sin\phi\cos\psi \end{cases} \tag{5.6}$$

式中，$0 \le R < +\infty, 0 \le \phi \le \pi, 0 \le \psi \le 2\pi$。

2．观察坐标系

观察坐标系 $x_v y_v z_v$ 为左手直角坐标系，坐标系原点位于视点 O_v。z_v 轴沿中心视线方向 O_vO_w 指向物体中心点 O_w。相对于观察者而言，视线的正右方为 x_v 轴，视线的正上方为 y_v 轴。

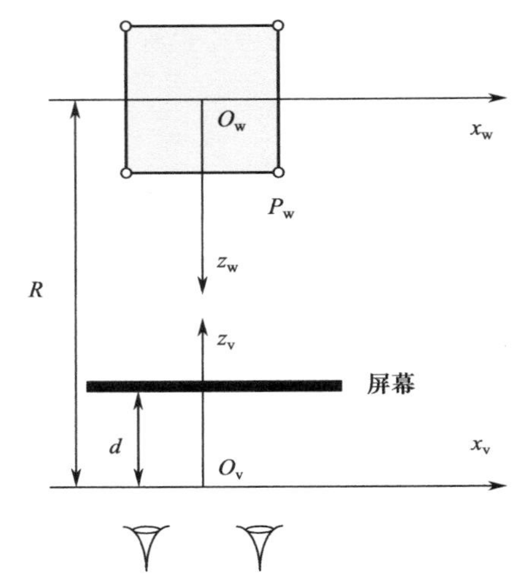

图 5.9　观察坐标系与世界坐标系的关系（视点位于屏幕正前方）

3．屏幕坐标系

屏幕坐标系 $x_s y_s z_s$ 也是左手直角坐标系，坐标原点 O_s 位于视心。屏幕坐标系的 x_s 和 y_s 轴与观察坐标系的 x_v 轴和 y_v 轴方向一致，即屏幕垂直于中心视线，z_s 轴自然与 z_v 轴重合。

5.4.2　世界坐标系到观察坐标系的变换

假设视点位于屏幕前方，视径为 R，视距为 d，则视点在世界坐标系中的坐标为 $O_v(0, 0, R)$，这一点正是观察坐标系的原点。观察坐标系与世界坐标系的关系如图 5.9 所示。

例如，若物体上一点的坐标为 $P_w(x_w, y_w, z_w)$，则观察坐标系中该点表示为 $P_v(x_v, y_v, z_v)$，对应关系如下：

$$\begin{cases} x_v = x_w \\ y_v = y_w \\ z_v = R - z_w \end{cases} \tag{5.7}$$

5.4.3　观察坐标系到屏幕坐标系的变换

虽然已将物体的描述从世界坐标系变换为观察坐标系，但是还不能在屏幕上绘制出物体的透视投影。要在屏幕上绘制物体的透视投影，需要进一步将观察坐标系中描述的物体以视点为中心投影到屏幕坐标系。图 5.10 中的屏幕坐标系为左手系，且 z_s 轴与 z_v 轴同向。视点 O_v 与视心 O_s 的距离为视距 d。假定世界坐标系中的一点 $P_w(x_w, y_w, z_w)$在观察坐标系中表示为 $P_v(x_v, y_v, z_v)$。视线 O_vP_v 与屏幕的交点在观察坐标系中表示为 $P_v(x_v, y_v, d)$，在屏幕坐标系中可表示为 $P_s(x_s, y_s, 0)$。二维点 $P_s(x_s, y_s)$代表了物体上的 $P_w(x_w, y_w, z_w)$点在屏幕上的透视投影。用直线连接物体表面顶点在屏幕上的投影点，就得到物体的透视投影图。

由点 P_v 向 $x_vO_vz_v$ 平面作垂线交于 N 点，再由 N 点向 z_v 轴作垂线交于 Q 点。连接 O_v 和 N 交 x_s 轴于 M 点。由三角形 MO_vO_s 与三角形 NO_vQ 相似，且三角形 P_sO_vM 与三角形 P_vO_vN 相似，有

$$\frac{MO_s}{NQ} = \frac{O_vO_s}{O_vQ} \tag{5.8}$$

$$\frac{P_sM}{P_vN} = \frac{O_vO_s}{O_vQ} \tag{5.9}$$

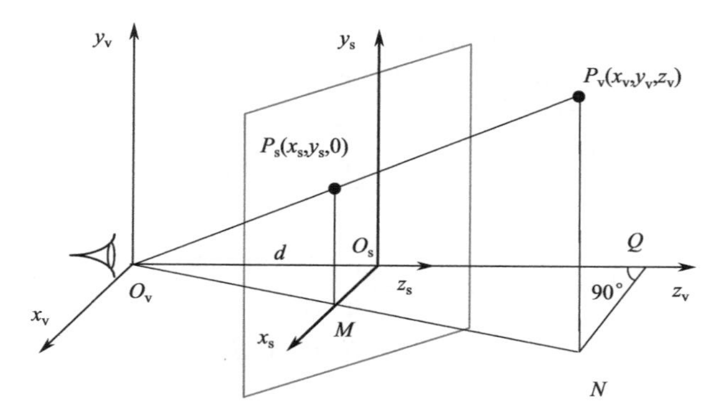

图 5.10　透视投影变换

将式（5.8）写成坐标形式有

$$\frac{x_s}{x_v}=\frac{d}{z_v} \tag{5.10}$$

将式（5.9）写成坐标形式有

$$\frac{y_s}{y_v}=\frac{d}{z_v} \tag{5.11}$$

于是有

$$\begin{cases} x_s = d\cdot\dfrac{x_v}{z_v} \\ y_s = d\cdot\dfrac{y_v}{z_v} \end{cases} \tag{5.12}$$

在透视投影中，对于相同长度的直线，距离视点远的比距离视点近的线在屏幕上的投影要小。我们考察立方体的透视投影。在图 5.11 中，*AB* 和 *CD* 是立方体的两条棱边，投影后 *C′D′* 比 *A′B′* 要短。

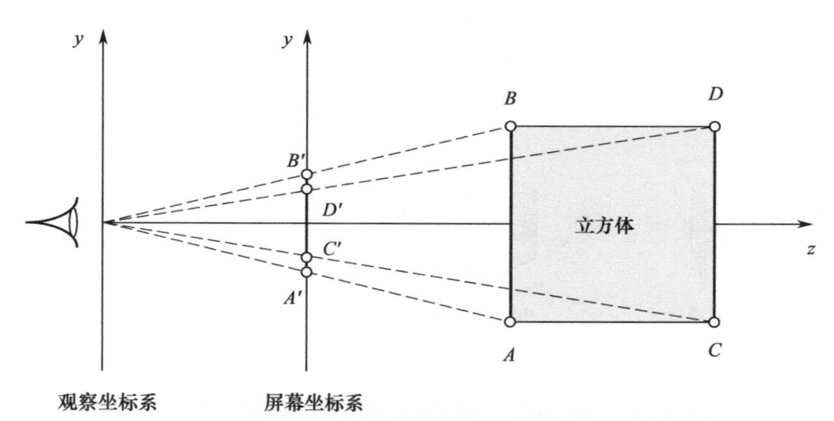

图 5.11　相同长度的直线在屏幕上的投影长度不同

5.4.4　透视投影变换

观察坐标系内的点 $[x_v \quad y_v \quad z_v \quad 1]^T$ 与透视投影变换矩阵相乘后，产生屏幕坐标系内的坐标点 $[x_s \quad y_s \quad z_s \quad 1]^T$，即

$$\begin{bmatrix} x_s \\ y_s \\ z_s \\ 1 \end{bmatrix} = \begin{bmatrix} 1 & 0 & 0 & 0 \\ 0 & 1 & 0 & 0 \\ 0 & 0 & 0 & 0 \\ 0 & 0 & 0 & 1 \end{bmatrix}_{pro} \begin{bmatrix} 1 & 0 & 0 & 0 \\ 0 & 1 & 0 & 0 \\ 0 & 0 & 1 & 0 \\ 0 & 0 & 1/d & 0 \end{bmatrix}_{per} \begin{bmatrix} x_v \\ y_v \\ z_v \\ 1 \end{bmatrix} \tag{5.13}$$

式中，$\boldsymbol{T}_{pro} = \begin{bmatrix} 1 & 0 & 0 & 0 \\ 0 & 1 & 0 & 0 \\ 0 & 0 & 0 & 0 \\ 0 & 0 & 0 & 1 \end{bmatrix}_{pro}$ 为投影矩阵，$\boldsymbol{T}_{per} = \begin{bmatrix} 1 & 0 & 0 & 0 \\ 0 & 1 & 0 & 0 \\ 0 & 0 & 1 & 0 \\ 0 & 0 & 1/d & 0 \end{bmatrix}$为透视矩阵。

透视投影矩阵为

$$\boldsymbol{T}_s = \boldsymbol{T}_{pro} \cdot \boldsymbol{T}_{per} = \begin{bmatrix} 1 & 0 & 0 & 0 \\ 0 & 1 & 0 & 0 \\ 0 & 0 & 0 & 0 \\ 0 & 0 & 1/d & 1 \end{bmatrix} \tag{5.14}$$

透视投影变换分两步实施：第一步是，先将世界坐标系中的三维点 P_w 变换为观察坐标系中的三维点 P_v；第二步是，将 P_v 点变换为屏幕坐标系中的二维点 P_s。

5.4.5 透视投影分类

在透视投影中，平行于屏幕的平行线投影后仍保持平行，不与屏幕平行的平行线投影后汇聚为灭点，灭点是无限远点在屏幕上的投影。每组平行线都有不同的灭点。一般来说，三维物体中有多少组平行线就有多少个灭点。坐标轴上的灭点称为主灭点。因为世界坐标系有 x, y, z 三坐标轴，所以主灭点最多有 3 个。当某个坐标轴与屏幕平行时，该坐标轴方向的平行线在屏幕上的投影仍保持平行，不形成灭点。

透视投影中的主灭点数量由屏幕切割世界坐标系坐标轴的数量决定，据此将透视投影分为一点透视、二点透视和三点透视。一点透视有一个主灭点，即屏幕仅与一个坐标轴正交，与另外两个坐标轴平行；二点透视有两个主灭点，即屏幕仅与两个坐标轴相交，与另一个坐标轴平行；三点透视有三个主灭点，即屏幕与三个坐标轴都相交，如图 5.12 所示。本书主要制作物体的三维动画，所以不详细区分一点透视、两点透视和三点透视。

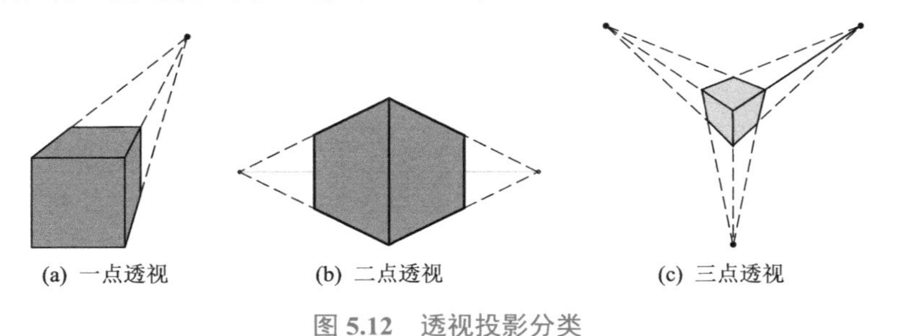

图 5.12 透视投影分类

5.5 实验 10：制作球体的透视投影动画

1．实验描述

设计投影类 CProjection，成员函数包括正交投影、透视投影和斜投影。使用投影类对象绘制由贝塞尔曲面构造的球体的透视投影。绘制了控制网格的球体三维旋转动画，如图 5.13 所示。

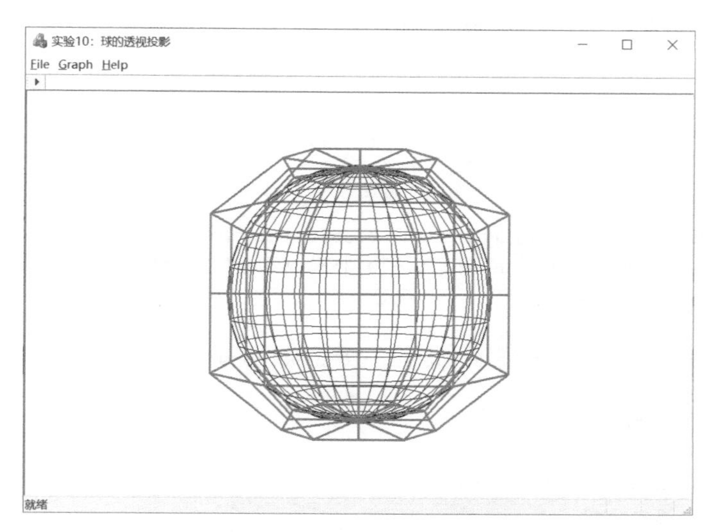

图 5.13　实验 10 效果图

2. 实验设计

根据式（5.1）设计正交投影函数；根据式（5.5）设计斜投影函数；根据式（5.7）和式（5.12）设计透视投影函数。

3. 实验编码

投影类的成员函数包括斜投影函数、正交投影函数和透视投影函数。

```
1    class CProjection
     {
     public:
         CProjection(void);
5        virtual ~CProjection(void);
         void SetEye(double R);                              //设置视点
         CP3 GetEye(void);                                   //读取视点
         CP2 ObliqueProjection(CP3 WorldPoint);              //斜投影
         CP2 OrthogonalProjection(CP3 WorldPoint);           //正交投影
10       CP2 PerspectiveProjection(CP3 WorldPoint);          //透视投影
     private:
         CP3 EyePoint;                                       //视点坐标
         double R, d;                                        //视径和视距
     };
15   CProjection::CProjection(void)
     {
          R = 1200, d = 800;
          EyePoint.x = 0, EyePoint.y = 0, EyePoint.z = R;//视点位于屏幕正前方
     }
20   CProjection::~CProjection(void)
     {
     }
     void CProjection::SetEye(double R)
     {
25       EyePoint.z = R;
     }
```

```
    CP3 CProjection::GetEye(void)
    {
        return EyePoint;
30  }
    CP2 CProjection::ObliqueProjection(CP3 WorldPoint)
    {
        CP2 ScreenPoint;                                    //屏幕坐标系二维点
        ScreenPoint.x = WorldPoint.x - 0.3536 * WorldPoint.z;
35      ScreenPoint.y = WorldPoint.y - 0.3536 * WorldPoint.z;
        return ScreenPoint;
    }
    CP2 CProjection::OrthogonalProjection(CP3 WorldPoint)
    {
40      CP2 ScreenPoint;                                    //屏幕坐标系二维点
        ScreenPoint.x = WorldPoint.x;
        ScreenPoint.y = WorldPoint.y;
        return ScreenPoint;
    }
45  CP2 CProjection::PerspectiveProjection(CP3 WorldPoint)
    {
        CP3 ViewPoint;                                      //观察坐标系三维点
        ViewPoint.x = WorldPoint.x;
        ViewPoint.y = WorldPoint.y;
50      ViewPoint.z = EyePoint.z - WorldPoint.z;
        CP2 ScreenPoint;                                    //屏幕坐标系二维点
        ScreenPoint.x = d * ViewPoint.x / ViewPoint.z;
        ScreenPoint.y = d * ViewPoint.y / ViewPoint.z;
        return ScreenPoint;
55  }
```

程序说明：第 17 行语句初始化透视投影参数视距和视径。第 18 行语句将视点设置到屏幕正前方。第 31～37 行语句定义斜投影函数，x 和 y 坐标与 z 坐标呈线性关系。第 38～44 行语句定义正交投影函数，投影坐标直接取三维点的 x 和 y 坐标。第 45～55 行语句定义透视投影函数，x 和 y 坐标与 z 坐标呈非线性关系。

4. 实验小结

投影类是一个工具类，其作用是将三维点变换为二维点。读者可以在不了解其内部结构的前提下，通过选择不同的函数名来使用，从而自由地改变物体的投影方式。例如，将 CProjection 类作用于立方体上后，分别调用 ObliqueProjection、OrthogonalProjection 和 PerspectiveProjection 函数，效果如图 5.14 所示。

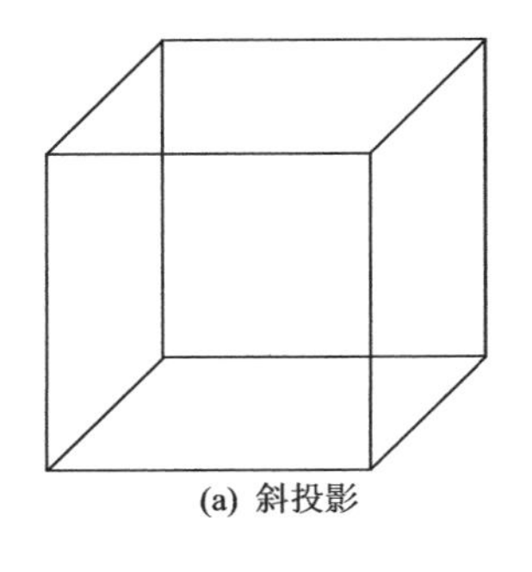
(a) 斜投影

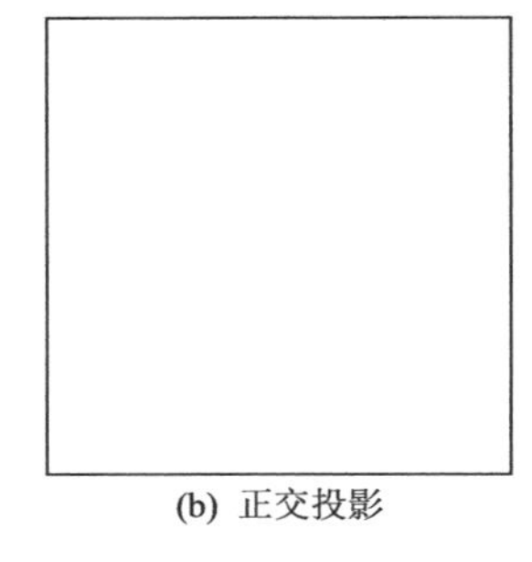
(b) 正交投影

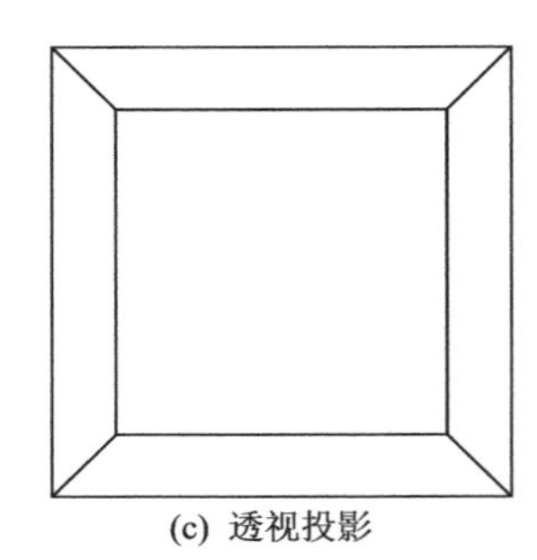
(c) 透视投影

图 5.14 立方体投影效果图

5.6 背面剔除算法【理论 11】

对于立方体，人们最多只能同时观察到 3 个表面，如图 5.15 所示；对于球体，人们最多只能观察到半个球面，如图 5.16 所示。在给定视点位置或视线方向后，确定场景中物体哪些表面是可见的、哪些表面是不可见的，简称为消隐。背面剔除是指消除视点不可见的多边形。这里，背向视点的多边形称为背面；相应地，正对视点的多边形称为正面。

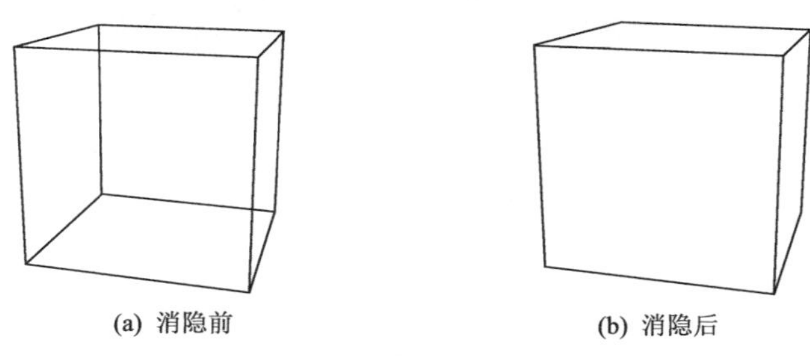

(a) 消隐前　　(b) 消隐后

图 5.15　隐藏线消隐

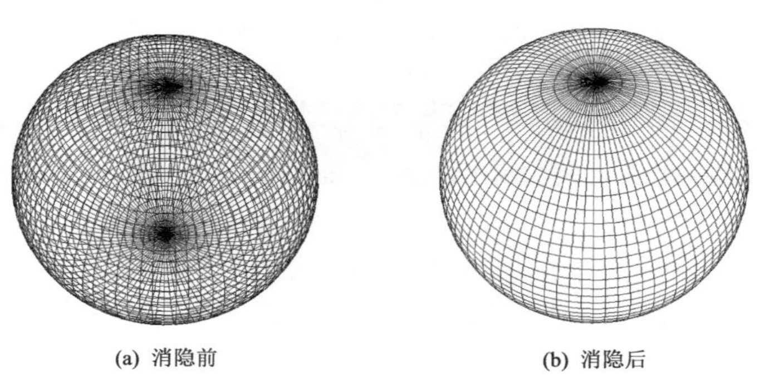

(a) 消隐前　　(b) 消隐后

图 5.16　球体背面剔除算法消隐

背面剔除算法主要针对凸多面体而设计。凸多面体由凸多边形构成，其表面要么完全可见，要么完全不可见。背面剔除算法的关键是给出测试其每个表面可见性的判别式，可以根据其外法向量 $\boldsymbol{N}$ 与视向量 $\boldsymbol{V}$（从表面上的一个顶点指向视点）的夹角 θ 来进行可见性检测。下面以图 5.17(a)所示立方体的“前面” $P_4P_5P_6P_7$ 来说明可见性的判定方法，图 5.17(b)所示曲面体可以近似表示为四边形小平面网格的集合，小平面网格的可见性判定方法类似。

“前面”的外法向量沿 z 轴正向，表示为

$$\boldsymbol{N}=\overline{P_4P_5}\times\overline{P_4P_6} \tag{5.15}$$

给定视点坐标 $O_v(x_v, y_v, y_v)$后，视向量从参考点 P_4 指向视点，表示为

$$\boldsymbol{V}=(x_v-x_4, y_v-y_4, z_v-z_4) \tag{5.16}$$

将法向量 $\boldsymbol{N}$ 归一化为单位向量 $\boldsymbol{n}$，将视向量 $\boldsymbol{V}$ 归一化为单位向量 $\boldsymbol{v}$，二向量的点乘为

$$\boldsymbol{n}\cdot\boldsymbol{v}=\cos\theta \tag{5.17}$$

凸多面体表面可见性检测条件如下：当 $0°\leq\theta\leq 90°$ 时，$\cos\theta>0$，表面可见，绘制多边形的边界线；当 $\theta=90°$ 时，$\cos\theta=0$，表面外法向量与视向量垂直，表面多边形退化为一条直线；当 $90°\leq\theta\leq 180°$ 时，$\cos\theta<0$，表面不可见，不绘制该多边形的边界线。

因此，表面可见性的判别式为

$$\boldsymbol{n}\cdot\boldsymbol{v}\geq 0 \tag{5.18}$$

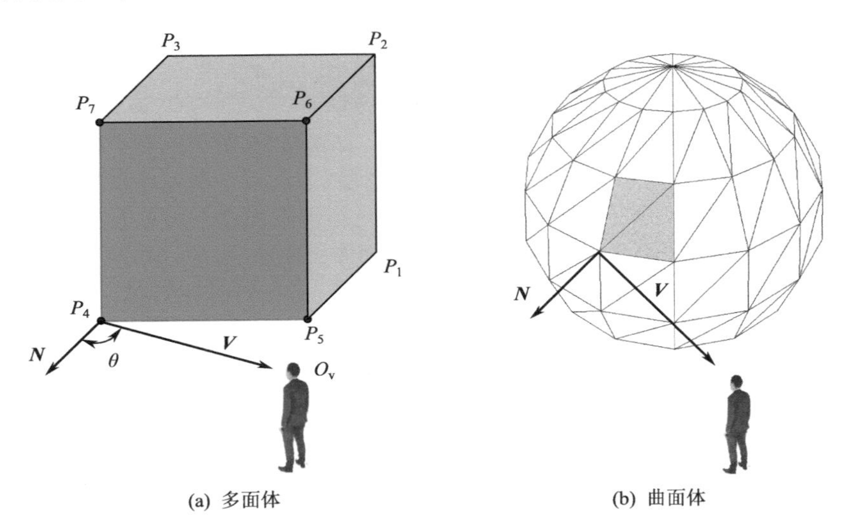

图 5.17 凸多面体消隐原理

球体表面是使用三角形网格或四边形网格逼近表示的，式（5.18）同样可以剔除不可见的半球表面。计算机图形学中针对凸物体，为提高绘制算法的效率，在渲染三维场景前通常首先使用背面剔除算法剔除不可见表面，然后渲染可见表面。

5.7 实验 11：制作球体的消隐动画

1．实验描述

设计三维向量类 CVector3，主要成员函数为点乘（数量积）函数和叉乘（向量积）函数。使用背面剔除算法绘制球体的可见表面，制作球体线框模型消隐后的透视投影三维旋转动画，如图 5.18 所示。

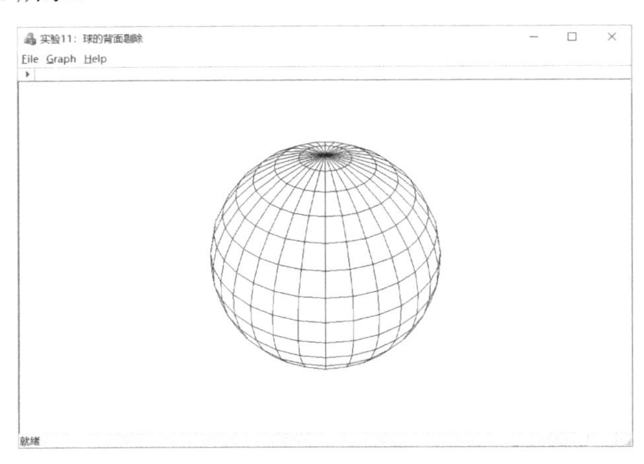

图 5.18 实验 11 效果图

2．实验设计

本实验绘制的是球体的透视投影图，视点位于屏幕正前方。CProjection 类提供 SetEye 和 GetEye 成员函数来设置视点坐标与读取视点坐标。

三维向量 $\boldsymbol{V}_0(x_0, y_0, z_0)$ 和 $\boldsymbol{V}_1(x_1, y_1, z_1)$ 的点乘公式为

$$\boldsymbol{V}_0 \cdot \boldsymbol{V}_1 = x_0x_1 + y_0y_1 + z_0z_1 \tag{5.19}$$

叉乘公式为

$$\boldsymbol{V}_0 \times \boldsymbol{V}_1 = (y_0 z_1 + z_0 y_1, z_0 x_1 + x_0 z_1, x_0 y_1 + y_0 x_1) \tag{5.20}$$

3．实验编码

（1）设计向量类 CVector3

CVector3 是一个工具类，广泛应用于光照模型计算中。

```
1   class CVector3
    {
    public:
        CVector3(void);
5       virtual ~CVector3(void);
        CVector3(double x, double y, double z);         //绝对向量
        CVector3(const CP3 &p);
        CVector3(const CP3 &p0, const CP3 &p1);         //相对向量
        double Magnitude(void);                         //计算向量的模
10      CVector3 Normalize(void);                       //归一化向量
        friend CVector3 operator + (const CVector3 &v0, const CVector3 &v1); //运算符重载
        friend CVector3 operator - (const CVector3 &v0, const CVector3 &v1);
        friend CVector3 operator * (const CVector3 &v, double scalar);
        friend CVector3 operator * (double scalar, const CVector3 &v);
15      friend CVector3 operator / (const CVector3 &v, double scalar);
        friend double DotProduct(const CVector3 &v0, const CVector3 &v1);       //点乘
        friend CVector3 CrossProduct(const CVector3 &v0, const CVector3 &v1);   //叉乘
    private:
        double x,y,z;
20  };
    CVector3::CVector3(void)
    {
        x = 0.0,y = 0.0, z = 1.0;                                   //指向 z 轴正向
    }
25  CVector3::~CVector3(void)
    {
    }
    CVector3::CVector3(double x, double y, double z)                //绝对向量
    {
30      this->x = x;
        this->y = y;
        this->z = z;
    }
    CVector3::CVector3(const CP3 &p)
35  {
        x = p.x;
        y = p.y;
        z = p.z;
    }
40  CVector3::CVector3(const CP3 &p0, const CP3 &p1)                //相对向量
    {
        x = p1.x - p0.x;
        y = p1.y - p0.y;
        z = p1.z - p0.z;
45  }
```

```
    double CVector3::Magnitude(void)                                //向量的模
    {
        return sqrt(x * x + y * y + z * z);
    }
50  CVector3 CVector3::Normalize(void)                              //归一化为单位向量
    {
        CVector3 vector;
        double magnitude = sqrt(x * x + y * y + z * z);
        if(fabs(magnitude) < 1e-4)
55          magnitude  = 1.0;
        vector.x = x / magnitude;
        vector.y = y / magnitude;
        vector.z = z / magnitude;
        return vector;
60  }
    double DotProduct(const CVector3 &v0, const CVector3 &v1)      //向量的点乘
    {
        return(v0.x * v1.x + v0.y * v1.y + v0.z * v1.z);
    }
65  CVector3 CrossProduct(const CVector3 &v0, const CVector3 &v1)  //向量的叉乘
    {
        CVector3 vector;
        vector.x = v0.y * v1.z - v0.z * v1.y;
        vector.y = v0.z * v1.x - v0.x * v1.z;
70      vector.z = v0.x * v1.y - v0.y * v1.x;
        return vector;
    }
```

程序说明：CVector3 类用于构造三维向量。如果给定两个点 V0 和 V1，那么构造函数 CVector3(V0,V1)建立一个从 V0 点指向 V1 点的向量。第 46～49 行语句计算向量的模长。第 50～60 行语句定义的 Normalize()成员函数将向量归一化为单位向量。第 61～64 行语句定义的 DotProduct 函数是点乘函数，它返回值为一个数值。第 65～72 行语句定义的 CrossProduct 函数是叉乘函数，其返回值是一垂直于 V0 和 V1 的三维向量。在计算机图形学中，向量的归一化是一项非常重要的操作，所使用的各种向量几乎都需要归一化为单位向量。

（2）背面剔除算法

使用回转法构造的球体是一个凸物体，可以进行背面剔除，对每个四边形网格进行判定后，只绘制可见网格。

```
1   void CBezierPatch::DrawFacet(CDC* pDC, CP3* P)
    {
        CP2 ScreenPoint[4];                                   //二维屏幕投影点
        CP3 ViewPoint = projection.GetEye();                  //视点
5       CVector3 ViewVector(quadrP[0], ViewPoint);            //面的视向量
        ViewVector = ViewVector.Normalize();                  //视向量归一化
        CVector3 Vector01(quadrP[0], quadrP[1]);              //边向量
        CVector3 Vector02(quadrP[0], quadrP[2]);
        CVector3 Vector03(quadrP[0], quadrP[3]);
10      CVector3 FacetNormalA = CrossProduct(Vector01, Vector02);    //面法向量A
        CVector3 FacetNormalB = CrossProduct(Vector02, Vector03);    //面法向量B
        CVector3 FacetNormal = (FacetNormalA + FacetNormalB);        //面法向量
        FacetNormal = FacetNormal.Normalize();
```

```
        if(DotProduct(ViewVector, FacetNormal) >= 0)                    //背面剔除算法
15      {
            for(int nPoint = 0; nPoint < 4; nPoint++)
                ScreenPoint[nPoint]=projection.PerspectiveProjection(quadrP[nPoint]);
            pDC->MoveTo(ROUND(ScreenPoint[0].x), ROUND(ScreenPoint[0].y));
            pDC->LineTo(ROUND(ScreenPoint[1].x), ROUND(ScreenPoint[1].y));
20          pDC->LineTo(ROUND(ScreenPoint[2].x), ROUND(ScreenPoint[2].y));
            pDC->LineTo(ROUND(ScreenPoint[3].x), ROUND(ScreenPoint[3].y));
            pDC->LineTo(ROUND(ScreenPoint[0].x), ROUND(ScreenPoint[0].y));
        }
    }
```

程序说明：第 3 行语句定义的 ScreenPoint 数组是屏幕二维投影点数组。第 4 行语句从 CPojection 类内读取视点位置。第 5 行语句取网格点 P0 点作为参考点，建立视向量。需要注意的是，P 数组是曲面细分后的四边形网格的三维点。第 7～9 行语句根据网格顶点坐标计算边向量。考虑到球体的南北极处四边形网格退化为三角形网格，所以计算了左上和右下三角形的全部边向量，如图 5.19 所示。第 14～23 行语句只绘制可见网格。第 16～17 行语句对网格三维点进行透视投影得到二维点。第 18～22 行语句绘制四边形网格。

4. 实验小结

背面剔除算法主要用于剔除凸多面体的背面，算法简单、高效，可以轻易去除复杂物体半数以上的网格表面。在使用背面剔除算法时需要注意的是，虽然背面剔除算法一般而言总能改善渲染性能，但具体是否使用背面剔除算法还要根据应用场景而定。当渲染某些非封闭类型的几何对象如绘制开口瓶模型时，由于曲面没有封闭结构，因此不能使用背面剔除算法，如图 5.20 所示。例如，在绘制茶壶模型时，若使用了背面剔除算法，则壶盖和壶体接触部分的壶边会被剔除，壶嘴部分也会剔除背面而漏出白色部分，如图 5.21 所示。

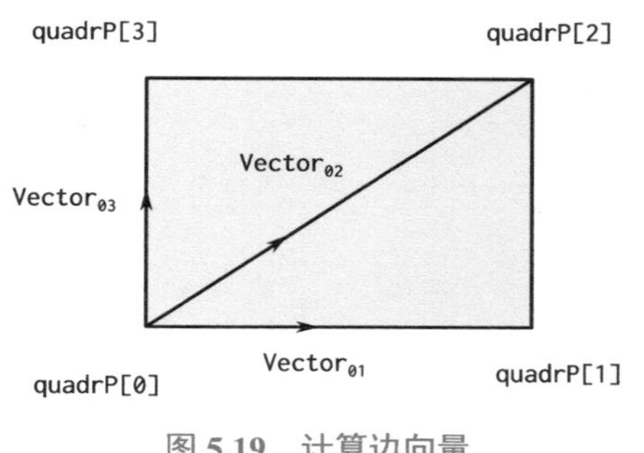

图 5.19　计算边向量

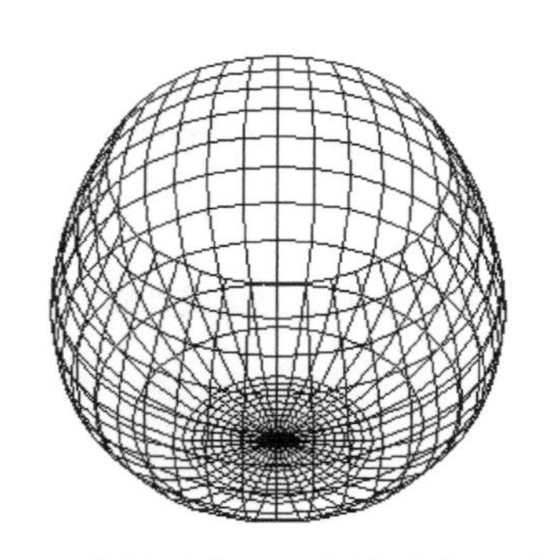

图 5.20　非封闭曲面不能使用背面剔除算法

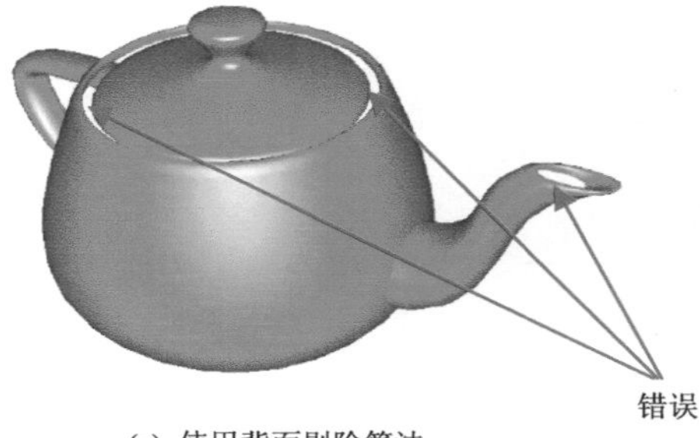

(a) 使用背面剔除算法

(b) 未使用背面剔除算法

图 5.21　犹他茶壶面消隐效果图

5.8 本章小结

三维投影中最简单的投影方式是正交投影，它直接采用三维点中的 x 和 y 坐标绘制。在斜投影中，z 坐标对 x 和 y 坐标产生线性影响。在透视投影中，x 和 y 坐标与深度坐标 z 成反比，使得物体的透视投影呈现“近大远小”的效果，透视投影是真实感图形绘制最基本的投影方式。对于凸物体，透视投影常与背面剔除算法结合使用，以提高物体的绘制效率。学习完本章后，CProjection 类可以作为工具类使用。

习题 5

5.1 题图 5.1(a)所示为双三次贝塞尔曲面的斜投影，收缩控制多边形变形为长方体形状，如题图 5.1(b)所示，曲面会随之变形。试编程制作变形动画。

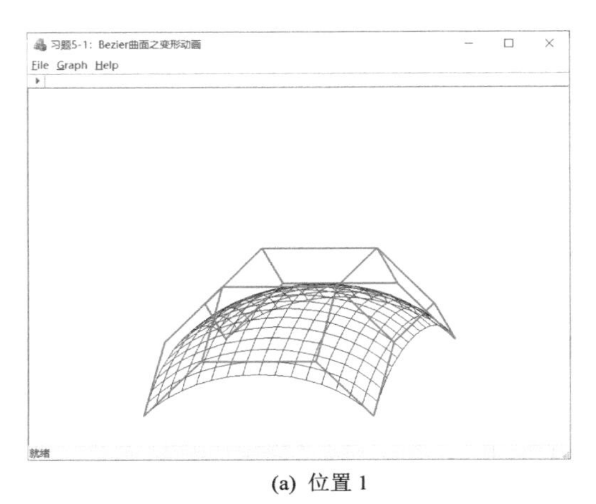

(a) 位置 1

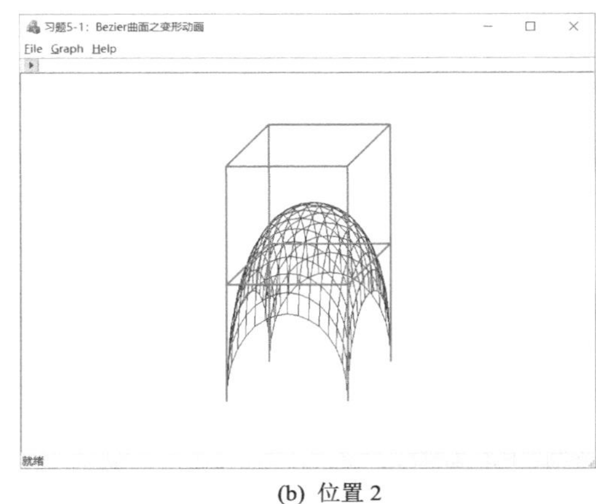

(b) 位置 2

题图 5.1

5.2 制作金字塔的透视投影三维动画，如题图 5.2 所示。

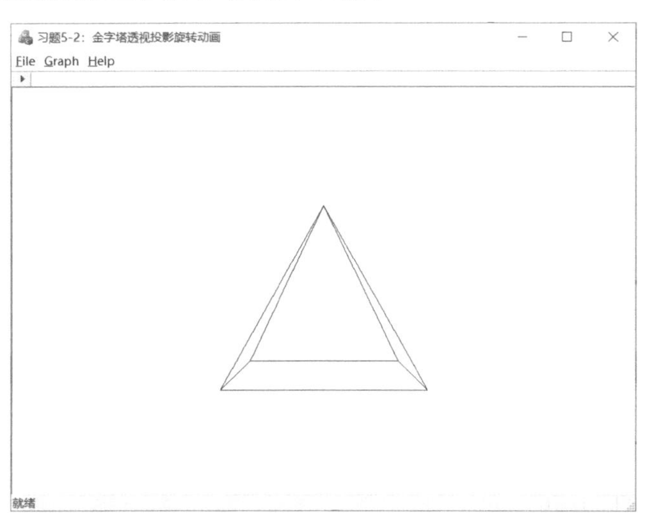

题图 5.2

5.3　制作立方体背面剔除后的透视投影三维动画，如题图 5.3 所示。

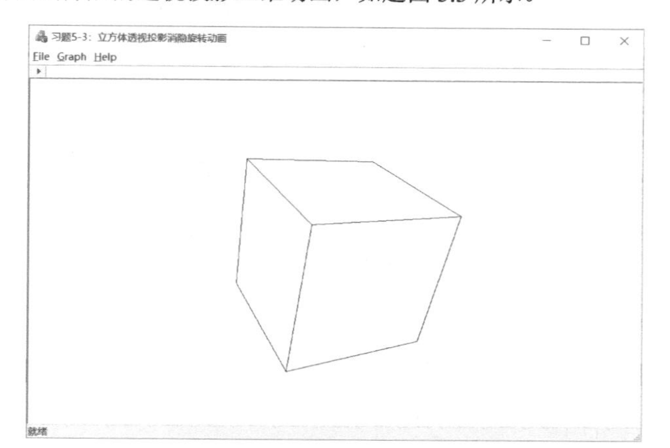

题图 5.3

5.4　制作正八面体背面剔除后的透视投影三维动画，如题图 5.4 所示。

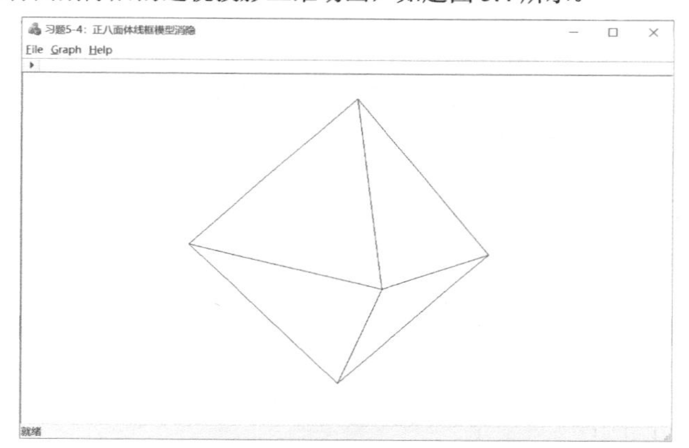

题图 5.4

5.5　制作圆环背面剔除后的透视投影三维动画，如题图 5.5(a)所示。提示：从题图 5.5(b)可以看出，虽然圆环的环体是封闭结构，但圆环实质上是凹物体，使用背面剔除算法并不能彻底消隐。

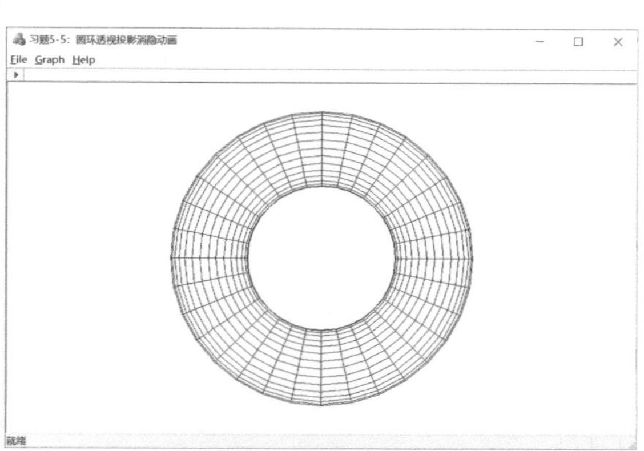

(a) 环面平行于 xOy 面

题图 5.5

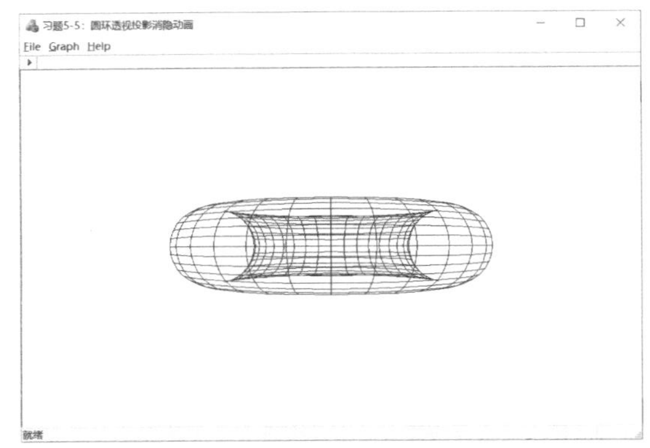

(b) 环面平行于 xOz 面

题图 5.5（续）

5.6 按照题图 5.6(a)设计圆角圆柱。试制作背面剔除后的透视投影三维动画，消隐前如题图 5.6(b)所示，消隐后如题图 5.6(c)所示。

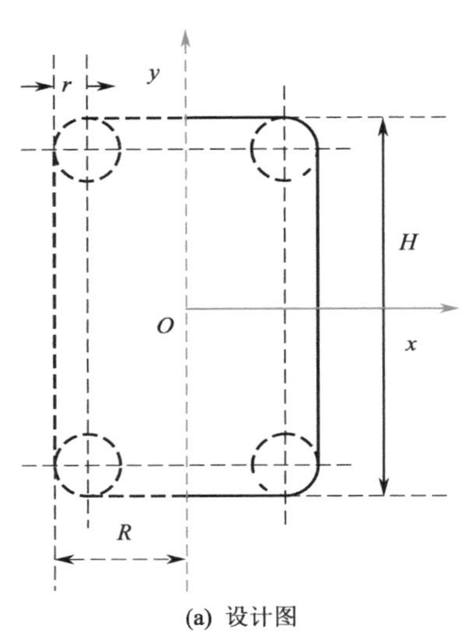

(a) 设计图

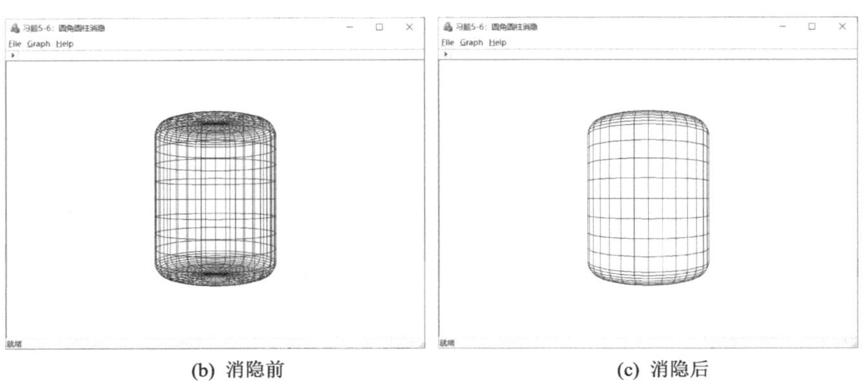

(b) 消隐前

(c) 消隐后

题图 5.6

第6章　表面模型

- 教学重点：三角形填充算法，三维透视投影、ZBuffer 面消隐算法，画家面消隐算法。
- 教学难点：CTriangle 类，CPerspectiveProjection3 类、CZBuffer 类。

计算机中早期表示物体的方法是线框模型，它使用平面多边形网格（主要是四边形网格与三角形）近似地表示曲面。为了提高物体的真实感，从 20 世纪 70 年代开始，计算机中物体的表示方法开始采用表面模型。表面模型根据网格顶点的颜色填充每个多边形网格，并沿视线方向消除不可见表面，只绘制可见表面，效果如图 6.1 所示。

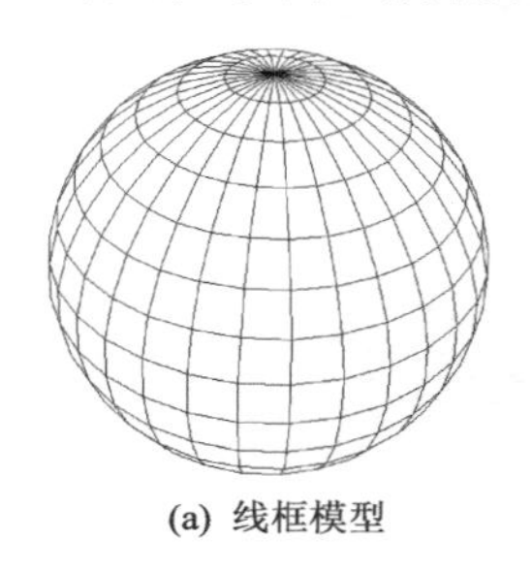

(a) 线框模型

(b) 表面模型

图 6.1　球体的计算机表示法

6.1　三角形的表示法

无论多么复杂的物体，最终都可以使用三角形网格逼近。解决了三角形的填充问题，就解决了表面着色问题。在计算机图形学中，三角形有两种表示方法，即点元表示法和片元表示法。

1．点元表示法

点元表示法用顶点序列来描述三角形。由于没有明确指出哪些像素位于三角形内，所以不能直接进行填充。点元表示法是线框模型的描述方法，如图 6.2 所示。

2．片元表示法

片元表示法通过定义三角形内的每个像素来描述三角形。这种表示法虽然失去了顶点、边界等许多重要的几何信息，但便于填充。片元表示法是表面模型描述方法，如图 6.3 所示。

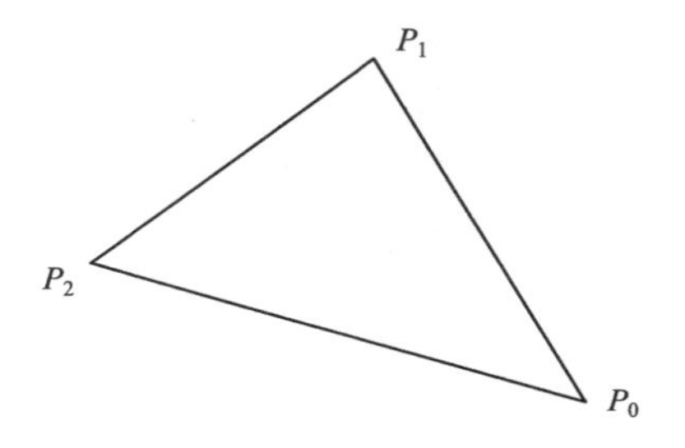

图 6.2　三角形的点元表示法

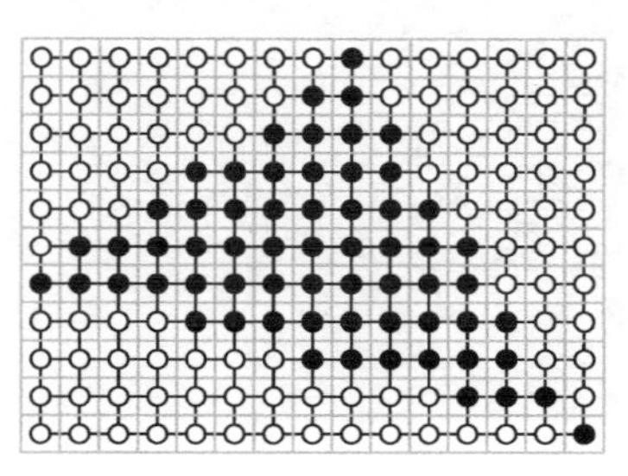

图 6.3　三角形的片元表示法

3．三角形的光栅化

将三角形从点元表示法被换到片元表示法，称为三角形的光栅化。按照扫描线移动的顺序，从多边形的顶点信息出发，求出位于三角形边界和内部的各个像素点信息。

6.2 三角形的着色模式

三角形可以使用平面着色模式或光滑着色模式填充。无论采用哪种着色模式，都意味着要根据多边形的顶点颜色计算出多边形内部各个像素的颜色。

1．平面着色模式

使用任意一个顶点的颜色填充多边形内部，三角形具有单一颜色。图 6.4(a)所示为三角形的平面着色。三角形的 3 个顶点的颜色分别设置为红色、绿色、蓝色，但三角形的填充色只取第 1 个顶点的颜色。三角形的填充结果为红色。

2．光滑着色模式

三角形内部任意一点的颜色由三个顶点的颜色进行双线性插值得到。所谓双线性插值，是指沿 x 方向与 y 方向进行两次线性插值。图 6.4(b)所示为三角形的光滑着色。

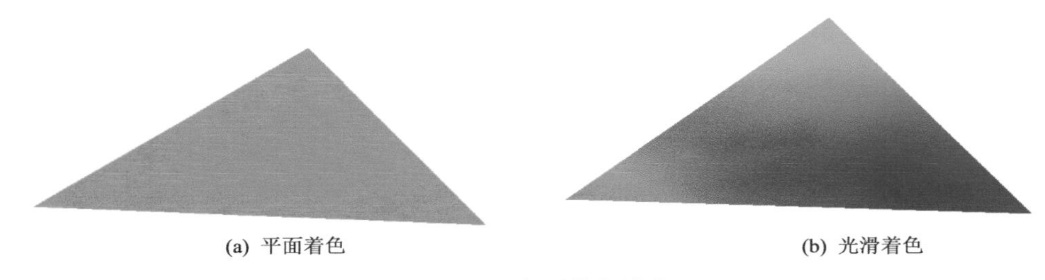

(a) 平面着色　　(b) 光滑着色

图 6.4　三角形着色模式

6.3 马赫带

平面着色模式会产生马赫带效应。图 6.5 所示的图形是一组亮度递增变化的平面着色矩形块，称为马赫带。由于矩形块之间的亮度发生轻微的跳变，使得矩形边界表现得非常明显，称为马赫带效应。马赫带效应不是一种物理现象，而是由于人类视觉系统夸大了平面着色的渲染效果，使得人眼感知到的边界亮度变化比实际的亮度要大。一个具有复杂光滑表面的物体是由一系列三角形网格表示的。如果采用平面着色模式填充三角形，那么会出现马赫带效应，此时边界变得特别明显，如图 6.6 所示。物体看上去就像是一片一片拼接起来的，很不真实。改善的方法是用光滑着色模式代替平面着色模式来填充三角形。

图 6.5　矩形块马赫带

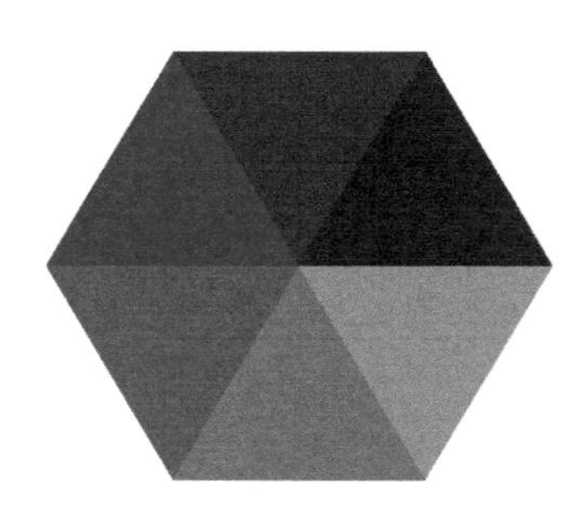

图 6.6　六边形马赫带

6.4　边界像素处理规则

填充单一三角形时，从数学意义上讲，可以填充三角形的内部像素及全部边界像素。但当多个三角形连接存在共享边界时，就不能填充每个三角形的全部边界像素。三角形填充算法对运算符<、>和=的使用十分敏感。

图 6.7(a)所示的四边形被等分为“左上”和“右下”两个子三角形，二者的公共边界为 P_0P_2。假定右下方的子三角形填充为蓝色，左上方的子三角形填充为红色。如果公共边界不做特殊处理，那么该边界先填充为蓝色，再填充为红色，一条边界两次不同的着色会导致混乱的视觉效果。正确处理方法为：每个子三角形的右边界像素和上边界像素都不予填充，而等待与其相连接的后续子三角形进行填充。最终，边界 P_0P_2 填充为蓝色。

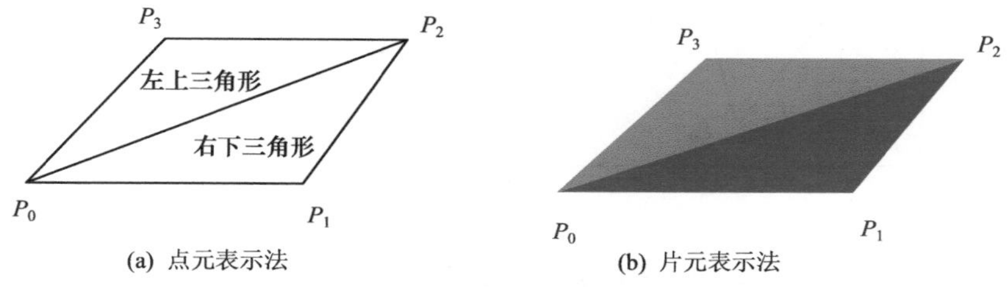

图 6.7　共享边界像素的处理

边界像素处理规则如下：由一条边界确定的包含图元的半平面，如果位于该边界的左方或下方，那么这条边界上的像素就不属于该图元。这一规则可以简单地表述为“左闭右开”和“下闭上开”，其缺点是会导致三角形遗失图 6.7(b)中的最上一行像素 P_2P_3 和最右一列像素 P_1P_2，使图形出现瑕疵。然而，为了避免两次重绘共享边界上的像素，没有比这更好的解决方法。

6.5　边标志算法【理论 12】

6.5.1　基本思想

边标志算法分两步实现：第 1 步是勾勒轮廓线。对多边形边界所经过的像素打上标志点[11]，在每条扫描线上建立各跨度的边界像素点对。第 2 步是填充多边形。沿扫描线由小往大、从左到右的顺序，填充标志点之间的全部像素。图 6.8 中的像素用正方形表示，灰色像素表示边界像素，斜线阴影像素为不必填充的像素。

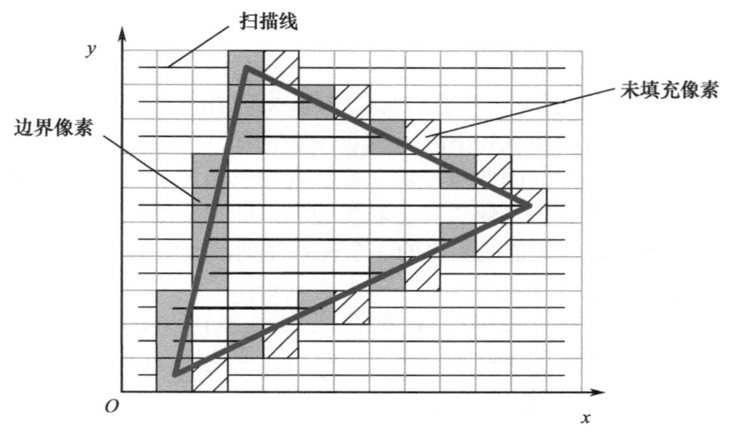

图 6.8　边标志像素

6.5.2 光滑着色模式填充三角形

三角形是一个凸多边形，扫描线与三角形相交时只有一对交点，形成一个跨度。对顶点进行排序，使 P_0 点为 y 坐标最小的点，P_1 点为 y 坐标最大的点，P_2 点的 y 坐标位于二者之间。我们将 P_0P_1 称为三角形的主边。若 P_2 点位于主边左侧，则三角形称为左三角形；若 P_2 点位于主边右侧，则三角形称为右三角形。三角形分类如图 6.9 所示。

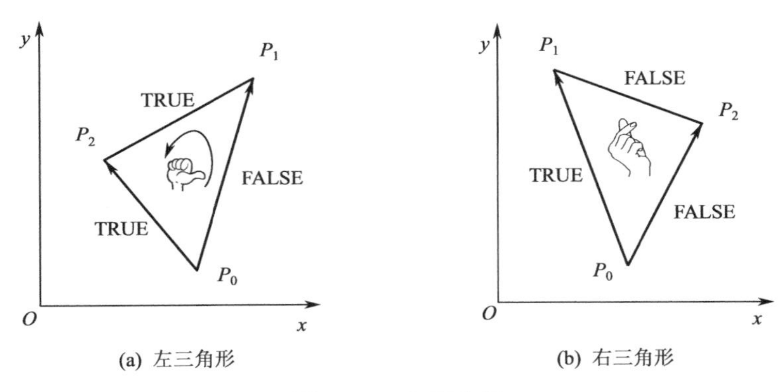

(a) 左三角形　　(b) 右三角形

图 6.9　三角形分类

可以根据三角形外法向量 $\boldsymbol{N}$ 的 z 分量的正负，来确定 P_2 点与主边 P_0P_1 的相互位置关系。若使用右手螺旋法则，则四指从 P_0 指向 P_1，然后沿 P_1 到 P_2 的方向弯曲，此时大拇指所指的方向为法向量 $\boldsymbol{N}$ 的 z 分量的方向。令 Δz 代表三角形法向量 $\boldsymbol{N}=\overline{P_0P_1}\times\overline{P_0P_2}$ 的 z 分量。若 $\Delta z>0$，则 $P_0P_1P_2$ 为左三角形；若 $\Delta z<0$，则 $P_0P_1P_2$ 为右三角形。为了标志跨度的起点与终点，约定位于跨度左侧的边的特征为真，位于跨度右侧的边的特征为假。三角形覆盖的扫描线的最小值为 $y_{min}=P_0\cdot y$，最大值为 $y_{max}=P_1\cdot y$。三角形覆盖的扫描线条数为 $n=y_{max}-y_{min}+1$。

将三条边离散到标志数组 SpanLeft[n]和 SpanRight[n]中。SpanLeft[n]数组存放边特征为真的标志点，SpanRight[n]数组存放边特征为假的标志点。在图 6.9(a)中，SpanLeft[n]数组存放的是 P_0P_2 边与 P_2P_1 边的标志点，SpanRight[n]数组存放的是 P_0P_1 边的标志点；在图 6.9(b)中，SpanLeft[n]数组存放的是 P_0P_1 边的标志点，SpanRight[n]数组存放的是 P_0P_2 边与 P_2P_1 边的标志点。当扫描线从 y_{min} 向 y_{max} 移动时，根据标志数组内标志点的颜色，使用颜色线性插值算法计算跨度内每个像素点的颜色。填充时，根据“左闭右开”的规则不填充每条扫描线上的最右一个像素；根据“下闭上开”的规则，不填充最后一条扫描线 y_{max}。

6.5.3 打边标志

填充多边形时，边界上只需要不太严密的像素序列。对比图 6.10(a)与图 6.10(b)发现，图 6.10(a)中 x 和 y 方向的像素都连续，而图 6.10(b)中只保证 y 方向的连续性，并不保证 x 方向的连续性。由于使用水平跨度来填充三角形，因此可将填充算法视为三角形与特定扫描线相交而成。于是，对于每条扫描线，所需的是跨度的左侧边界与右侧边界，即扫描线与多边形左侧与右侧两个边的交点。这就意味着需要产生边与扫描线相交的一个像素序列，而图 6.10(b)满足要求。因此，多边形填充算法也称 y 连续性算法。

设边的斜率为 k，边与当前扫描线 y_i 的交点为 (x_i,y_i)，与下一条扫描线 y_{i+1} 的交点为 (x_{i+1},y_{i+1})，其中 $x_{i+1}=x_i+1/k=x_i+\Delta x/\Delta y$，$y_{i+1}=y_i+1$，如图 6.11 所示。这说明随着扫描线的移动，扫描线与边的交点的 x 坐标，从起点开始可以按增量 $m=1/k$ 算出。

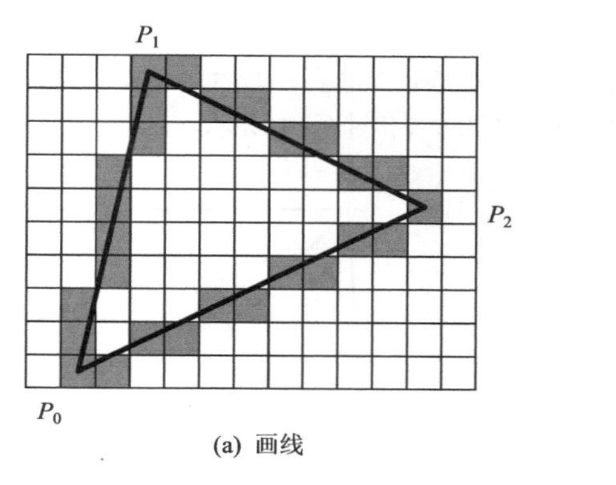

(a) 画线

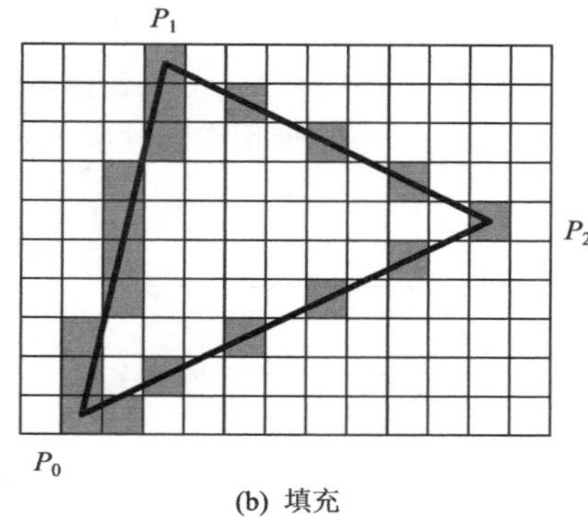

(b) 填充

图 6.10　像素序列

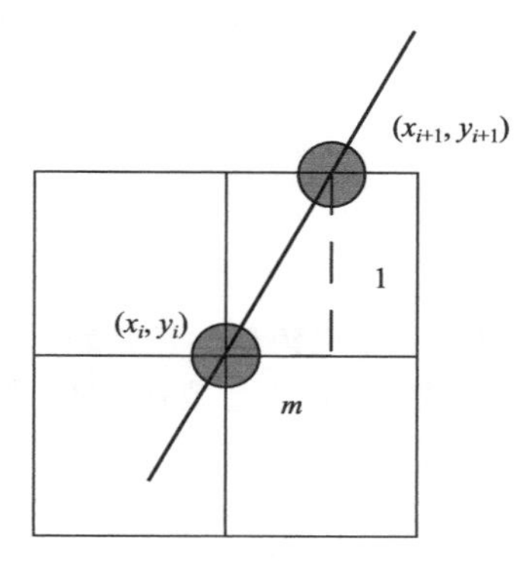

图 6.11　交点的相关性

6.6　实验 12：绘制 RGB 立方体

1．实验描述

立方体 8 个顶点的颜色分别设置为黑色、红色、黄色、绿色、蓝色、品红色、白色和青色。立方体是凸物体，消隐方式采用背面剔除，试绘制 RGB 立方体的旋转动画，如图 6.12 所示。

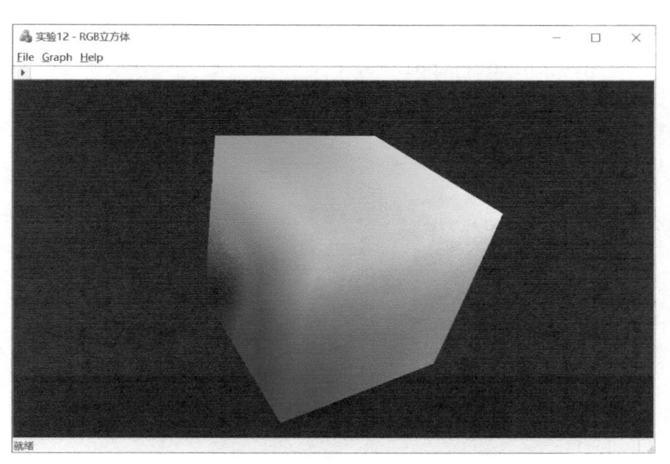

图 6.12　实验 12 效果图

2. 实验设计

RGB 立方体的顶点颜色定义如图 6.13 所示。设计 CRGB 类来表示顶点颜色。将每个表面分解为两个三角形小面后，分别使用双线性插值算法进行填充，如图 6.14 所示。

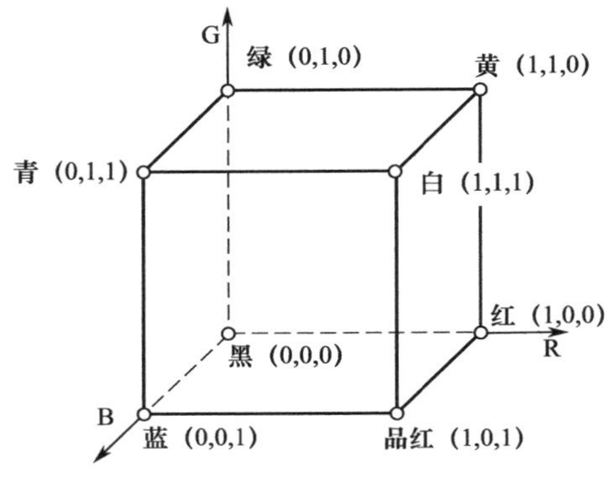

图 6.13 RGB 立方体模型

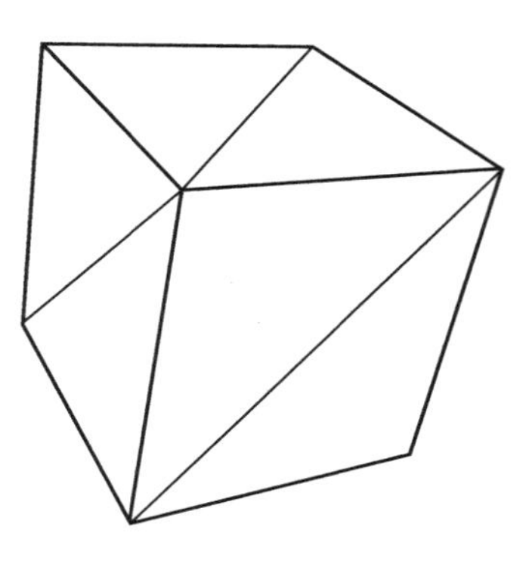

图 6.14 表面三角形化

3. 实验编码

(1) 设计三角形类

首先确定三角形类型，判断是属于“左三角形”还是属于“右三角形”，然后将每条边离散为标志点数组，最后对每个跨度两侧的标志点范围内的像素进行着色。主要成员函数是 GouraudShader，即使用双线性插值算法来填充三角形。

```
1    class CTriangle
     {
     public:
         CTriangle(void);
5        virtual ~CTriangle(void);
         void SetPoint(CP2 P0, CP2 P1, CP2 P2);     //浮点数顶点构造三角形
         void GouraudShader(CDC* pDC);              //填充三角形
     private:
         void EdgeFlag(CPoint2 PStart, CPoint2 PEnd, BOOL bFeature);    //边标记
10       CRGB LinearInterp(double t,double tStart,double tEnd,CRGB cStart,CRGB cEnd);
                                                                        //颜色线性插值
         void SortVertex(void);                   //三角形顶点排序
     private:
         CPoint2 point0, point1, point2;          //三角形的整数顶点
         CPoint2* SpanLeft;                       //跨度的起点数组标志
15       CPoint2* SpanRight;                      //跨度的终点数组标志
         int nIndex;                              //扫描线索引
     };
     CTriangle::CTriangle(void)
     {
20   }
     CTriangle::~CTriangle(void)
     {
     }
     void CTriangle::SetPoint(CP2 P0, CP2 P1, CP2 P2)
25   {
         point0.x = ROUND(P0.x);
```

```
        point0.y = ROUND(P0.y);
        point0.c = P0.c;
        point1.x = ROUND(P1.x);
30      point1.y = ROUND(P1.y);
        point1.c = P1.c;
        point2.x = ROUND(P2.x);
        point2.y = ROUND(P2.y);
        point2.c = P2.c;
35  }
    void CTriangle::GouraudShader(CDC* pDC)
    {
        SortVertex();                          //顶点排序
        int nTotalScanLine = point1.y - point0.y + 1;    //三角形覆盖的扫描线总数
40      SpanLeft = new CPoint2[nTotalScanLine];
        SpanRight = new CPoint2[nTotalScanLine];
        int nDeltz = (point1.x - point0.x) * (point2.y - point0.y) -
              (point1.y - point0.y) * (point2.x - point0.x);//面法向量的 z 分量
        if (nDeltz > 0)                        //左三角形
        {
45          nIndex = 0;
            EdgeFlag(point0, point2, TRUE);
            EdgeFlag(point2, point1, TRUE);
            nIndex = 0;
            EdgeFlag(point0, point1, FALSE);
50      }
        else                                   //右三角形
        {
            nIndex = 0;
            EdgeFlag(point0, point1, TRUE);
55          nIndex = 0;
            EdgeFlag(point0, point2, FALSE);
            EdgeFlag(point2, point1, FALSE);
        }
        for (int y = point0.y; y < point1.y; y++)                  //下闭上开
60      {
            int n = y - point0.y;
            for (int x = SpanLeft[n].x; x < SpanRight[n].x; x++)     //左闭右开
            {
                CRGB clr = LinearInterp(x, SpanLeft[n].x, SpanRight[n].x,
                        SpanLeft[n].c, SpanRight[n].c);
    65              pDC->SetPixelV(x,y,COLOR(clr));
            }
        }
        if (SpanLeft)
        {
70          delete[]SpanLeft;
            SpanLeft = NULL;
        }
        if (SpanRight)
        {
```

```
75              delete[]SpanRight;
                SpanRight = NULL;
            }
    }
    void CTriangle::EdgeFlag(CPoint2 PStart, CPoint2 PEnd, BOOL bFeature)
80  {
        int dx = PEnd.x - PStart.x;
        int dy = PEnd.y - PStart.y;
        double m = double(dx) / dy;
        double x = PStart.x;
85      for(int y = PStart.y; y < PEnd.y; y++)
        {
            CRGB crColor = LinearInterp(y, PStart.y, PEnd.y, PStart.c, PEnd.c);
            if(bFeature)
                SpanLeft[nIndex++] = CPoint2(ROUND(x), y, crColor);
90          else
                SpanRight[nIndex++] = CPoint2(ROUND(x), y, crColor);
            x += m;
        }
    }
95  void CTriangle::SortVertex(void)
    {
        CPoint2 pt[3];
        pt[0] = point0;
        pt[1] = point1;
100     pt[2] = point2;
        for (int i = 0; i < 2; i++)
        {
            for (int j = i + 1; j < 3; j++)
            {
105             int k = i;
                if (pt[k].y >= pt[j].y)
                    k = j;
                if (k == j)
                {
110                 CPoint2 ptTemp = pt[i];
                    pt[i] = pt[k];
                    pt[k] = ptTemp;
                }
            }
115     }
        point0 = pt[0];
        point1 = pt[2];
        point2 = pt[1];
    }
120 CRGB CTriangle::LinearInterp(double t,double tStart,double tEnd,CRGB cStart,CRGB cEnd)
    {
        CRGB color;
        color = (tEnd-t)/(tEnd-tStart)*cStart+(t-tStart)/(tEnd-tStart)*cEnd;
        return color;
125 }
```

程序说明：第 6 行语句是三角形的接口函数，读入三角形的浮点数顶点。第 7 行语句填充三角形。GouraudShader 使用的是颜色双线性插值算法。第 9 行语句声明 EdgeFlag 函数来离散三角形的边。第 10 行语句声明 LinearInterp 函数对三角形的颜色进行线性插值。第 13 行语句定义三角形的 3 个整数顶点。CPoint2 类时整数点类，用于在屏幕上绘图，定义如下：

```
#include "RGB.h"
class CPoint2
{
public:
    CPoint2(void);
    CPoint2(int x, int y);
    CPoint2(int x, int y, CRGB c);
    virtual ~CPoint2(void);
public:
    int x;
    int y;
    CRGB c;
};
```

第 14 行语句定义三角形跨度左标志数组。第 15 行语句定义三角形跨度右标志数组。第 38 行语句对三角形的三个顶点进行排序，使 P0 点为 y 坐标最小的点，P1 点为 y 坐标最大的点，P2 点的 y 坐标位于二者之间。第 39 行语句计算三角形覆盖的扫描线条数。第 40～41 行语句动态创建三角形跨度的左、右边标志数组。第 42 行语句根据三角形的法向量的 z 分量值的正负来判断 P2 点与主边 P0P1 的位置关系，确定三角形的类型。第 43～50 行语句处理左三角形的情况，跨度左侧标志数组 SpanLeft 由两条边构成，跨度右侧标志数组 SpanRight 由一条边构成。第 52～58 行语句处理右三角形的情况，跨度左侧标志数组 SpanLeft 由一条边构成，跨度右侧标志数组 SpanRight 由两条边构成。第 59～67 行语句使用“下闭上开”和“左闭右开”规则，按照扫描线顺序填充三角形的每个跨度。第 64 行语句对三角形跨度两侧同一条扫描线上的点，使用线性插值计算颜色，也可理解为沿 x 方向进行线性插值。第 83 行语句计算边斜率的倒数。第 85～93 行语句以 y 为主位移方向，将边离散后的像素点坐标存储到 SpanLeft 和 SpanRight 中。第 87 行语句沿三角形边的方向，通过对顶点颜色进行线性插值来计算当前点的颜色，也可理解为沿 y 方向进行线性插值。第 92 行语句计算边离散后的 x 坐标，执行的是累加 m 的操作。第 95～119 行语句使用选择排序算法对三角形的顶点进行排序。第 120～125 行语句对颜色进行线性插值，该函数可以实现沿 x 或 y 方向的颜色插值。

（2）设计立方体类

```
      #include "Facet.h"
      #include "Projection.h"
      #include "Triangle.h"
1     class CCube
      {
      public:
          CCube(void);
5         virtual ~CCube(void);
          CP3* GetVertexArrayName(void);                     //获得数组名
          void ReadPoint(void);                               //读入点表
          void ReadFacet(void);                               //读入面表
          void Draw(CDC* pDC);                                //绘制图形
10    private:
          CP3 P[8];                                           //点表数组
```

```
        CFacet F[6];                                              //面表数组
        CProjection projection;                                   //投影
    };
15  CCube::CCube(void)
    {
    }
    CCube::~CCube(void)
    {
20  }
    CP3* CCube::GetVertexArrayName(void)
    {
        return P;
    }
25  void CCube::ReadPoint(void)
    {
        P[0].x = 0, P[0].y = 0, P[0].z = 0; P[0].c = CRGB(0.0, 0.0, 0.0);
        P[1].x = 1, P[1].y = 0, P[1].z = 0; P[1].c = CRGB(1.0, 0.0, 0.0);
        P[2].x = 1, P[2].y = 1, P[2].z = 0; P[2].c = CRGB(1.0, 1.0, 0.0);
30      P[3].x = 0, P[3].y = 1, P[3].z = 0; P[3].c = CRGB(0.0, 1.0, 0.0);
        P[4].x = 0, P[4].y = 0, P[4].z = 1; P[4].c = CRGB(0.0, 0.0, 1.0);
        P[5].x = 1, P[5].y = 0, P[5].z = 1; P[5].c = CRGB(1.0, 0.0, 1.0);
        P[6].x = 1, P[6].y = 1, P[6].z = 1; P[6].c = CRGB(1.0, 1.0, 1.0);
        P[7].x = 0, P[7].y = 1, P[7].z = 1; P[7].c = CRGB(0.0, 1.0, 1.0);
35  }
    void CCube::ReadFacet(void)
    {
        F[0].Number = 4; F[0].Index[0] = 4; F[0].Index[1] = 5; F[0].Index[2] = 6;
        F[0].Index[3] = 7;           //前面
        F[1].Number = 4; F[1].Index[0] = 0; F[1].Index[1] = 3; F[1].Index[2] = 2;
        F[1].Index[3] = 1;           //后面
40      F[2].Number = 4; F[2].Index[0] = 0; F[2].Index[1] = 4; F[2].Index[2] = 7;
        F[2].Index[3] = 3;           //左面
        F[3].Number = 4; F[3].Index[0] = 1; F[3].Index[1] = 2; F[3].Index[2] = 6;
        F[3].Index[3] = 5;           //右面
        F[4].Number = 4; F[4].Index[0] = 2; F[4].Index[1] = 3; F[4].Index[2] = 7;
        F[4].Index[3] = 6;           //顶面
        F[5].Number = 4; F[5].Index[0] = 0; F[5].Index[1] = 1; F[5].Index[2] = 5;
        F[5].Index[3] = 4;           //底面
}
45  void CCube::Draw(CDC* pDC)
    {
        CP2 ScreenPoint[4];                             //定义屏幕二维点
        CP3 ViewPoint = projection.GetEye();            //视点
        CTriangle* pFill = new CTriangle;               //申请内存
    50  for (int nFacet = 0; nFacet < 6; nFacet++)//面循环
        {
            CP3 ViewPoint = projection.GetEye();            //视点
            CVector3 ViewVector(P[F[nFacet].Index[0]], ViewPoint);   //面的视向量
            ViewVector = ViewVector.Normalize();                      //视向量单位化
55          CVector3 Vector01(P[F[nFacet].Index[0]], P[F[nFacet].Index[1]]); //边向量
            CVector3 Vector02(P[F[nFacet].Index[0]], P[F[nFacet].Index[2]]);
```

```
            CVector3 FacetNormal = CrossProduct(Vector01, Vector02); //面法向量
            FacetNormal = FacetNormal.Normalize();
            if(DotProduct(ViewVector, FacetNormal) >= 0)     //背面剔除算法
60          {
                for (int nPoint = 0; nPoint < 4; nPoint++)
                {
                    ScreenPoint[nPoint] = projection.PerspectiveProjection2
                                              (P[F[nFacet].Index[nPoint]]);
                }
65              pFill->SetPoint(ScreenPoint[0],ScreenPoint[2],ScreenPoint[3]);//上三角形
                pFill->GouraudShader(pDC);
                pFill->SetPoint(ScreenPoint[0],ScreenPoint[1],ScreenPoint[2]);//下三角形
                pFill->GouraudShader(pDC);
            }
70      }
        delete pFill;                       //释放内存
    }
```

程序说明：第 25～35 行语句定义单位立方体的顶点坐标与颜色。第 47 行语句定义包含 4 个元素的屏幕坐标系的二维点。第 61～64 行语句使用透视投影计算立方体顶点的二维投影。透视投影函数在变换 x 和 y 坐标的同时，也将世界坐标系中三维点的颜色传递给屏幕坐标系的二维点。第 65～68 行语句调用 CTriangle 类的光滑着色函数 GouraudShader 对每个四边形表面的上三角形与下三角形进行填充。

4．实验小结

本实验展示的立方体实质上是 RGB 颜色模型，参见第 7 章。立方体是凸物体，可以使用背面剔除算法来达到消隐效果。本实验使用的是二维透视投影，仅需要将世界坐标系中的顶点颜色传递到屏幕坐标系中。本实验并没有使用光照，但 GouraudShader（双线性颜色插值算法）使得 RGB 立方体的生成效果晶莹剔透。

6.7　面消隐算法

真实感图形通常是用表面模型来表示的，这意味着需要根据多边形顶点的颜色，计算多边形内部每个点的颜色。面消隐算法是指从视点的角度观察物体表面，离视点近的表面遮挡了离视点远的表面，屏幕上绘制的结果为所有可见表面投影的集合。最常用的面消隐算法有两种，它们均考察了物体表面的伪深度：一种算法与表面的绘制顺序无关，仅使用缓冲器记录表面投影所覆盖范围内的全部像素的深度值和颜色值，依次访问表面所覆盖的每个像素，用深度值小的像素颜色取代深度值大的像素颜色；该算法称为 ZBuffer 算法[12]。另一种算法根据表面离视点的远近进行排序，先绘制离视点远的表面，后绘制离视点近的表面，其中后绘制的表面覆盖先绘制的表面；该算法称为深度排序算法[13]。

6.7.1　三维屏幕坐标系

理论 10 中给出了二维透视投影函数。如果简单地使用此函数来生成物体的透视图，那么可能会产生问题：如图 6.15 所示，在沿 z_v 方向的一条视线上，若同时有多个点 Q 和 R，它们在屏幕上的投影均为 P，即 Q、R 点在屏幕上具有相同的坐标 (x_s, y_s)，但 Q、R 点与视点 O_v 的距离不同，Q 点对 R 点形成遮挡。仅使用二维平面坐标 (x_s, y_s) 无法区分这两个点哪个在前、哪个在后，也就无法确定它们沿视线方向的遮挡关系。用二维屏幕坐标系中的平面坐标 (x_s, y_s) 绘制 Q 和 R 点的透

视图时，缺少透视投影的深度信息。为此，需要建立三维屏幕坐标系，计算 Q 点和 R 点在三维屏幕坐标系中的 z_s 坐标（z_s 也被称为伪深度），根据深度值来判断 Q 点是否遮挡 R 点。

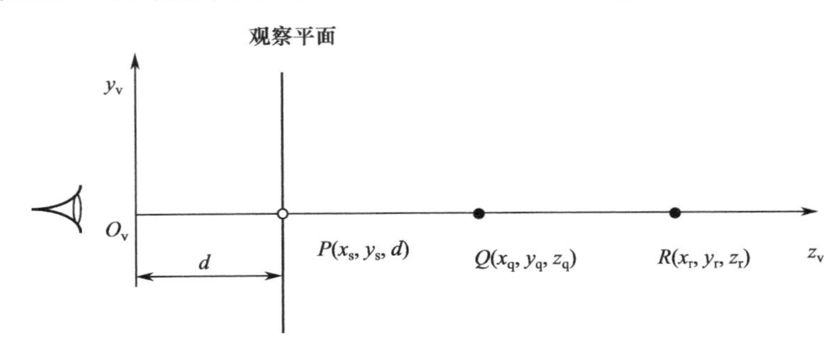

图 6.15　透视投影中的深度信息

6.7.2　计算伪深度

1970 年，Bouknight 给出了三维屏幕坐标计算公式[2]：

$$\begin{cases} x_s = d \cdot \dfrac{x_v}{z_v} \\ y_s = d \cdot \dfrac{y_v}{z_v} \\ z_s = (z_v - d)\dfrac{d}{z_v} \end{cases} \tag{6.1}$$

式中，z_s 为伪深度。z_s 之所以被称为伪深度，是因为不能保证 z_s 坐标不变，只能保持相对深度关系不变。

6.8　ZBuffer 算法【理论 13】

1．深度缓冲器

建立图 6.16 所示的三维屏幕坐标系，原点 O_s 位于屏幕中心，z_s 轴指向屏幕内部，$x_sy_sz_s$ 形成左手坐标系。设视点位于 z_s 轴负向，视线方向沿 z_s 轴正向，指向 $x_sO_sy_s$ 坐标面。

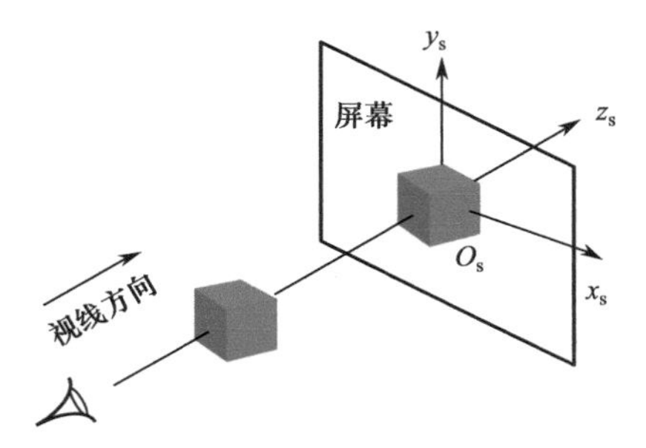

图 6.16　三维屏幕坐标系

ZBuffer 算法需要建立深度缓冲器，初始化为最大深度值。同时初始化帧缓冲器的颜色为背景色。ZBuffer 算法需计算准备写入帧缓冲器的当前像素的深度值，并与已经存储在深度缓冲器中的原可见像素的深度值进行比较。如果当前像素的深度值小于原可见像素的深度值，表明当前像素更靠近观察者且遮挡了原像素，那么将当前像素的颜色值写入帧缓冲器，同时用当前像素的深度值更新深度缓冲器，否则不做更改。本算法的实质是对一给定视线上的(x, y)，查找距离视点最近的 $z(x, y)$值。

2．算法描述

（1）设置帧缓冲器颜色为背景色。

（2）确定深度缓冲器（zBuffer）的宽度、高度和初始深度。一般将初始深度置为最大深度值。

（3）对于多边形表面中的每个像素 (x, y)，计算其深度值 $z(x, y)$ 。

（4）将 z 与存储在深度缓冲器中 (x,y) 处的深度值 $\mathrm{zBuffer}(x,y)$ 进行比较。

（5）若 $z(x,y) \le \mathrm{zBuffer}(x,y)$，则将此像素的颜色写入帧缓冲器，且用 $z(x,y)$ 重置 $\mathrm{zBuffer}(x,y)$。

3．计算采样点深度

使用 ZBuffer 算法对多边形表面进行着色时，需要先计算表面内每个像素点的伪深度。三角形 $P_0P_1P_2$ 用平面方程表示为

$$Ax + By + Cz + D = 0 \tag{6.2}$$

式中，系数 A, B, C 是该平面法向量 $\boldsymbol{N}$ 的坐标，即 $\boldsymbol{N} = \{A,B,C\}$。

根据表面顶点坐标可以计算出两个边向量：

$$\overline{P_0P_1} = (x_1 - x_0, y_1 - y_0, z_1 - z_0)$$

$$\overline{P_0P_2} = (x_2 - x_0, y_2 - y_0, z_2 - z_0)$$

法向量 $\boldsymbol{N}$ 为两个边向量的叉积。得到系数 A, B, C 如下：

$$\begin{cases} A = (y_1 - y_0)(z_2 - z_0) - (z_1 - z_0)(y_2 - y_0) \\ B = (z_1 - z_0)(x_2 - x_0) - (x_1 - x_0)(z_2 - z_0) \\ C = (x_1 - x_0)(y_2 - y_0) - (y_1 - y_0)(x_2 - x_0) \end{cases} \tag{6.3}$$

将 A, B, C 和点 $P_0(x_0, y_0, z_0)$代入式（6.2），得

$$D = -Ax_0 - By_0 - Cz_0 \tag{6.4}$$

这样，就从式（6.2）计算出当前像素点 (x,y) 处的深度值为

$$z(x,y) = -\frac{Ax + By + D}{C},\ C \ne 0 \tag{6.5}$$

式中，$C = 0$ 时，说明多边形表面的法向量与 z 轴垂直，在 xOy 平面内的投影为一条直线，因此在算法中可以不予考虑。

如果扫描线 y_i 与多边形表面的投影相交，那么左边界像素 (x_i, y_i) 的深度值为 $z(x_i, y_i)$，其邻点 (x_{i+1}, y_i) 处的深度值为 $z(x_{i+1}, y_i)$，有

$$z(x_{i+1}) = z(x_i) - A/C \tag{6.6}$$

式中，$-A/C$ 为常量，称为深度步长。

由式（6.6）可以计算出扫描线 y_i 上所有后续像素点的深度值。在同一条扫描线上 y 为常数，深度增量可由一步加法完成，可用增量法计算沿扫描线上每个像素处的多边形深度。对于下一条扫描线 $y = y_{i+1}$，其最左边像素点的 x 值为

$$x(y_{i+1}) = x(y_i) + m \tag{6.7}$$

式中，m 为边的斜率 k 的倒数，即 $m = 1/k$。

ZBuffer 算法的最大优点在于算法简单，与场景复杂度无关，可以轻易地处理可见面问题及复杂曲面之间的交线。ZBuffer 算法的缺点是需要占用大量的存储单元，若用 1024×768 的缓冲器，用 32 位的颜色表示和 32 位的深度值，则需要 6MB 的存储空间。场景中通常是先检测物体表面全部投影所覆盖的最大范围，然后确定深度缓冲器的宽度和高度，这可以有效减少深度缓冲器的大小。深度缓冲器常用二维数组实现，数组的每个元素对应于一个屏幕像素。

6.9　实验 13：光滑着色交叉条动态消隐

1．实验描述

设计 CBar 类绘制长方体。交叉条由 4 个长方体彼此交叉构成，如图 6.17 所示。左边长方体的上部分 4 个顶点的颜色为黄色，下部分 4 个顶点的颜色为蓝色；右边长方体顶点颜色的设置与左条正好相反；上边长方体左部分 4 个顶点的颜色设置为绿色，右部分 4 个

顶点的颜色设置为红色；下边长方体顶点颜色的设置与上条正好相反。使用 CZBuffer 类填充各个长方体，制作交叉条透视投影的三维旋转动画。

2. 实验设计

交叉条由左、右长方体和上、下长方体相交构成。设长方体的长度为 a，高度为 b，宽度为 c，如图 6.18 所示。上下和左右长方体距离原点的位置为 d，如图 6.19 所示。为了避免在同一平面上出现交叉条等高，对于左右长方体设置收缩宽度为 e，对于左右长方体规定 $e<c$，如图 6.20 所示。

3. 实验编码

（1）设计深度缓冲器类

CZBuffer 类实质上是在三角形填充类 CTriangle 的基础上扩展的。使用平面方程计算三角形内部各点的伪深度来判其可见性。深度缓冲器 zBuffer 使用二维数组定义。这里只给出 GouraudShader 函数和 InitialDepthBuffer 函数的说明。

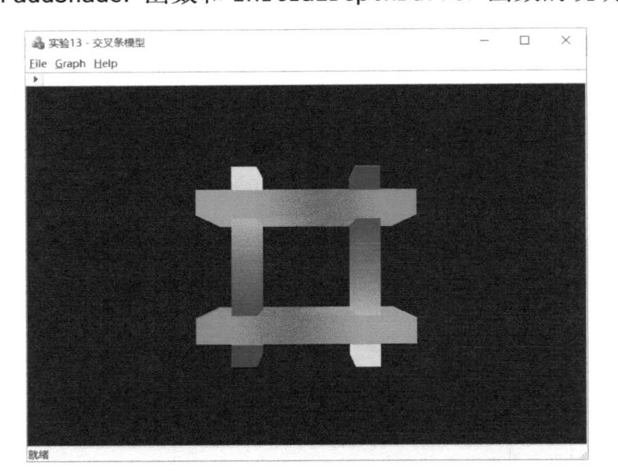

图 6.17 实验 13 效果图

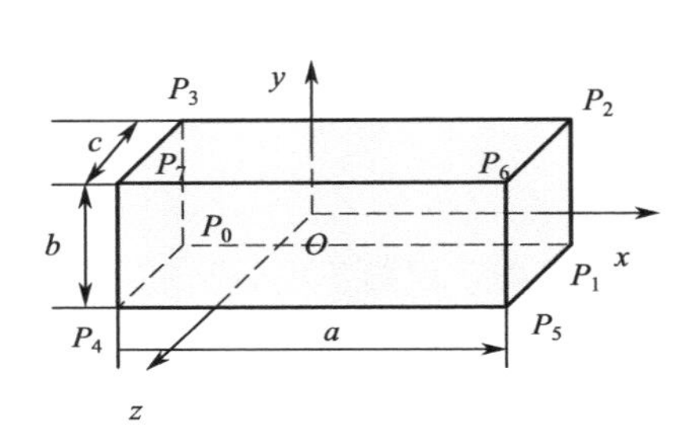

图 6.18 长方体尺寸

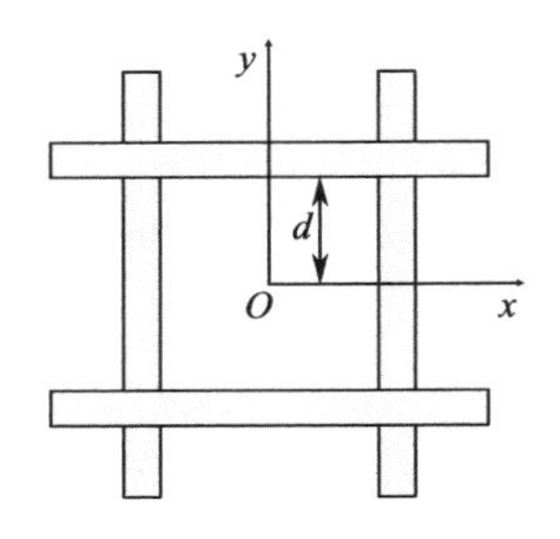

图 6.19 主视图

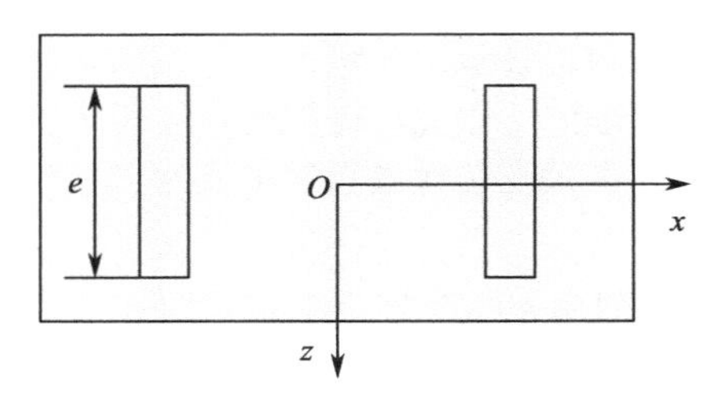

图 6.20 俯视图

```
    #include "Point3.h"
    #include "P3.h"
    #include "Vector3.h"
1   class CZBuffer
    {
    public:
        CZBuffer(void);
5       virtual ~CZBuffer(void);
        void SetPoint(CP3 P0, CP3 P1, CP3 P2);     //设置三角形顶点
        void InitialDepthBuffer(int nWidth,int nHeight,double zDepth); //初始化深度缓冲器
        void GouraudShader(CDC* pDC);              //光滑着色
```

```
    private:
10      void EdgeFlag(CPoint2 PStart, CPoint2 PEnd, BOOL bFeature);   //打边标记
        CRGB LinearInterp(double t,double tStart,double tEnd,CRGB iStart,CRGB cEnd);
        void SortVertex(void);                          //顶点排序
    private:
        CP3 P0, P1, P2;                          //三角形的浮点数顶点
15      CPoint3 point0, point1, point2;          //三角形的整数顶点坐标
        CPoint2* SpanLeft;                       //跨度的起点数组标志
        CPoint2* SpanRight;                      //跨度的终点数组标志
        int nIndex;                              //记录扫描线条数
        double** zBuffer;                        //深度缓冲区
20      int nWidth, nHeight;                     //缓冲区宽度和高度
    };
    void CZBuffer::GouraudShader(CDC* pDC)
    {
        SortVertex();                           //三角形顶点排序
25      int nTotalLine = point1.y - point0.y + 1; //定义三角形覆盖的扫描线条数
        SpanLeft = new CPoint2[nTotalLine];        //定义跨度的起点与终点数组
        SpanRight = new CPoint2[nTotalLine];
        int nDeltz = (point1.x - point0.x) * (point2.y - point1.y) -
         (point1.y - point0.y) * (point2.x - point1.x);    //法向量的 z 分量
        if (nDeltz > 0)                      //三角形位于 P0P1 边的左侧
30      {
            nIndex = 0;
            EdgeFlag(point0, point2, TRUE);
            EdgeFlag(point2, point1, TRUE);
            nIndex = 0;
35          EdgeFlag(point0, point1, FALSE);
        }
        else                                 //三角形位于 P0P1 边的右侧
        {
            nIndex = 0;
40          EdgeFlag(point0, point1, TRUE);
            nIndex = 0;
            EdgeFlag(point0, point2, FALSE);
            EdgeFlag(point2, point1, FALSE);
        }
45      double   CurrentDepth = 0.0;                            //当前扫描线的深度
        CVector3 Vector01(P0, P1), Vector02(P0, P2);
        CVector3 fNormal = CrossProduct(Vector01, Vector02);
        double A = fNormal.x, B = fNormal.y, C = fNormal.z;       //平面方程的系数
        double D = -A * P0.x - B * P0.y - C * P0.z;
50      if(fabs(C) < 1e-4)
            C = 1.0;
        double DepthStep = -A/C;                                  //深度步长
        for(int y = point0.y ; y < point1.y; y++)                 //下闭上开
        {
54          int n = y - point0.y;
            for(int x = SpanLeft[n].x; x < SpanRight[n].x; x++) //左闭右开
            {
            CurrentDepth = -(A * x + B * y + D) / C;//z=-(Ax+By+D)/C
            CRGB clr = LinearInterp(x, SpanLeft[n].x, SpanRight[n].x,
```

```
                        SpanLeft[n].c, SpanRight[n].c);
            if(CurrentDepth <= zBuffer[x + nWidth/2][y + nHeight/2])
60          {                   //ZBuffer 算法

                    zBuffer[x + nWidth/2][y + nHeight/2] = CurrentDepth;
                    pDC->SetPixelV(x, y, COLOR(clr));
                }
                CurrentDepth += DepthStep;
65          }
        }
        if(SpanLeft)
        {
            delete[]SpanLeft;
70          SpanLeft = NULL;
        }
        if(SpanRight)
        {
            delete[]SpanRight;
75          SpanRight = NULL;
        }
    }
    void CZBuffer::InitialDepthBuffer(int nWidth, int nHeight,double zDepth)
    {
80      this->nWidth  = nWidth, this->nHeight = nHeight;
        zBuffer = new double *[nWidth];             //开辟深度缓冲器
        for(int i = 0;i < nWidth;i++)
            zBuffer[i] = new double[nHeight];
        for(int i = 0;i < nWidth;i++)                //初始化深度缓冲器
85          for(int j=0;j < nHeight;j++)
                zBuffer[i][j] = zDepth;
    }
90      this->nWidth  = nWidth, this->nHeight = nHeight;
        zBuffer = new double *[nWidth];              //开辟深度缓冲器
        for(int i = 0;i < nWidth;i++)
            zBuffer[i] = new double[nHeight];
        for(int i = 0;i < nWidth;i++)                 //初始化深度缓冲器值
95          for(int j=0;j < nHeight;j++)
                zBuffer[i][j] = zDepth;
    }
```

程序说明：第 7 行语句初始化深度缓冲器。第 14～15 行语句声明三角形的浮点数顶点坐标与整数顶点坐标，其中 CPoint3 类继承于 CPoint2 类，只是将 z 坐标设置为浮点型的值。CPoint3 定义如下：

```
class CPoint3 : public CPoint2
{
public:
    CPoint3(void);
    CPoint3(int x, int y, double z);
    virtual ~CPoint3(void);
public:
    double z;
};
```

第 46 行语句定义三角形的两个边向量 Vector01 和 Vector02。第 47 行语句使用两个边向量的叉积计算三角形的面法向量 fNormal。第 48 行语句计算三角形平面方程 $Ax+By+Cz+D=0$ 的系数。第 49 行语句代入三角形的顶点 P0，计算平面方程的系数 D。第 59～63 行语句将当前像素 (x,y) 的深度值与 zBuffer 中存储的该像素的原深度值进行比较，决定是否绘制该像素。第 64 行语句计算当前扫描线上的下一个像素 $(x+1,y)$ 处的深度值。第 78～87 行语句初始化深度缓冲器的宽度、高度和深度值。第 81～83 行语句动态创建二维数组。第 84～86 行语句为深度缓冲器赋初值。

（2）三维透视变换

深度缓冲器消隐算法需要使用三维屏幕坐标，所以定义了三维透视变换 PerspectiveProjection3。三维透视变换的伪深度使用 Bouknight 公式计算。

```
1    CP3 CProjection::PerspectiveProjection3(CP3 WorldPoint)
     {
         CP3 ViewPoint;                                  //观察坐标系三维点
         ViewPoint.x = WorldPoint.x;
5        ViewPoint.y = WorldPoint.y;
         ViewPoint.z = EyePoint.z - WorldPoint.z;
         ViewPoint.c = WorldPoint.c;
         CP3 ScreenPoint;                                //屏幕坐标系三维点
         ScreenPoint.x = d * ViewPoint.x / ViewPoint.z;
10       ScreenPoint.y = d * ViewPoint.y / ViewPoint.z;
         ScreenPoint.z = (ViewPoint.z - d) * d / ViewPoint.z;      //Bouknight 公式
         ScreenPoint.c = ViewPoint.c;
         return ScreenPoint;
     }
```

程序说明：第 3～7 行语句计算观察坐标系三维点。第 8～12 行语句计算屏幕坐标系三维点。第 11 行语句计算透视伪深度 z_s。计算投影后物体的三维顶点坐标，通常该顶点包含了颜色信息，以便于进行表面的光滑着色。第 7 行和第 12 行语句将点的颜色由世界坐标系传递到屏幕坐标系，这是通过在二维点类 CP2 内绑定 CRGB 类的颜色数据成员 c 实现的。

（3）设计长方条的类 CBar

CBar 类定义长方条的长度、高度和厚度。长方条的左右两侧颜色不同，为颜色渐变表面。

```
1    class CBar
     {
     public:
         CBar(void);
5        virtual ~CBar(void);
         void SetParameter(int nLength, int nHeight, int nWidth, CRGB clrLeft, CRGB clrRight);
         void ReadPoint(void);                          //读入点表
         void ReadFacet(void);                          //读入面表
         void Draw(CDC* pDC, CZBuffer* pZBuffer);       //绘制图形
10   public:
         CP3 P[8];                                      //顶点数组
     private:
         int a, b, c;                                   //长度、高度、宽度
         CRGB clrLeft;                                  //左半部分颜色
15       CRGB clrRight;                                 //右半部分颜色
         CFacet F[6];                                   //表面数组
         CProjection projection;                        //投影
```

```
    };
    CBar::CBar(void)
20  {
    }
    CBar::~CBar(void)
    {
    }
25  void CBar::SetParameter(int nLength, int nHeight, int nWidth, CRGB clrLeft, CRGB clrRight)
    {
        a = nLength;                        //长度
        b = nHeight;                        //高度
        c = nWidth;                         //宽度
30      this->clrLeft = clrLeft;            //左半部分颜色
        this->clrRight = clrRight;          //右半部分颜色
    }
    void CBar::ReadPoint(void)
    {
35      P[0].x = -a/2, P[0].y = -b/2, P[0].z = -c/2, P[0].c = clrLeft;
        P[1].x = +a/2, P[1].y = -b/2, P[1].z = -c/2, P[1].c = clrRight;
        P[2].x = +a/2, P[2].y = +b/2, P[2].z = -c/2, P[2].c = clrRight;
        P[3].x = -a/2, P[3].y = +b/2, P[3].z = -c/2, P[3].c = clrLeft;
        P[4].x = -a/2, P[4].y = -b/2, P[4].z = +c/2, P[4].c = clrLeft;
40      P[5].x = +a/2, P[5].y = -b/2, P[5].z = +c/2, P[5].c = clrRight;
        P[6].x = +a/2, P[6].y = +b/2, P[6].z = +c/2, P[6].c = clrRight;
        P[7].x = -a/2, P[7].y = +b/2, P[7].z = +c/2, P[7].c = clrLeft;
    }
    void CBar::ReadFacet(void)
45  {
        F[0].Number = 4;F[0].Index[0] = 4;F[0].Index[1] = 5;F[0].Index[2] = 6;F[0].Index[3] = 7;//前面
        F[1].Number = 4;F[1].Index[0] = 0;F[1].Index[1] = 3;F[1].Index[2] = 2;F[1].Index[3] = 1;//后面
        F[2].Number = 4;F[2].Index[0] = 0;F[2].Index[1] = 4;F[2].Index[2] = 7;F[2].Index[3] = 3;//左面
        F[3].Number = 4;F[3].Index[0] = 1;F[3].Index[1] = 2;F[3].Index[2] = 6;F[3].Index[3] = 5;//右面
50      F[4].Number = 4;F[4].Index[0] = 2;F[4].Index[1] = 3;F[4].Index[2] = 7;F[4].Index[3] = 6;//顶面
        F[5].Number = 4;F[5].Index[0] = 0;F[5].Index[1] = 1;F[5].Index[2] = 5;F[5].Index[3] = 4;//底面
    }
    void CBar::Draw(CDC* pDC, CZBuffer* pZBuffer)
55  {
        CP3 ScreenPoint[4];                                         //定义屏幕三维坐标点
        for(int nFacet = 0; nFacet < 6; nFacet++)
        {
            for(int nPoint = 0; nPoint < F[nFacet].Number; nPoint++)  //顶点循环
                ScreenPoint[nPoint] = projection.PerspectiveProjection3
                                    (P[F[nFacet].Index[nPoint]]);      //三维透视投影
60          pZBuffer->SetPoint(ScreenPoint[0], ScreenPoint[2], ScreenPoint[3]);//上三角形
            pZBuffer->GouraudShader(pDC);
            pZBuffer->SetPoint(ScreenPoint[0], ScreenPoint[1], ScreenPoint[2]);//下三角形
            pZBuffer->GouraudShader(pDC);
        }
65  }
```

程序说明：第 54～65 行语句绘制长方条。第 56 行语句定义屏幕坐标系三维点。第 58～59 行

语句进行三维透视变换，使用的函数是 PerspectiveProjection3，返回值是三维点，其中 z 坐标是伪深度。第 60～63 行语句使用光滑着色算法绘制长方条，分解为左上三角形与右下三角形。

（4）初始化长方条对象

将 4 个长方条对象平移到上下左右位置，彼此交叉形成凹物体。

```
1     CTestView::CTestView() noexcept
      {
          // TODO: 在此处添加构造代码
          bPlay = FALSE;
5         NumofObject = 4;
          int a = 500, b = 60, c = 300;
          int e = 160;                                    //收缩宽度
          int d = 120;                                    //交叉头
          CRGB red(1.0, 0.0, 0.0);                        //红色
          CRGB green(0.0, 1.0, 0.0);                      //绿色
10        CRGB blue(0.0, 0.0, 1.0);                       //蓝色
          CRGB yellow(1.0, 1.0, 0.0);                     //黄色
          bar[0].SetParameter(a, b, c, green, red);       //上长方条左绿右红
          bar[1].SetParameter(a, b, c, red, green);       //下长方条左红右绿
          bar[2].SetParameter(a, b, e, blue, yellow);     //左长方条上黄下蓝
15        bar[3].SetParameter(a, b, e, yellow, blue);     //右长方条上蓝下黄
          for (int i = 0; i < NumofObject; i++)
          {
              bar[i].ReadPoint();
              bar[i].ReadFacet();
20            transform[i].SetMatrix(bar[i].P, 8);
          }
          transform[0].Translate(0, d + b / 2, 0);        //平移到上面长方条位置
          transform[1].Translate(0, -d - b / 2, 0);       //平移到下面长方条位置
          transform[2].RotateZ(90);                       //长方条旋转 90°
25        transform[2].Translate(-d - b / 2, 0, 0);       //平移到左长方条位置
          transform[3].RotateZ(90);                       //长方条旋转 90°
          transform[3].Translate(d + b / 2, 0, 0);        //平移到右长方条位置
      }
```

程序说明：在 TestView.h 头文件中定义 CBar 数组 bar[4]，代表 4 个长方条。在 TestView.cpp 构造函数内上、下长方体通过平移变换到达设置位置。左、右长方体先绕 z 轴旋转 90°，然后进行平移。

（5）基于 ZBuffer 环境绘图

设置深度缓冲器的宽度值为 1000，高度值为 1000，最大深度值为 1000。

```
1     void CTestView::DrawObject(CDC* pDC)
      {
          CZBuffer* pZBuffer = new CZBuffer;                      //申请内存
          pZBuffer->InitialDepthBuffer(1000, 1000, 1000);         //初始化深度缓冲器
5         for (int i = 0; i < NumofObject; i++)
              bar[i].Draw(pDC, pZBuffer);
          delete pZBuffer;                                        //释放内存
      }
```

程序说明：在同一深度缓冲器内，分别绘制 4 个长方条，通过逐像素比较，判断彼此的遮挡情况。

4．实验小结

本实验在三维透视投影中计算了小面内的每个像素点的伪深度。深度缓冲器通过比较伪深度确定了像素的可见性。本实验通过限定深度缓冲器的宽度和高度来提高算法执行速度。交叉条是凹物体，仅使用背面剔除算法是不能给出正确的面消隐效果的。

6.10　画家算法【理论 14】

画家在创作一幅油画时，总是先绘制远方景物，再绘制中间景物，最后绘制近处景物。不同的颜料依次覆盖，形成层次分明的艺术作品，如图 6.21 所示。

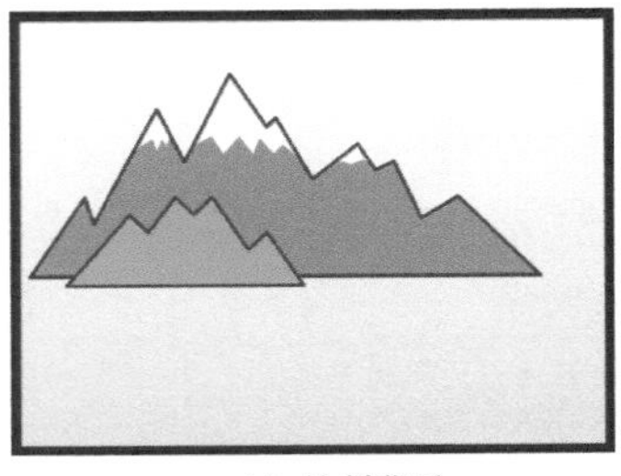
(a) 绘制背景

(b) 绘制中景

(c) 绘制近景

图 6.21　画家绘图步骤

画家算法的标准名称是深度排序算法，该算法同时属于物体空间和图像空间。在物体空间中将按照表面距离视点的远近构造一个深度优先级表，若该表是完全确定的，则任意两个表面在深度上不重叠。算法执行时，在图像空间中从离视点最远的表面开始，依次将各个表面写入帧缓冲器。表中离视点较近的表面覆盖帧缓冲器中原有的内容，于是隐藏面得以消除。

6.10.1　表面排序

假定视点位于三维屏幕坐标系 z 轴负向的某个位置（对于正交投影，假定视点位于 z 轴负向的无穷远处），则离视点近的表面具有较小的 z 坐标值，离视点远的表面具有较大的 z 坐标值，参见图 6.16。考查三角形小面时，三个顶点具有不同的 z 坐标值，我们取所有顶点中的最大 z 坐标值（或最小 z 坐标值）代表该小面的深度值。

若物体各个小面的细分比较均匀，则一般可以建立一个确定的深度优先级表。例如，对于图 6.22(a)所示的 P、Q、R 三角形（二维投影图），取顶点的最大 z 坐标值（z_{max}）作为面深度排序，能够建立一个确定的优先级表，而对于图 6.22(b)所示的多边形，则无法排序建立一个确定的优先级表。这时，若按最大深度对 P、Q 三角形排序，则在深度优先级表中 P 应该排在 Q 之前。按顺序写入帧缓冲器时，Q 部分地遮挡 P，但实际上是 P 部分地遮挡 Q。为了得到正确的结果，应该在优先级表中交换 P、Q 的位置。

三角形可以使用包围盒来表示。找出三角形在 z 方向的最大值与最小值，将它们作为顶点绘制一个矩形，称为三角形的包围盒。假定三角形 P 在 z 方向的最小值为 p_{min}，最大值为 p_{max}；三角形 Q 在 z 方向的最小值为 q_{min}，最大值为 q_{max}。若 $p_{max} > q_{max}$，且 $dz = p_{min} - q_{max} > 0$，则 P 和 Q 包围盒在 z 方向分离，否则互相重叠，如图 6.23(a)和(b)所示。若 $q_{max} > p_{max}$，且 $dz = q_{min} - p_{max} > 0$，则 Q 和 P 包围盒在 z 方向分离，否则互相重叠，如图 6.23(c)和(d)所示。画家算法只有在解决了互相重叠问题之后，参与排序的表面彼此不交叉，才能建立深度优先级表。

算法描述如下。

首先把将物体的各个表面按 z 坐标排序形成深度优先级表，z 大者位于表头，z 小者位于表尾。

然后按照从表头到表尾的顺序，逐个取出三角形绘制到帧缓冲器中，后绘制的表面覆盖先绘制的表面，相当于消除了隐藏面。具体步骤如下。

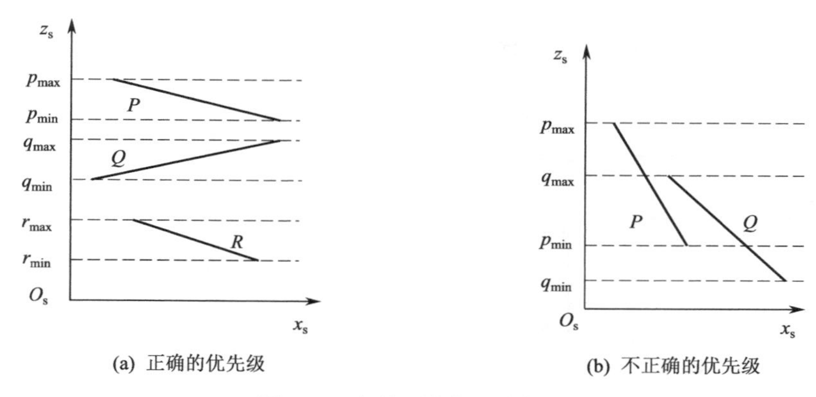

(a) 正确的优先级　　(b) 不正确的优先级

图 6.22　多边形的包围盒检测

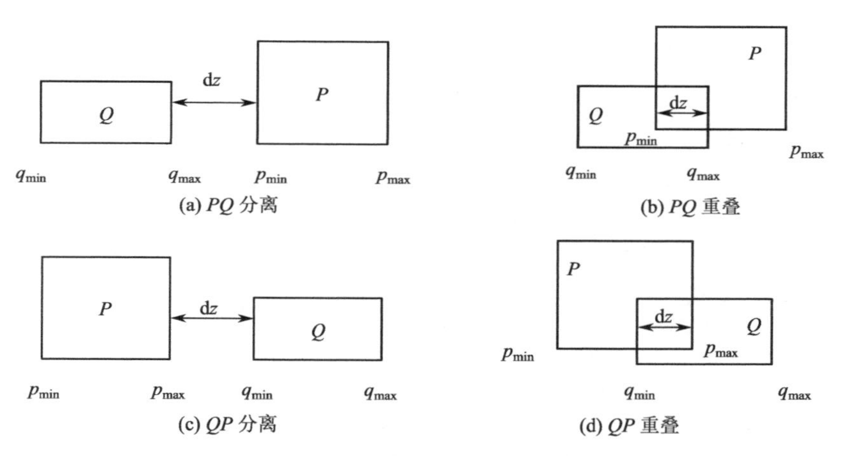

(a) PQ 分离　　(b) PQ 重叠

(c) QP 分离　　(d) QP 重叠

图 6.23　多边形的包围盒检测

（1）按 z 从大（远）到小（近）的顺序对所有三角形排序。

（2）解决 z 方向上出现的三角形深度二义性问题，必要时对三角形进行分割，使每个三角形获得一个确定的深度优先级。

（3）按 z 由大到小的顺序，依次扫描转换每一个三角形。

6.11　实验 14：使用画家算法绘制 CMY 立方体

1．实验描述

对于显示器等发光体，使用的是 RGB 颜色模型；而对于纸张等印刷体，使用的是 CMY 颜色模型。CMY 代表青色、品红色和黄色。同 RGB 立方体一样，CMY 颜色模型也可以用单位立方体表示，颜色分布如图 6.24 所示。试基于画家算法，在白色背景下制作 CMY 颜色模型旋转动画，效果如图 6.25 所示。要求绘制每个表面的黑色边界线。

2．实验设计

立方体可以简单地使用背面剔除算法完成消隐，但本实验并不是这样做的，而是将 CMY 立方体作为画家算法消隐的一个示例。立方体有 6 个表面，在旋转过程中每个表面的 4 个顶点的 z 深度值不同。可以使用 4 个顶点中的最大 z 值作为表面的深度值。在物体空间中建立一个队列，使用冒泡排序算法对表面进行排序，深度值小的表面距离视点近，排在队尾，深度值大的表面距离视点远，排在队头。算法执行时，从队头开始，依次将队列中的各个表面写入帧缓冲器。队列中各个元素依次覆盖，于是隐藏面得以消除。

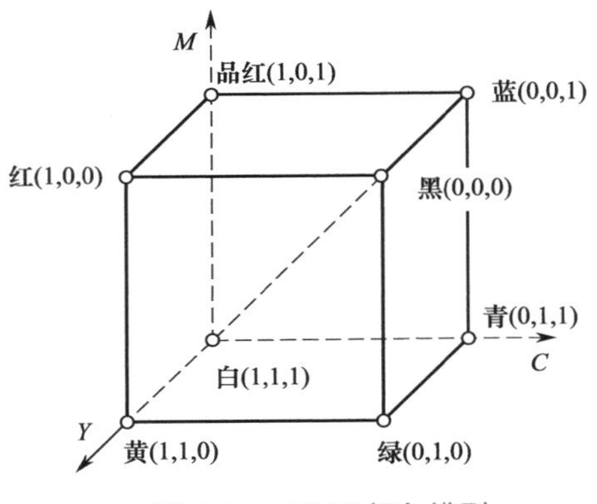

图 6.24 CMY 颜色模型

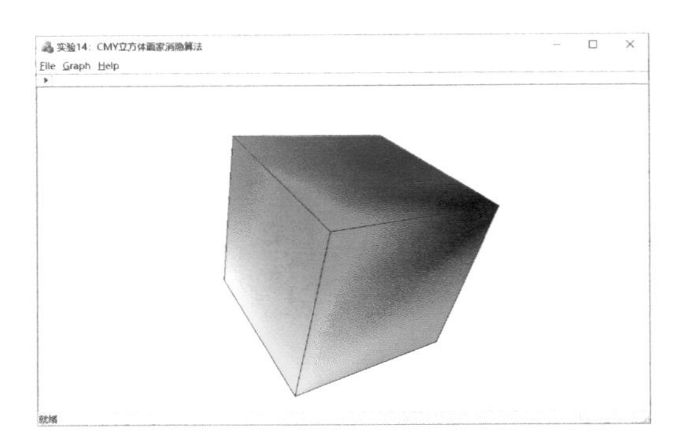

图 6.25 实验 14 效果图

3. 实验编码

（1）设计立方体类

```
    #include"Facet.h"
1   class CCube
    {
    public:
        CCube(void);
5       virtual ~CCube(void);
        void ReadPoint(void);                        //读入点表
        void ReadFacet(void);                        //读入面表
    public:
        CP3 P[8];                                    //点表数组
10      CFacet F[6];                                 //面表数组
    };
    CCube::CCube(void)
    {
    }
15  CCube::~CCube(void)
    {
    }
    void CCube::ReadPoint(void)
    {
20      P[0].x = 0, P[0].y = 0, P[0].z = 0; P[0].c = CRGB(1.0, 1.0, 1.0);
        P[1].x = 1, P[1].y = 0, P[1].z = 0; P[1].c = CRGB(0.0, 1.0, 1.0);
        P[2].x = 1, P[2].y = 1, P[2].z = 0; P[2].c = CRGB(0.0, 0.0, 1.0);
        P[3].x = 0, P[3].y = 1, P[3].z = 0; P[3].c = CRGB(1.0, 0.0, 1.0);
        P[4].x = 0, P[4].y = 0, P[4].z = 1; P[4].c = CRGB(1.0, 1.0, 0.0);
25      P[5].x = 1, P[5].y = 0, P[5].z = 1; P[5].c = CRGB(0.0, 1.0, 0.0);
        P[6].x = 1, P[6].y = 1, P[6].z = 1; P[6].c = CRGB(0.0, 0.0, 0.0);
        P[7].x = 0, P[7].y = 1, P[7].z = 1; P[7].c = CRGB(1.0, 0.0, 0.0);
    }
    void CCube::ReadFacet(void)
```

```
30  {
        F[0].Number = 4; F[0].Index[0] = 4; F[0].Index[1] = 5; F[0].Index[2] = 6; F[0].Index[3] = 7;
        F[1].Number = 4; F[1].Index[0] = 0; F[1].Index[1] = 3; F[1].Index[2] = 2; F[1].Index[3] = 1;
        F[2].Number = 4; F[2].Index[0] = 0; F[2].Index[1] = 4; F[2].Index[2] = 7; F[2].Index[3] = 3;
        F[3].Number = 4; F[3].Index[0] = 1; F[3].Index[1] = 2; F[3].Index[2] = 6; F[3].Index[3] = 5;
35      F[4].Number = 4; F[4].Index[0] = 2; F[4].Index[1] = 3; F[4].Index[2] = 7; F[4].Index[3] = 6;
        F[5].Number = 4; F[5].Index[0] = 0; F[5].Index[1] = 1; F[5].Index[2] = 5; F[5].Index[3] = 4;
    }
```

程序说明：第 9～10 行语句定义为公有数据成员是为了在三维场景中对顶点与表面进行大排序。第 18～28 行语句中为每个顶点定义了 CMY 模型立方体的颜色。另外，CCube 类中并未定义绘制函数，立方体的绘制放到了三维场景中对表面排序之后进行。

（2）计算表面的深度值

在 CTestView 类内，定义 MaxDepth 函数来计算表面的最大深度值。

```
double CTestView::GetMaxDepth(double* D, int n)
{
    double MaxDepth = D[0];
    for(int i = 1; i < n; i++)
        if(MaxDepth < D[i])
            MaxDepth = D[i];
    return MaxDepth;
}
```

程序说明：每个立方体表面投影为 4 个三维顶点。首先假定最大深度值为 zDepth[0]，然后与 zDepth[1]、zDepth[2]、zDepth[3]进行比较，得到最大深度值 MaxDepth。

（3）冒泡排序算法

按照表面的最大深度值对所有表面进行排序，排序算法为冒泡算法。

```
1   void CTestView::BubbleSort(void)
    {
        for(int i = 0; i < 5; i++)
        {
5           for(int j = 0; j < 5 - i; j++)
            {
                if(GFacet[j].fMaxDepth < GFacet[j + 1].fMaxDepth)
                {
                    CFacet Temp;
10                  Temp = GFacet[j];
                    GFacet[j] = GFacet[j + 1];
                    GFacet[j + 1] = Temp;
                }
            }
15      }
    }
```

程序说明：第 7 行语句给出判断条件，比较表面的深度参数 fMaxDepth。fMaxDepth 是表面类的公有数据成员。第 9～12 行语句交换表面内的元素。

（4）绘制图形

定义 GPoint 为参与排序的总顶点数组，定义 GFacet 为参与排序的总表面数组。对 GFacet 表面按照最大深度进行由大到小的排序后，从队头到队尾依次绘制每个表面。

```
1   void CTestView::DrawObject(CDC* pDC)
```

```
    {
        for(int j = 0; j < 8; j++)                              //总顶点表赋值
            GPoint[j] = cube.P[j];
5       for(int j = 0; j < 6; j++)                              //总表面表赋值
        {
            GFacet[j].Number = cube.F[j].Number;
            for (int k = 0; k < GFacet[j].Number; k++)
                GFacet[j].Index[k] = cube.F[j].Index[k];
10      }
        double zDepth[4];                                      //表面的 4 个顶点深度
        for(int i = 0; i < 6; i++)
        {
            for(int nPoint = 0; nPoint < GFacet[i].Number; nPoint++)        //顶点循环
15           zDepth[nPoint] = projection.PerspectiveProjection(GPoint[GFacet[i].Index[nPoint]]).z;
            GFacet[i].fMaxDepth = GetMaxDepth(zDepth, GFacet[i].Number);
                                                                  //计算表面的最大深度值
        }
        BubbleSort();                                 //面表排序
        CP3 ScreenPoint[4], temp;
20      for (int i = 0; i < 6; i++)
        {
            for (int nPoint = 0; nPoint < GFacet[i].Number; nPoint++)      //顶点循环
            {
                ScreenPoint[nPoint] = projection.PerspectiveProjection(
                                        GPoint[GFacet[i].Index[nPoint]]);
25              ScreenPoint[nPoint].c = GPoint[GFacet[i].Index[nPoint]].c;
            }
            CTriangle* pFill = new CTriangle;          //申请内存
            pFill->SetPoint(ScreenPoint[0], ScreenPoint[2], ScreenPoint[3]); //填充上三角形
            pFill->GouraudShader(pDC);
30          pFill->SetPoint(ScreenPoint[0], ScreenPoint[1], ScreenPoint[2]); //填充下三角形
            pFill->GouraudShader(pDC);
            delete pFill;                              //撤销内存
    pDC->MoveTo(ROUND(ScreenPoint[0].x), ROUND(ScreenPoint[0].y));
            pDC->LineTo(ROUND(ScreenPoint[1].x), ROUND(ScreenPoint[1].y));
35          pDC->LineTo(ROUND(ScreenPoint[2].x), ROUND(ScreenPoint[2].y));
            pDC->LineTo(ROUND(ScreenPoint[3].x), ROUND(ScreenPoint[3].y));
            pDC->LineTo(ROUND(ScreenPoint[0].x), ROUND(ScreenPoint[0].y));
        }
    }
```

程序说明：第 3～4 行语句将立方体顶点数组赋给总顶点数组。第 5～10 行语句将立方体表面数组的面顶点数和索引号赋给总表面数组。第 12～17 行语句计算每个表面的 4 个顶点的伪深度 z，这是通过 Bouknight 公式计算的。第 18 行语句对所有表面按照最大深度值进行排序。第 20～30 行语句访问排好序后的总表面队列，从队头向队尾依次绘制每个表面。第 23 行语句对顶点进行三维透视投影。第 25～28 行语句填充每个四边形表面，四边形被细分为上三角形与下三角形，分两次填充。第 31～35 行语句使用黑色线条绘制每个表面的边界线。

4．实验小结

本实验首先根据每个表面的最大深度值建立深度优先级队列，然后从队头向队尾依次输出每个表面，后画的表面遮挡了先画的表面，从而对立方体进行了消隐。画家算法使用完整的表面排序，因此可以选择是否为可见网格绘制边界线。

本来这个实验准备设计为圆环消隐，圆环消隐更加适用和吸引注意力，但是考虑到讲解算法的复杂度，最终选择了简单的立方体讲解画家算法，请读者完成习题 6.4 来深刻体会画家算法的魅力。

6.12　本章小结

本章讲解了面填充及面消隐算法，为下一章光照模型奠定了基础。三角形填充算法除边标志算法外，常用的算法还有有序边表（Ordered Edge List，OEL）[11]算法。有序边表算法编写代码的难度较大，感兴趣的读者可以参阅文献[9]深入学习。相对而言，边标志算法是最容易理解的一种算法。面消隐方面的算法主要有 ZBuffer 算法与画家算法，前者属于像素级面消隐算法，可以绘制交叉面；后者属于片元级面消隐算法，如果遇到交叉面，需要分割为具有独立深度值的小面后才能绘制。在工程应用中，ZBuffer 算法是三维场景绘制中最常用的消隐算法。学完本章后，`CTriangle` 类及其拓展 `CZBuffer` 类可以作为工具类使用。

习题 6

6.1　正八面体的 6 个顶点颜色设置为白色、红色、绿色、黄色、蓝色和青色。试基于背面剔除算法绘制光滑着色三维旋转动画，效果如题图 6.1 所示。

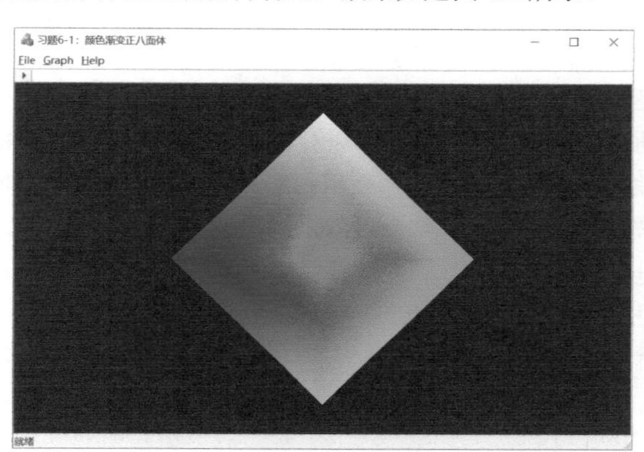

题图 6.1

6.2　红、绿、蓝三角形的深度彼此交叉，试用 ZBuffer 算法绘制三维旋转动画，效果如题图 6.2 所示。

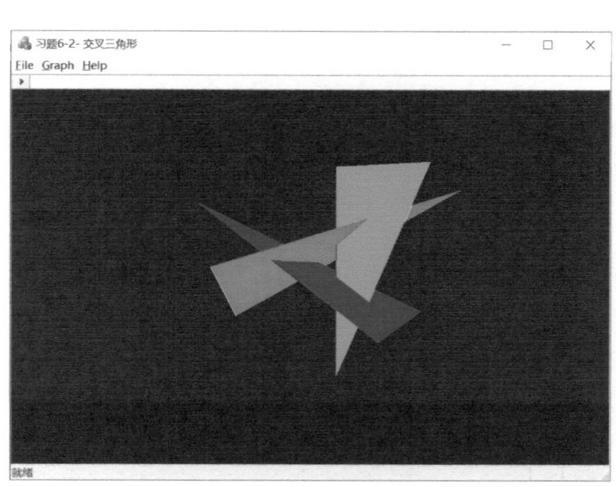

题图 6.2

6.3 大小长方体摞在一起，如题图 6.3(a)所示。为了区分两个长方体，将每个长方体的上下底面设计为深蓝色，将前后左右表面设计为白色，将屏幕背景色设计为黑色。试使用 ZBuffer 算法对这组长方体进行消隐，制作两个长方体一起绕 x 轴同步旋转的三维动画，效果如题图 6.3(b)所示。

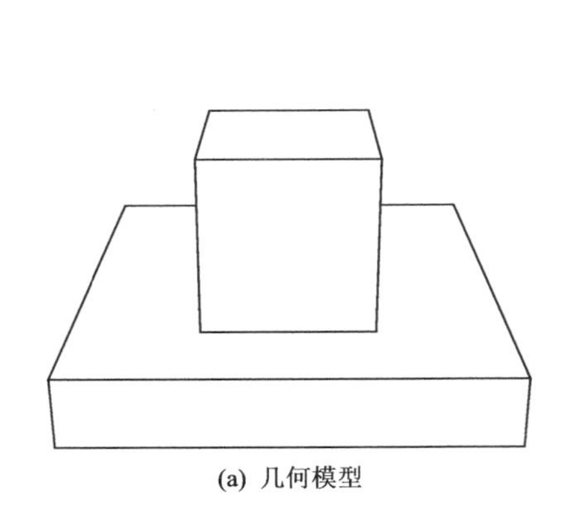

(a) 几何模型

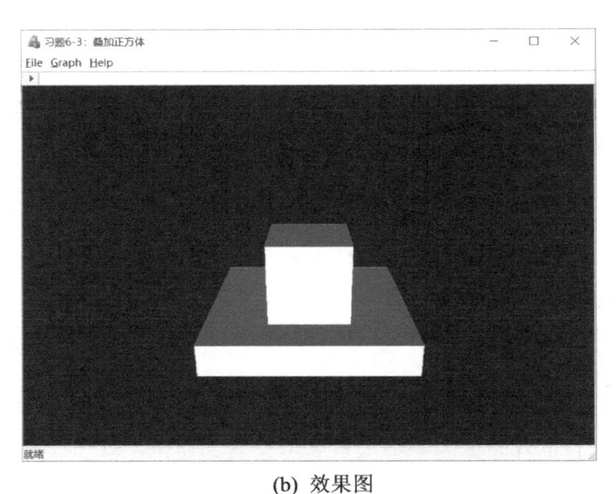

(b) 效果图

题图 6.3

6.4 对于圆环面等一些凹多面体，绘制网格模型时，使用背面剔除算法并不能完全消除隐藏线。例如，当圆环面垂直于投影面时，消隐结果存在“错误”，如题图 6.4(a)所示。将网格填充为白色并绘制网格的黑色边界线，使用画家算法消隐后效果如题图 6.4(b)所示。试制作圆环画家算法线框消隐三维动画，效果如题图 6.4(c)所示。

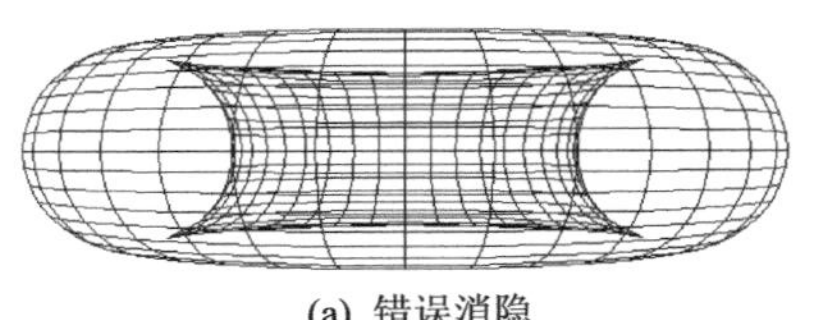

(a) 错误消隐

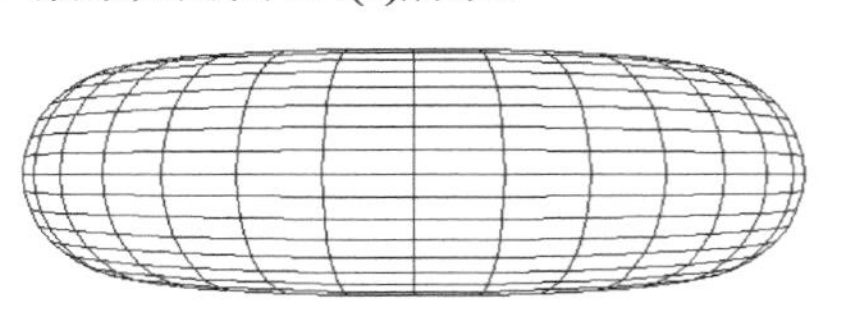

(b) 正确消隐

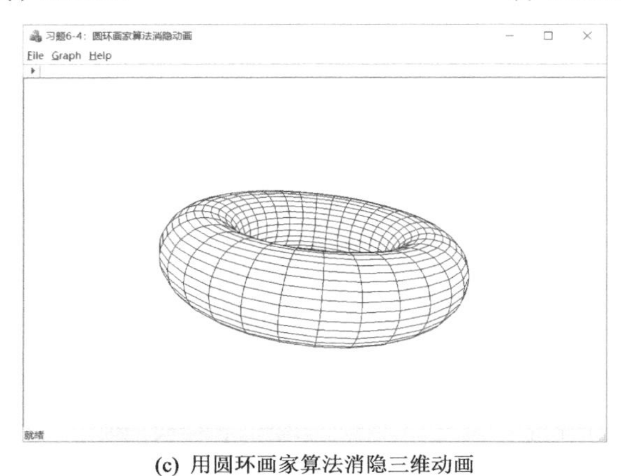

(c) 用圆环画家算法消隐三维动画

题图 6.4

第 7 章　光照模型

- 教学重点：简单光照模型、明暗处理技术。
- 教学难点：光源类 CLightSource、材质类 CMaterial、光照类 CLighting。

使用透视投影绘制的三维物体已经具有近大远小的立体效果，经过背面剔除和 ZBuffer 消隐后，初步生成了具有较强立体感的计算机合成图形（Computer Synthesized Picture）。要模拟真实物体，还需要在三维场景中为物体添加材质、施加光照、映射纹理、绘制阴影等。三维场景一般由光源、物体和观察者三个对象组成。观察者观察光源照射下的物体，所得结果在屏幕上成像。三维场景如图 7.1 所示。

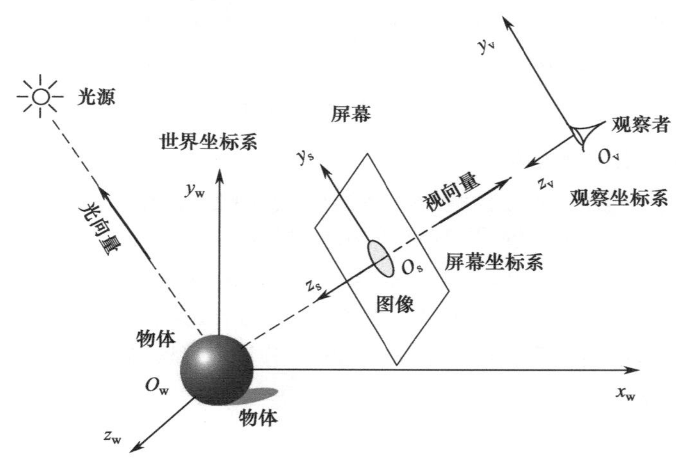

图 7.1　三维场景

7.1　颜色模型

红、绿、蓝三原色是基于人眼视觉感知的三刺激理论设计的。三刺激理论认为，人眼的视网膜中有 3 种类型的视锥细胞，分别对红、绿、蓝三种色光最敏感。人眼光谱灵敏度实验曲线证明，这些光在波长为 700nm（红色）、546nm（绿色）和 436nm（蓝色）时的刺激点达到高峰，称为 RGB 三原色。三原色有如下两个性质：三种原色以适当比例混合可以得到白色，任意两种原色的组合都得不到第三种原色；通过三原色的组合可以得到可见光谱中的任何一种颜色。

计算机图形学中常用的颜色模型有 RGB 颜色模型、HSV 颜色模型和 CMY 颜色模型等。其中，RGB 和 CMY 颜色模型是最基础的模型，其余的颜色模型在计算机上显示时需要转换为 RGB 模型，在印刷机上输出时需要转换为 CMY 模型。

7.1.1　RGB 颜色模型

RGB 颜色模型可以用一个单位立方体表示，如图 7.2 所示。若归一化 R, G, B 分量到区间[0, 1]

内，则所定义的颜色位于 RGB 立方体内部。原点(0, 0, 0)代表黑色，顶点(1, 1, 1)代表白色。坐标轴上的 3 个立方体顶点(1, 0, 0), (0, 1, 0), (0, 0, 1)分别表示 RGB 三原色红色、绿色、蓝色；余下的 3 个顶点(1, 0, 1), (1, 1, 0), (0, 1, 1)则表示三原色的补色品红、黄色、青色。立方体对角线上的颜色是互补色。在立方体的主对角线上，颜色从黑色过渡到白色，各原色的变化率相等，产生了由黑到白的灰度变化，称为灰度色。灰度色是指纯黑、纯白及两者间的一系列过渡色，灰度色中不包含任何色调。例如，(0, 0, 0)代表黑色，(1, 1, 1)代表白色，而(0.5, 0.5, 0.5)代表其中一个灰度。只有当 R, G, B 三原色的变化率不同步时，才会出现彩色。

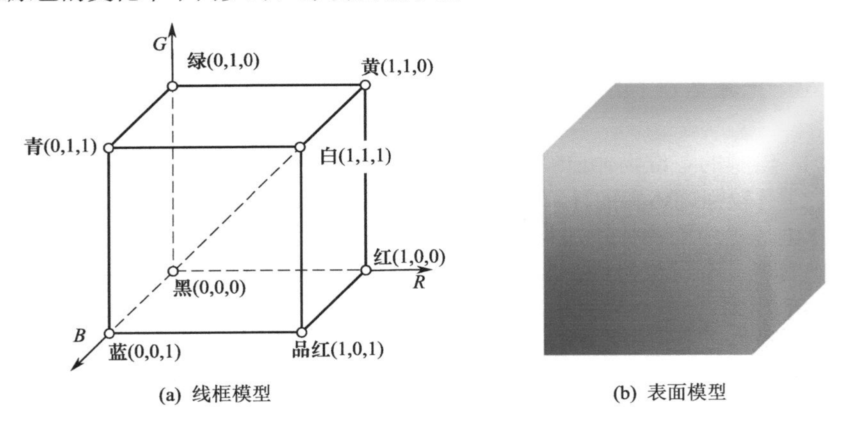

(a) 线框模型　　(b) 表面模型

图 7.2　RGB 立方体

MFC 中给出的 RGB 宏的定义为

```
#define RGB(r,g,b)  ((COLORREF)(((BYTE)(r)|((WORD)((BYTE)(g))<<8))
                    |(((DWORD)(BYTE)(b))<<16)))
```

每个原色分量用 1 字节表示，最大强度为 255，最小强度为 0，有 256 级灰度。RGB 颜色总共能组合出 2^{24} = 16777216 种颜色，通常称为千万色或 24 位真彩色。为了对颜色进行融合以产生透明效果，往往还给 RGB 颜色模型添加一个 α（alpha）分量代表透明度，形成 RGBA 模型。

```
1   class CRGBA
    {
    public:
        CRGBA (void);
5       CRGBA (double red, double green, double blue, double alpha = 0.0);
        virtual ~CRGBA (void);
        void Normalize(void);                //归一化分量到区间[0,1]
    public:
        double red;                          //红色分量
10      double green;                        //绿色分量
        double blue;                         //蓝色分量
        double alpha;                        //alpha 分量
    };
```

程序说明：默认的 alpha 分量为零，表示物体不透明。CRGBA 实质上就是前面介绍过的 CRGB 模型。在程序中，我们依然使用前面定义的 CRGB 类名，而不使用 CRGBA 类名。

7.1.2　HSV 颜色模型

HSV 颜色模型是一种基于人眼的颜色模型，它包含三个要素：色调、饱和度和明度。色调 H 是一种颜色区别于其他颜色的基本要素，如红色、橙色、黄色、绿色、青色、蓝色、紫色等。当人们谈论颜色时，实际上是指它的色调。特别地，黑色和白色无色调。饱和度 S 是指颜色的纯度。没有与任何颜色相混合的颜色，其纯度为全饱和的。要降低饱和度，可以在当前颜色中加入白色，鲜红色饱和度高，粉红色饱和度低。明度 V 是指颜色的相对明暗程度。要降低明度，可以在当前颜色中加入黑色，明度最高得到纯白，最低得到纯黑。HSV 颜色模型是从 RGB 立方体演化而来的，沿图 7.2 中 RGB 立方体的主对角线，由白色向黑色方向看去，在 $R+G+B=1$ 平面上的投影构成一个正六边形。RGB 三原色和相应的补色分别位于正六边形的顶点上，其中红色、绿色和蓝色三原色彼此相隔 120°，互补色相隔 180°，如图 7.3 所示。因此，可以认为 RGB 立方体的主对角线对应于 HSV 颜色模型的 V 轴。

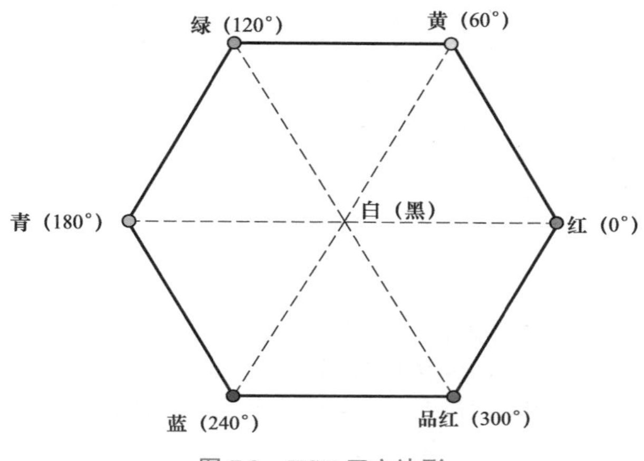

图 7.3　HSV 正六边形

HSV 颜色模型为一个底面向上的倒置六棱锥，底面中心位于 HSV 柱面坐标系的原点，如图 7.4 所示。锥顶为黑色，明度值为 $V=0$；锥底面中心为白色，明度值为 $V=1$；明度用百分比表示。6 个顶点分别表示 3 种纯色 3 种补色。色调 H 在正六棱锥的垂直于 V 轴的各个截面内，沿逆时针方向用离开红色顶点的角度来表示，范围为 0°～360°。饱和度 S 由棱锥上的点至 V 轴的距离决定，是所选颜色的纯度和该颜色的最大纯度的比率，用百分比表示。请注意当 $S=0$ 时，只有灰度，即非彩色光的饱和度为零。沿 V 轴正向，灰度由深变浅，形成不同的灰度等级。

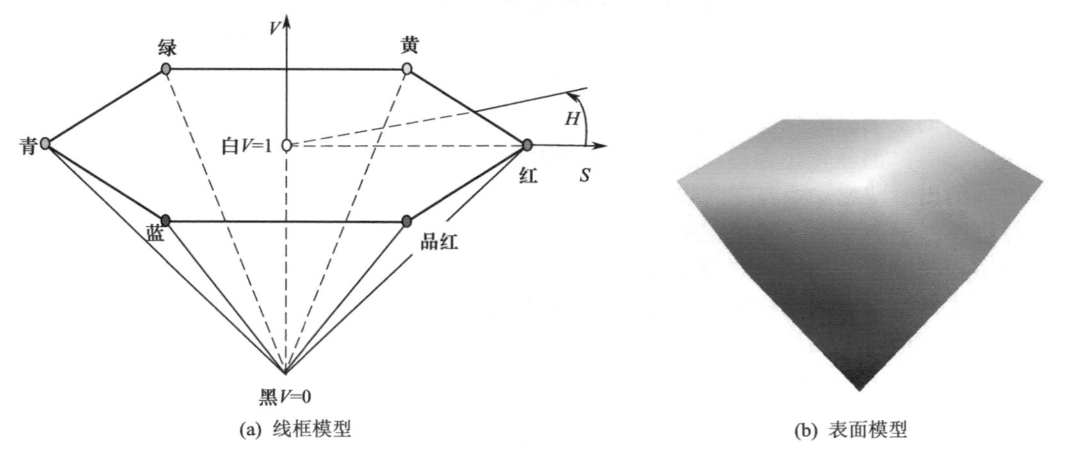

(a) 线框模型　(b) 表面模型

图 7.4　HSV 棱锥

7.1.3　CMY 颜色模型

同 RGB 颜色模型一样，CMY 颜色模型也是三维空间，可以用一个单位立方体表示，如图 7.5

所示。原点(1, 1, 1)代表白色，顶点(0, 0, 0)代表黑色。坐标轴上的 3 个立方体顶点(0, 1, 1), (1, 0, 1), (1, 1, 0)分别表示青色、品红色和黄色，余下的 3 个顶点(1, 0, 0), (0, 1, 0), (0, 0, 1)分别表示红色、绿色和蓝色。

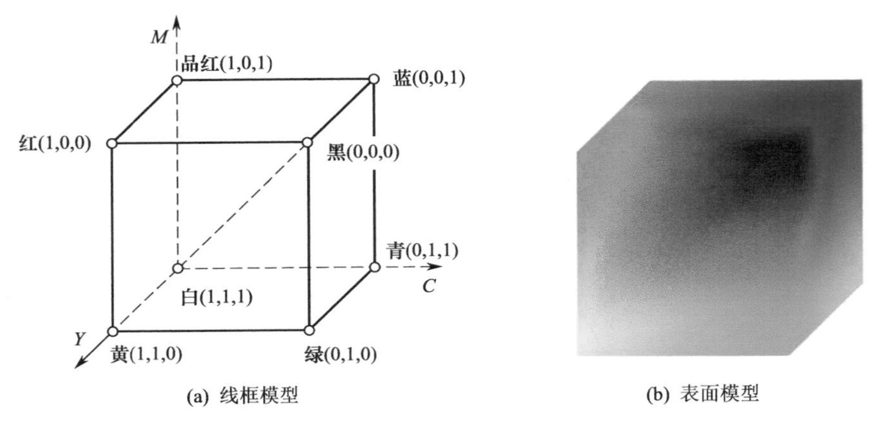

(a) 线框模型　　(b) 表面模型

图 7.5　CMY 立方体

CMY 颜色模型也称 CMYK 印刷模型，顾名思义，就是用来制作印刷品的。在印刷品上看到的彩色图像就使用了 CMYK 模型。其中 K 表示黑色（Black），之所以不使用黑色（Black）的首字母 B，是为了避免与蓝色（Blue）相混淆。从理论上讲，只需要 CMY 的这 3 种油墨就足够了，浓度为 100%的三种油墨加在一起就可以得到黑色。但是，由于目前的工艺还不能造出高纯度的油墨，CMY 相加的结果实际上是一种“灰”黑色。同时，由于使用一种黑色油墨要比使用青色、品红色和黄色三种油墨便宜，所以黑色油墨便被用于代替等量的青色、品红色和黄色油墨。

印刷图像时，一般需要把 CMYK 的这四个通道的图像制成胶片后，再上印刷机进行套印，这称为四色印刷。一张白纸进入印刷机后要被套印 4 次，先印上图像中青色的部分，再印上品红色、黄色和黑色的部分。由于印刷油墨本身的不完全透明性，致使印刷品呈现的色彩总是与显示器呈现的色彩有所差别。

7.2　简单光照模型【理论 15】

光照模型根据光学物理的有关定律，计算在特定光源的照射下，物体表面上一点投向视点的光强。光强指的是光照的亮度，也称为光亮度。当光线照射到物体表面时，可能被吸收、反射或透射。被吸收的光部分转化为热，其余部分则向四周反射或透射。透射是入射光经过折射后，穿过透明物体的出射现象。朝向视点的反射光或透射光进入视觉系统，使物体可见。

计算机图形学中建立光照模型来计算物体表面各点处的光亮度，也称光照明模型或明暗处理模型。光照模型细分为局部光照模型和全局光照模型。局部光照模型仅考虑光源直接照射到物体表面上所产生的效果，通常假设物体表面不透明且具有均匀的反射率。全局光照模型考虑物体之间的间接反射，能模拟物体之间连续的镜面反射，形成互相辉映的光照效果。本书讨论简单的局部光照模型，称为简单光照模型。

简单光照模型的假定如下：光源为点光源，入射光仅由红色、绿色和蓝色 3 种不同波长的光组成；物体为非透明物体，物体表面所呈现的颜色仅由反射光决定，不考虑透射光的影响；反射光被细分为漫反射光（diffuse light）和镜面反射光（specular light）两种。简单光照模型只考虑物体对直接光照的反射作用（也称为反射模型，Reflection Model），而物体之间的反射作用用环境光（ambient light）统一表示。简单光照模型表示为

$$I = I_e + I_d + I_s \tag{7.1}$$

式中，I 表示物体表面上一点反射到视点的光强，I_e 表示环境光光强，I_d 表示漫反射光光强，I_s 表示镜面反射光光强。

7.2.1 材质属性

物体的材质属性是指物体表面对光的吸收、反射和透射的性能。由于研究的是简单光照模型，所以只考虑材质的反射属性。

同光源一样，材质属性也由环境反射率、漫反射率和镜面反射率等分量组成，分别说明了物体对环境光、漫反射光和镜面反射光的反射率。材质决定物体的颜色，在进行光照计算时，材质的环境反射率与场景中的环境光分量相结合，漫反射率与光源的漫反射光分量相结合，镜面反射率与光源的镜面反射光分量相结合。由于入射光是白光，镜面反射光的影响范围很小，而环境光是常数光，所以材质的漫反射率决定物体的颜色。

表 7.1 给出了几种常用物体的材质属性，最后一列为高光指数，描述了镜面反射光的会聚程度。

表 7.1 几种常用物体的材质属性

材质名称	RGB 分量	环境反射率	漫反射率	镜面反射率	高光指数
金	*R*	0.247	0.752	0.628	50
	G	0.200	0.606	0.556	
	B	0.075	0.226	0.366	
银	*R*	0.192	0.508	0.508	50
	G				
	B				
红宝石	*R*	0.175	0.614	0.728	30
	G	0.012	0.041	0.527	
	B				
绿宝石	*R*	0.022	0.076	0.633	30
	G	0.175	0.614	0.728	
	B	0.023	0.075	0.633	

7.2.2 发射光模型

有时物体作为光源有发射光（emission light）。发射光描述了物体的自发光，可以简单定义为一种颜色。在简单光照模型中，发射光的物体不是光源，且不照亮场景中的其他物体。如果物体自身不发光，那么可以简单地将发射光定义为零，不与其他光强项进行叠加。在图 7.6 中，茶壶的材质为“金”，发射光为 CRGB(0.3, 0.3, 0.0)。图 7.6(a)中关闭了发射光，图 7.6(b)打开了发射光。

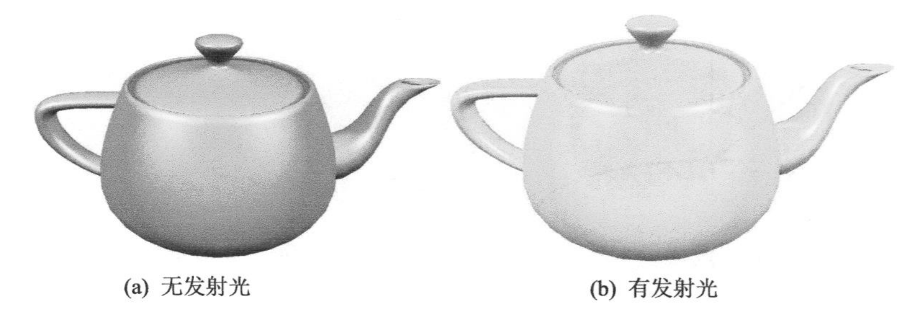

(a) 无发射光 (b) 有发射光

图 7.6 发射光模型

7.2.3 环境光模型

物体接受的来自大地、天空、墙壁等周围景物投射的光就是环境光。在简单光照模型中，环境光模拟全局光，来自各个方向，又均匀地向各个方向反射，如图 7.7(a)所示。环境光与光源无关，通常用一个常数项来近似模拟。环境光照射下的茶壶效果如图 7.7(b)所示。物体上一点 P 的环境光光强 I_e 可表示为

$$I_e = k_a I_a, \quad k_a \in [0,1] \tag{7.2}$$

式中，I_a 表示来自周围环境的入射光强，k_a 为材质的环境反射率。

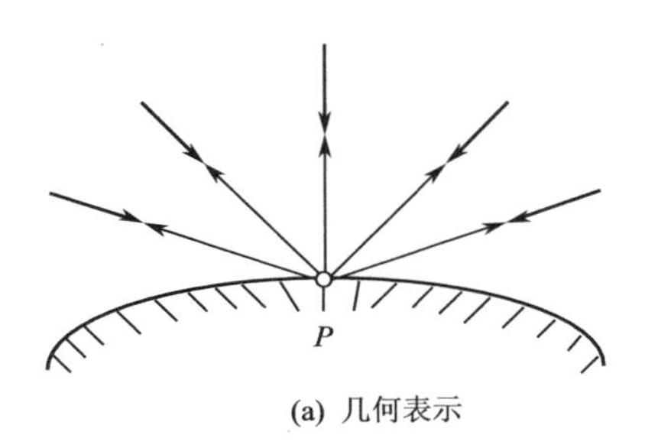

(a) 几何表示

(b) 环境光效果图

图 7.7 环境光模型

7.2.4 漫反射光模型

漫反射光可以认为是在点光源的照射下，光被物体表面吸收后重新反射出来的光。一个理想漫反射体的表面是非常粗糙的，漫反射光从一点照射，均匀地向各个方向散射，如地面和树木。因此漫反射光只与光源的位置有关，而与视点的位置无关。正是由于漫反射光才使物体清晰可见。

Lambert 余弦定律总结了点光源发出的光线照射到一个理想漫反射体上的反射法则。根据 Lambert 余弦定律，一个理想漫反射体（Lambert Reflector）表面上反射的漫反射光强同入射光与物体表面法线之间夹角的余弦成正比，如图 7.8(a)所示。茶壶的漫反射光照效果如图 7.8(b)所示。物体上一点 P 的漫反射光光强 I_d 表示为

$$I_d = k_d I_p \cos\theta, \quad \theta \in [0, 2\pi], k_d \in [0,1] \tag{7.3}$$

式中，I_p 为点光源发出的入射光强；k_d 为材质的漫反射率；θ 为入射光与物体表面法向量之间的夹角，称为入射角。当入射光以相同的入射角照射到不同材质属性的物体表面时，这些表面会呈现不同的颜色，这是由于不同的材质具有不同的漫反射率。

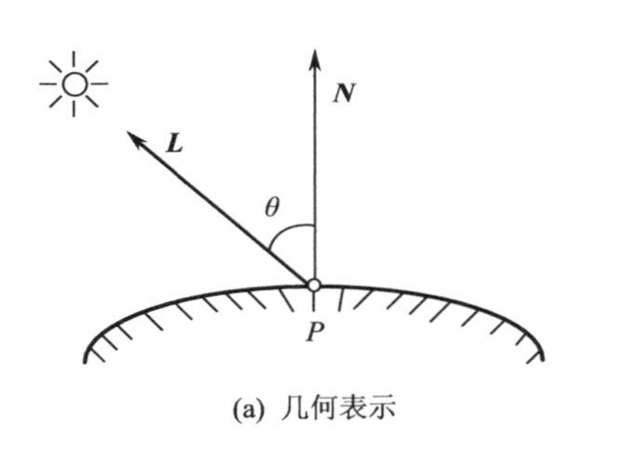

(a) 几何表示

(b) 漫反射光效果图

图 7.8 漫反射光模型

设物体表面上一点 P 的单位法向量为 $\boldsymbol{N}$，从 P 点指向点光源的单位入射光向量为 $\boldsymbol{L}$，有 $\cos\theta = \boldsymbol{N} \cdot \boldsymbol{L}$ 。式（7.3）改写为

$$I_{\mathrm{d}} = k_{\mathrm{d}} I_{\mathrm{p}} (\boldsymbol{N} \cdot \boldsymbol{L}) \tag{7.4}$$

考虑到点光源位于 P 点的背面时，$\boldsymbol{N} \cdot \boldsymbol{L}$ 的计算结果为负值，应取为零，有

$$I_{\mathrm{d}} = k_{\mathrm{d}} I_{\mathrm{p}} \max(\boldsymbol{N} \cdot \boldsymbol{L}, 0) \tag{7.5}$$

7.2.5　镜面反射光模型

镜面反射体只朝一个方向反射光，具有很强的方向性，并遵守反射定律，如图 7.9(a)所示。镜面反射光在光滑物体表面形成一片非常亮的区域，称为高光区域。茶壶的漫反射光照效果如图 7.9(b)所示，由于关闭了环境光、漫反射光，因此只显示白色的高光。用 $\boldsymbol{R}$ 表示镜面反射方向的单位向量，称为反射向量；用 $\boldsymbol{L}$ 表示从物体表面指向点光源的单位向量，称为光线向量；用 $\boldsymbol{V}$ 表示从物体表面指向视点的单位向量，称为视向量；α 定义为 $\boldsymbol{V}$ 与 $\boldsymbol{R}$ 之间的夹角。

对于理想的镜面反射体表面，反射角等于入射角，只有严格位于反射方向 $\boldsymbol{R}$ 上的观察者才能看到反射光，即仅当 $\boldsymbol{V}$ 与 $\boldsymbol{R}$ 重合时才能观察到镜面反射光，在其他方向几乎观察不到镜面反射光，这种镜面反射称为完全镜面反射（Perfect Specular Reflection）；对于非理想反射表面，镜面反射光集中在一个范围内，从 $\boldsymbol{R}$ 方向上观察到的镜面反射光最强。在 $\boldsymbol{V}$ 方向上仍然能够观察到部分镜面反射光，只是随着 α 角的增大，镜面反射光逐渐减弱，这种镜面反射称为光泽镜面反射（Glossy Specular Reflection）。1975 年，Phong 在上述经验公式的基础上，加入了环境光和漫反射光，形成了一个广泛使用的简单光照模型，称为 Phong 模型[4]。

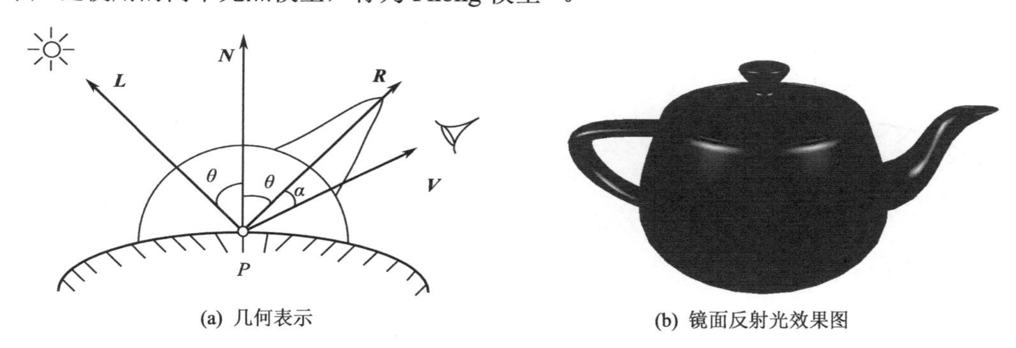

(a) 几何表示　　(b) 镜面反射光效果图

图 7.9　镜面反射光模型

物体上一点 P 的镜面反射光的光强 I_{s} 表示为

$$I_{\mathrm{s}} = k_{\mathrm{s}} I_{\mathrm{p}} \cos^{n} \alpha, \quad 0 \le \alpha \le 2\pi, k_{\mathrm{s}} \in [0,1] \tag{7.6}$$

式中，I_{p} 为点光源发出的入射光强；k_{s} 为材质的镜面反射率；镜面反射光光强与 $\cos^{n}\alpha$ 成正比，$\cos^{n}\alpha$ 近似地描述了镜面反射光的空间分布。n 为材质的高光指数，反映了物体材质属性。对于光滑的金属表面，n 值较大，高光斑点较小；对于粗糙的非金属表面，n 值较小，高光斑点较大。

在简单光照模型中，镜面反射光颜色和入射光颜色相同，即镜面反射光的高光区域只反映光源的颜色。镜面光反射率 k_{s} 是一个与物体颜色无关的参数。

对于单位向量 $\boldsymbol{R}$ 和 $\boldsymbol{V}$，有 $\cos\alpha = \boldsymbol{R} \cdot \boldsymbol{V}$。考虑 $\alpha > 90°$ 时，$\boldsymbol{R} \cdot \boldsymbol{V}$ 的计算结果为负值，应取为 0，式（7.6）改写为

$$I_{\mathrm{s}} = k_{\mathrm{s}} I_{\mathrm{p}} \max(\boldsymbol{R} \cdot \boldsymbol{V}, 0)^{n} \tag{7.7}$$

从式（7.7）不难看出，镜面反射光不仅取决于物体表面的法线方向，而且依赖于光源与视点的相对位置。只有当视点位于比较合适的位置时，才能观察到物体表面某些区域呈现的高光。当视点位置发生改变时，高光区域也会随之消失。

式（7.7）中有反射向量 $\boldsymbol{R}$ 和视向量 $\boldsymbol{V}$ 两个单位向量。指定观察者的位置后，$\boldsymbol{V}$ 的计算非常简单。根据反射定律，对于理想镜面反射，反射向量 $\boldsymbol{R}$ 和入射光线向量 $\boldsymbol{L}$ 对称地分布在 P 点的法向

量 $\boldsymbol{N}$ 的两侧，且具有相同的光强。于是，$\boldsymbol{R}$ 可通过单位入射光线向量 $\boldsymbol{L}$ 和单位法向量 $\boldsymbol{N}$ 算出。在图 7.10 中，根据平行四边形法则，$\boldsymbol{L}+\boldsymbol{R}$ 与 $\boldsymbol{N}$ 平行。由于 $\boldsymbol{L}$ 在 $\boldsymbol{N}$ 上的投影为 $\boldsymbol{N}\cdot\boldsymbol{L}$ 。从图中 7.10 可以看出，$\boldsymbol{R}+\boldsymbol{L}=2(\boldsymbol{N}\cdot\boldsymbol{L})\boldsymbol{N}$ 。于是有

$$\boldsymbol{R}=2(\boldsymbol{N}\cdot\boldsymbol{L})\boldsymbol{N}-\boldsymbol{L} \tag{7.8}$$

式中，计算结果 $\boldsymbol{R}$ 是一个单位向量。

结合式（7.7）与式（7.8），可以计算镜面反射光的光强。这样，Phong 模型为

$$I=I_{\mathrm{e}}+I_{\mathrm{d}}+I_{\mathrm{s}}=k_{\mathrm{a}}I_{\mathrm{a}}+k_{\mathrm{d}}I_{\mathrm{p}}\max(\boldsymbol{N}\cdot\boldsymbol{L},0)+k_{\mathrm{s}}I_{\mathrm{p}}\max(\boldsymbol{R}\cdot\boldsymbol{V},0)^{n} \tag{7.9}$$

假设光源位于无穷远处，即单位入射光线向量 $\boldsymbol{L}$ 为常数。假设视点位于无穷远处，即单位视向量 $\boldsymbol{V}$ 为常数。1977 年，Blinn 用 $\boldsymbol{N}\cdot\boldsymbol{H}$ 代替 $\boldsymbol{R}\cdot\boldsymbol{V}$ [14]，其中，中分向量 $\boldsymbol{H}$ 取为单位光线向量 $\boldsymbol{L}$ 和单位视向量 $\boldsymbol{V}$ 的平分向量（如图 7.11 所示），即

$$\boldsymbol{H}=\frac{\boldsymbol{L}+\boldsymbol{V}}{|\boldsymbol{L}+\boldsymbol{V}|} \tag{7.10}$$

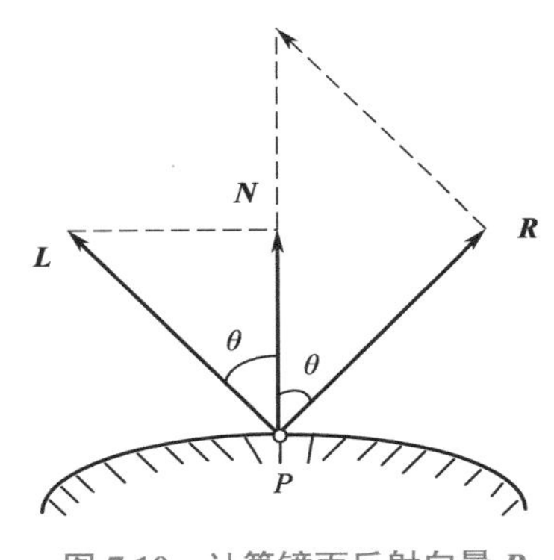

图 7.10　计算镜面反射向量 $\boldsymbol{R}$

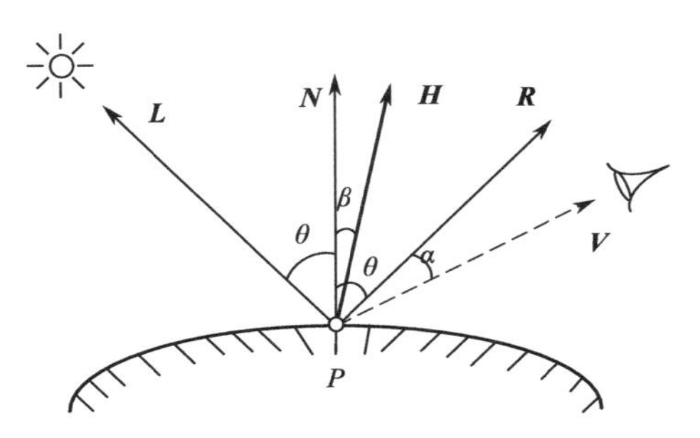

图 7.11　计算中分向量 $\boldsymbol{H}$

镜面反射光模型表述为

$$I_{\mathrm{s}}=k_{\mathrm{s}}I_{\mathrm{p}}(\boldsymbol{N}\cdot\boldsymbol{H})^{n} \tag{7.11}$$

考虑 $\beta>90°$ 时，$\boldsymbol{N}\cdot\boldsymbol{H}$ 的计算结果为负值，应取为 0，有

$$I_{\mathrm{s}}=k_{\mathrm{s}}I_{\mathrm{p}}\max(\boldsymbol{N}\cdot\boldsymbol{H},0)^{n} \tag{7.12}$$

由于 $\boldsymbol{L}$ 和 $\boldsymbol{V}$ 都是常量，因此 $\boldsymbol{H}$ 只需计算一次，节省了计算时间。在图 7.11 中，β 为 $\boldsymbol{N}$ 和 $\boldsymbol{H}$ 的夹角，α 为 $\boldsymbol{R}$ 和 $\boldsymbol{V}$ 的夹角。容易得到 $\beta=\alpha/2$，β 称为半角。使用式（7.7）和式（7.12）的计算结果有一定差异，表现为 Blinn-Phong 模型的高光区域大于 Phong 模型的高光区域。由于光照模型是经验公式，因此可以通过加大高光指数 n 来缩小两个光照模型的高光效果差异。

对于物体上的一点 P，综合考虑反射光、环境光、漫反射光和镜面反射光且只有一个点光源的简单光照模型为

$$I=I_{\mathrm{e}}+I_{\mathrm{d}}+I_{\mathrm{s}}=k_{\mathrm{a}}I_{\mathrm{a}}+k_{\mathrm{d}}I_{\mathrm{p}}\max(\boldsymbol{L}\cdot\boldsymbol{N},0)+k_{\mathrm{s}}I_{\mathrm{p}}\max(\boldsymbol{H}\cdot\boldsymbol{N},0)^{n} \tag{7.13}$$

7.2.6　光源衰减

入射光的光强随光源与物体之间距离的增加而减弱，强度则按照光源到物体距离的倒数衰减，接近光源的物体表面得到的入射光强度较强，而远离光源的物体表面得到的入射光强度较弱。因此，绘制真实感图形时，在光照模型中应该考虑光源的衰减。对于点光源，常使用距离的函数来衰减光强：

$$f(d)=\min\left(1,\frac{1}{c_0+c_1d+c_2d^2}\right) \tag{7.14}$$

式中，d 为点光源位置到物体顶点 P 的距离，即光线向量的模长。c_0、c_1 和 c_2 为与光源相关的参数，c_0 为常数衰减因子，c_1 为线性衰减因子，c_2 为二次衰减因子。当光源很近时，常数 c_0 防止分母变得太小，同时该表达式被限定在最大值 1 之内，以确保总是衰减的。衰减只对包含点光源的漫反射光和镜面反射光有效。在图 7.12 中，图 7.12(b)中茶壶到视点的距离是图 7.12(a)中相应距离的 5 倍。二者使用的都是左右对称双光源，图 7.12(a)中壶盖附近有高光，图 7.12(b)中由于距离变远，高光分为两处。

(a) 离视点近　　(b) 离视点远

图 7.12　距离衰减效果图

考虑光源衰减的单光源简单光照模型为

$$I=k_aI_a+f(d)\left[k_dI_p\max(\boldsymbol{N}\cdot\boldsymbol{L},0)+k_sI_p\max(\boldsymbol{N}\cdot\boldsymbol{H},0)^n\right] \tag{7.15}$$

如果场景中有多个点光源，那么简单光照模型表示为

$$I=k_aI_a+\sum_{i=0}^{n-1}f(d_i)\left[k_dI_{p,i}\max(\boldsymbol{N}\cdot\boldsymbol{L},0)+k_sI_{p,i}\max(\boldsymbol{N}\cdot\boldsymbol{H},0)^n\right] \tag{7.16}$$

式中，n 为点光源数量；d_i 为光源 i 到物体表面顶点 P 的距离。

7.2.7　增加颜色

前面介绍的光照模型只考虑了光的强度，绘制出来的光照只有明暗效果，所以光照模型也称明暗处理模型。图 7.13 中茶壶的颜色是灰色，高光是白色，这是无色调的明暗处理模型。

图 7.13　明暗处理效果图

在简单光照模型中，要解决的是物体彩色表面反射白光的问题，这需要为明暗处理模型增加颜色信息，因此分别建立关于红色、绿色、蓝色 3 个分量的光照模型。

环境光光强 I_a 可以表示为

$$I_a=(I_{aR},I_{aG},I_{aB}) \tag{7.17}$$

式中，I_{aR}, I_{aG}, I_{aB} 分别为环境光光强的红色、绿色、蓝色分量。类似地，入射光的光强 I_p 可以表示为

$$I_{\rm p}=(I_{\rm pR},I_{\rm pG},I_{\rm pB}) \tag{7.18}$$

而环境反射率 $k_{\rm a}$ 可以表示为

$$k_{\rm a}=(k_{\rm aR},k_{\rm aG},k_{\rm aB}) \tag{7.19}$$

类似地，漫反射率 $k_{\rm d}$ 可以表示为

$$k_{\rm d}=(k_{\rm dR},k_{\rm dG},k_{\rm dB}) \tag{7.20}$$

镜面反射率 $k_{\rm s}$ 可以表示为

$$k_{\rm s}=(k_{\rm sR},k_{\rm sG},k_{\rm sB}) \tag{7.21}$$

对式（7.16）进行扩展，计算多个点光源照射下物体表面 P 点所获得的光强的红色、绿色、蓝色分量的公式为

$$\begin{cases} I_{\rm R}=k_{\rm aR}I_{\rm aR}+\sum\limits_{i=0}^{n-1}f(d_i)\left[k_{\rm dR}I_{{\rm pR},i}\max(\boldsymbol{N}\cdot\boldsymbol{L}_i,0)+k_{\rm sR}I_{{\rm pR},i}\max(\boldsymbol{N}\cdot\boldsymbol{H}_i,0)^n\right] \\ I_{\rm G}=k_{\rm aG}I_{\rm aG}+\sum\limits_{i=0}^{n-1}f(d_i)\left[k_{\rm dG}I_{{\rm pG},i}\max(\boldsymbol{N}\cdot\boldsymbol{L}_i,0)+k_{\rm sG}I_{{\rm pG},i}\max(\boldsymbol{N}\cdot\boldsymbol{H}_i,0)^n\right] \\ I_{\rm B}=k_{\rm aB}I_{\rm aB}+\sum\limits_{i=0}^{n-1}f(d_i)\left[k_{\rm dB}I_{{\rm pB},i}\max(\boldsymbol{N}\cdot\boldsymbol{L}_i,0)+k_{\rm sB}I_{{\rm pB},i}\max(\boldsymbol{N}\cdot\boldsymbol{H}_i,0)^n\right] \end{cases} \tag{7.22}$$

在程序中，入射光光强不再用单一的 $I_{\rm p}$ 表达，而用 $I_{\rm d}^{\rm p}$ 和 $I_{\rm s}^{\rm p}$ 来表示，分别表示光源的漫反射光强和镜面反射光强。这样，式（7.22）可以改写为

$$\begin{cases} I_{\rm R}=k_{\rm aR}I_{\rm aR}+\sum\limits_{i=0}^{n-1}f(d_i)\left[k_{\rm dR}I_{{\rm dR},i}^{\rm p}\max(\boldsymbol{N}\cdot\boldsymbol{L}_i,0)+k_{\rm sR}I_{{\rm sR},i}^{\rm p}\max(\boldsymbol{N}\cdot\boldsymbol{H}_i,0)^n\right] \\ I_{\rm G}=k_{\rm aG}I_{\rm aG}+\sum\limits_{i=0}^{n-1}f(d_i)\left[k_{\rm dG}I_{{\rm dG},i}^{\rm p}\max(\boldsymbol{N}\cdot\boldsymbol{L}_i,0)+k_{\rm sG}I_{{\rm sG},i}^{\rm p}\max(\boldsymbol{N}\cdot\boldsymbol{H}_i,0)^n\right] \\ I_{\rm B}=k_{\rm aB}I_{\rm aB}+\sum\limits_{i=0}^{n-1}f(d_i)\left[k_{\rm dB}I_{{\rm dB},i}^{\rm p}\max(\boldsymbol{N}\cdot\boldsymbol{L}_i,0)+k_{\rm sB}I_{{\rm sB},i}^{\rm p}\max(\boldsymbol{N}\cdot\boldsymbol{H}_i,0)^n\right] \end{cases} \tag{7.23}$$

由于表示光强的颜色分量为计算值，可能会超过颜色显示范围，因此需要归一化到区间[0, 1]，才能在 RGB 颜色模型中正确显示。就简单光照模型而言，由于镜面高光一直保持为白色，因此也可以只计算环境光和漫反射光的颜色分量。

7.3 实验 15：球体 GouraudShader 三维动画

1．实验描述

参照实验 8 中基于回转类建立球体的线框模型。由于球体为凸物体，消隐方法使用实验 11 给出的背面剔除算法。简单光照模型的基本设定如下：球体的材质为表 7.1 给出的“红宝石”，单点光源位于场景前面右上方。试制作球体的三维旋转动画，效果如图 7.14 所示。

2．实验设计

简单光照模型定义了 `CLightSource` 光源类、`CMaterial` 材质类及 `CLighting` 光照类。物体表面细分网格顶点所获得的光强是漫反射光、镜面反射光及环境光作用效果的叠加。网格顶点所得到的光强由该点的位置、该点的法向量、该点的材质属性及视点的位置决定。简单光照模型使用 Blinn-Phong 模型进行反射光强计算，着色算法可以选用 GouraudShader 或 PhongShader。为分别讲解算法，本实验选用前者。

3．实验编码

（1）设计光源类

`CLightSource` 光源类定义点光源的属性参数，包括光源的漫反射光、镜面反射光、光源的位

置、光源的衰减因子及开关状态。

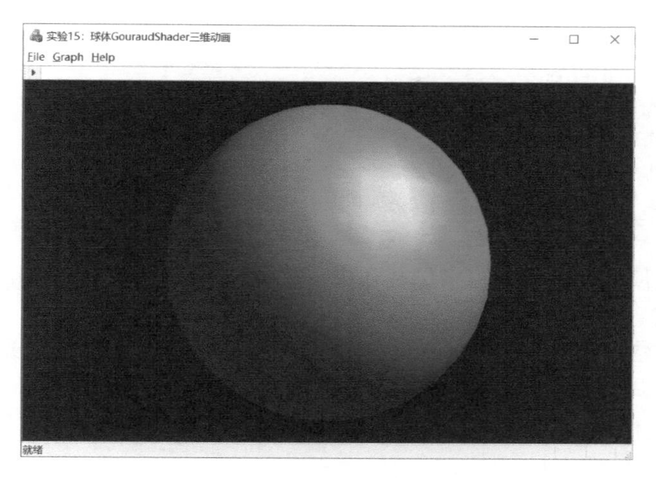

图 7.14　实验 15 效果图

```
#1   class CLightSource
     {
     public:
         CLightSource(void);
5        virtual ~CLightSource(void);
         void SetDiffuse(CRGB diffuse);                          //设置漫反射光
         void SetSpecular(CRGB specular);                        //设置镜面反射光
         void SetPosition(double x, double y, double z);         //设置光源位置
         void SetAttenuationFactor(double c0, double c1, double c2);  //设置衰减因子
10       void SetOnOff(BOOL);                                    //设置光源开关状态
     public:
         CRGB L_Diffuse;                                         //漫反射光
         CRGB L_Specular;                                        //镜面反射光
         CP3 L_Position;                                         //光源位置
15       double L_C0;                                            //常数衰减因子
         double L_C1;                                            //线性衰减因子
         double L_C2;                                            //二次衰减因子
         BOOL L_OnOff;                                           //光源开关
     };
```

程序说明：光源参数以大写字母 L 开头。L_C0,L_C1,L_C2 是与点光源到物体的距离相关的参数，代表衰减因子 c_0、c_1 和 c_2。

（2）设计材质类

CMaterial 材质类定义了物体的材质属性，包括材质对环境光、漫反射光、镜面反射光的反射率自身辐射的颜色及高光指数等。

```
1    class CMaterial
     {
     public:
         CMaterial(void);
5        virtual ~CMaterial(void);
         void SetAmbient(CRGB c);                //设置环境反射率
         void SetDiffuse(CRGB c);                //设置漫反射率
         void SetSpecular(CRGB c);               //设置镜面反射率
```

```
        CRGB M_Emission;                     //自身辐射的颜色
10      void SetExponent(double n);          //设置高光指数
    public:
        CRGB M_Ambient;                      //环境反射率
        CRGB M_Diffuse;                      //漫反射率
        CRGB M_Specular;                     //镜面反射率
        CRGB M_Emission;                     //设置自发光的颜色
        double M_n;                          //高光指数
15  };
```

程序说明：材质属性参数以大写字母 M 开头，其中 M_n 代表高光指数 n。

（3）设计光照类

CLighting 光照类处理光源和材质的交互作用，数据成员有光源数量、光源数组。需要说明的是，环境光模拟了全局光照，在光照类中定义。

```
    #include "LightSource.h"        //包含光源类
    #include "Material.h"           //包含材质类
1   class CLighting
    {
    public:
        CLighting(void);
5       CLighting(int nLightNumber);
        virtual ~CLighting(void);
        void SetLightNumber(int nLightNumber);          //设置光源数量
        CRGB Illuminate(CP3 ViewPoint, CP3 Point, CVector3 Normal, CMaterial* pMaterial);

    public:
10      int nLightNumber;                               //光源数量
        CLightSource* LightSource;                      //光源数组
        CRGB Ambient;                                   //环境光
    };
    CRGB CLighting::Illuminate(CP3 ViewPoint, CP3 Point,CVector3 ptNormal, CMaterial* pMaterial)
15  {
        CRGB ResultI = pMaterial->M_Emission;               //材质自发光为初始值
        for(int loop = 0; loop < nLightNumber; loop++)      //逐个访问光源
        {
            if (LightSource[loop].L_OnOff)                  //检查光源开关状态
20          {
                CRGB I = CRGB(0.0, 0.0, 0.0);               //I 代表反射光光强
                CVector3 L(Point, LightSource[loop].L_Position);   //L 为入射光线向量
                double d = L.Magnitude();                   //d 为光传播的距离
                L = L.Normalize();                          //归一化入射光线向量
25              CVector3 N = ptNormal;                      //N 为顶点法向量
                N = N.Normalize();                          //归一化法向量
                double NdotL = max(DotProduct(N,L), 0);
                I += LightSource[loop].L_Diffuse * pMaterial->M_Diffuse * NdotL;
                CVector3 V(Point, ViewPoint);               //V 为视向量
30              V = V.Normalize();                          //归一化视向量
                CVector3 H = (L + V) / (L + V).Magnitude();     //H 为中分向量
                double NdotH = max(DotProduct(N, H), 0);
                double Rs = pow(NdotH, pMaterial->M_n);     //镜面反射部分
                I += LightSource[loop].L_Specular * pMaterial->M_Specular * Rs;
```

```
35                double c0 = LightSource[loop].L_C0;          //c0 为常数衰减因子
                  double c1 = LightSource[loop].L_C1;          //c1 为线性衰减因子
                  double c2 = LightSource[loop].L_C2;          //c2 为二次衰减因子
                  double f = (1.0 / (c0 + c1 * d + c2 * d * d)); //光强衰减函数
                  f = min(1.0, f);
40                ResultI += I * f;
              }
              else
                  ResultI += Point.c;                          //物体自身颜色
          }
45        ResultI += Ambient * pMaterial->M_Ambient;
          ResultI.Normalize();
          return ResultI;
      }
```

程序说明：成员函数 Illuminate 计算场景中物体表面上网格点 Point 所获得的反射光光强。其中，参数 ViewPoint 为视点，参数 Point 为计算光强的顶点，参数 ptNormal 为 Point 点的法向量，参数 pMaterial 为 Point 点的材质指针。第 16 行语句中，光强取材质的自身辐射色作为基础光照。第 19 行语句中，当第 i 个点光源 LightSource[i]开启时，ResultI 加入所获得的漫反射光光强和镜面反射光光强之和；否则 ResultI 加入 Point 点自身的颜色。在第 27 行语句中，NdotL 为 $\max(\boldsymbol{N}\cdot\boldsymbol{L},0)$。第 28 行语句加入漫反射光光强。第 31 行语句计算中分向量 $\boldsymbol{H}$。第 32 行语句中，NdotH 为 $\max(\boldsymbol{N}\cdot\boldsymbol{H},0)$。第 33 行语句中，Rs 为 $\max(\boldsymbol{N}\cdot\boldsymbol{H},0)^n$。第 34 行语句加入镜面反射光光强。第 35～40 行语句根据光源到 Point 点的距离对光强进行光源衰减。第 45 行语句加入环境光光强。第 46 行语句将 ResultI 的计算值归一化到区间[0, 1]内。第 47 行语句返回 Point 点所获得的最终光强 ResultI。

（4）初始化光照环境

```
1     void CTestView::InitializeLightingScene(void)
      {
          nLightSourceNumber = 1;                                     //光源个数
          pLight = new CLighting(nLightSourceNumber);                 //一维光源动态数组
5         pLight->LightSource[0].SetPosition(1000, 1000, 1000);       //设置光源位置坐标
          for (int i = 0; i < nLightSourceNumber; i++)
          {
              pLight->LightSource[i].L_Diffuse = CRGB(1.0, 1.0, 1.0);  //光源的漫反光射颜色
              pLight->LightSource[i].L_Specular = CRGB(1.0, 1.0, 1.0);//光源镜面高光颜色
10            pLight->LightSource[i].L_C0 = 1.0;                      //常数衰减因子
              pLight->LightSource[i].L_C1 = 0.0000001;                //线性衰减因子
              pLight->LightSource[i].L_C2 = 0.00000001;               //二次衰减因子
              pLight->LightSource[i].L_OnOff = TRUE;                  //光源开启
          }
15        pMaterial = new CMaterial;
          pMaterial->SetAmbient(CRGB(0.847, 0.10, 0.075));        //环境反射率
          pMaterial->SetDiffuse(CRGB(0.852, 0.006, 0.026));       //漫反射率
          pMaterial->SetSpecular(CRGB(1.0, 1.0, 1.0));            //镜面反射率
          pMaterial->SetEmission(CRGB(0.0, 0.0, 0.0));            //自发光的颜色
20        pMaterial->SetExponent(10);                             //高光指数
      }
```

程序说明：第 3～14 行语句设置光源属性。第 15～20 行语句设置材质属性。关闭光源，即 L_OnOff = FALSE 时的效果如图 7.15 所示。

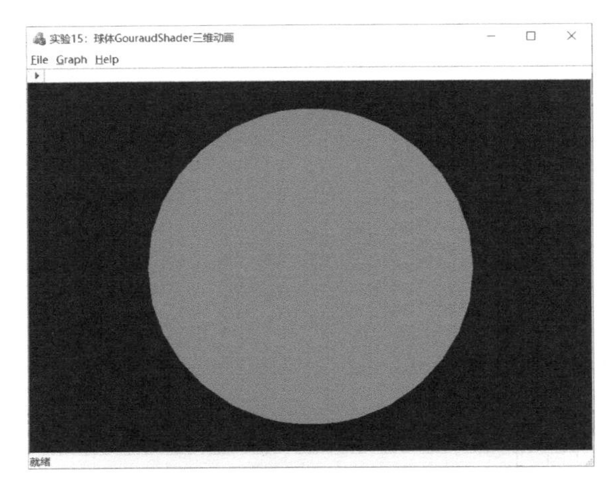

图 7.15 关闭光源球体效果图

（5）绘制四边形小面

物体网格顶点的颜色来自三维场景的反射光光强。网格小面内的颜色使用双线性插值计算。

```
1    void CBezierPatch::DrawFacet(CDC* pDC)
     {
         CTriangle* pFill = new CTriangle;                              //申请内存
         CP2 ScreenPoint[4];                                            //二维投影点
5        CP3 ViewPoint = projection.GetEye();                           //视点
         CVector3 ViewVector(quadrP[0], ViewPoint);                     //面的视向量
         ViewVector = ViewVector.Normalize();                           //视向量归一化
         CVector3 Vector01(quadrP [0], quadrP [1]) ;                    //四边形网格的边向量
         CVector3 Vector02(quadrP [0], quadrP [2]) ;
10       CVector3 Vector03(quadrP [0], quadrP [3]);
         CVector3 FacetNormalA = CrossProduct(Vector01, Vector02);               //面法向量
         CVector3 FacetNormalB = CrossProduct(Vector02, Vector03);
         CVector3 FacetNormal = (FacetNormalA + FacetNormalB);
         FacetNormal = FacetNormal.Normalize();
15       if(DotProduct(ViewVector, FacetNormal) >= 0)                   //背面剔除算法
         {
             for(int nPoint = 0; nPoint < 4; nPoint++)
             {
                 ScreenPoint[nPoint] = projection.PerspectiveProjection2(quadrP [nPoint]);//透视投影
20               ScreenPoint[nPoint].c = pLight->Illuminate(ViewPoint, quadrP[nPoint],
                         CVector3(quadrP[nPoint]), pMaterial);                  //调用光照函数
             }
             pFill->SetPoint(ScreenPoint [0], ScreenPoint [2], ScreenPoint [3]);  //上三角形
             pFill->GouraudShader(pDC);
25           pFill->SetPoint(ScreenPoint [0], ScreenPoint [1], ScreenPoint [2]);  //下三角形
             pFill->GouraudShader(pDC);
         }
         delete pFill;
     }
```

程序说明：第 4 行语句定义的是二维投影点。第 15～27 行语句使用背面剔除算法消隐。第 20 行语句在绘制前先计算网格顶点的光强。物体顶点的法向量直接取其位置向量 CVector3(quadrP[nPoint])，其中 quadrP 是网格四边形的顶点数组。这是由于球体是轴对称物体，

共享顶点的法向量可以使用位置向量代替。第 23～26 行语句将四边形分解为两个三角形，使用 GouraudShader 进行着色。GouraudShader 参见实验 12 中 CTriangle 类的成员函数定义。

4. 实验小结

漫反射光与镜面反射光定义在光源类中，环境光是对全局光的一种模拟，定义在光照类中。使用 Blinn-Phong 简单光照模型计算了球体网格顶点的光强，网格内部使用 GouraudShader（光强双线性插值算法）进行填充。球体的消隐使用的是背面剔除算法，当然也可以使用 ZBuffer 或着画家算法消隐。

在本实验的基础上进行简单修改就可以将着色器修改为 FlatShader，效果如图 7.16 所示。在 CTriangle 类内的修改步骤如下：

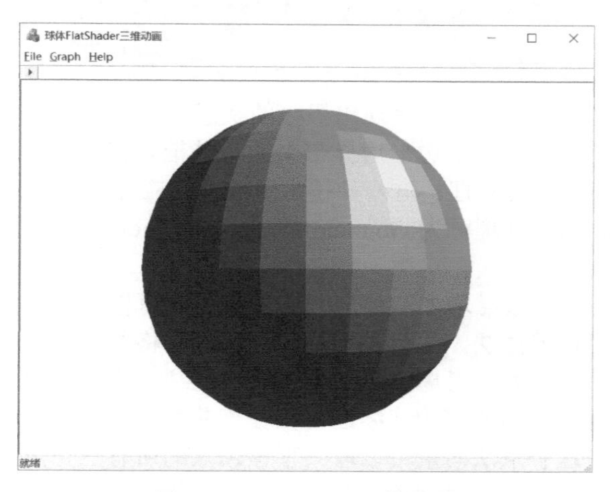

图 7.16　FlatShader 效果图

（1）将渲染函数的声明和定义由 GouraudShader 改名为 FlatShader，同时删除颜色线性插值函数 LinearInterp。

```
1    class CTriangle
     {
     public:
         CTriangle(void);
5        virtual ~CTriangle(void);
         void SetPoint(CP2 P0, CP2 P1, CP2 P2);          //三角形顶点
         void FlatShader(CDC* pDC);                      //填充三角形
     private:
         void EdgeFlag(CPoint2 PStart, CPoint2 PEnd, BOOL bFeature);  //边的光栅化
10       void SortVertex(void);                          //三角形顶点排序
     private:
         CPoint2 point0, point1, point2;                 //三角形的整数顶点
         CPoint2* SpanLeft;                              //跨度的起点数组标志
         CPoint2* SpanRight;                             //跨度的终点数组标志
15       int nIndex;                                     //扫描线索引
     };
```

程序说明：第 7 行语句声明了平面着色函数。

（2）四边形 4 个顶点的颜色全部取第一个顶点的颜色。

```
1    for(int nPoint = 0; nPoint < 4; nPoint++)
     {
```

```
        ScreenPoint[nPoint] = projection.PerspectiveProjection2(quadrP[nPoint]);//透视投影
        ScreenPoint[nPoint].c = pLight->Illuminate(ViewPoint, quadrP[nPoint],
                                CVector3(quadrP[nPoint]), pMaterial);
5   }
    ScreenPoint[1].c = ScreenPoint[2].c = ScreenPoint[3].c = ScreenPoint[0].c;  //使用第一个顶点的颜色
    pFill->SetPoint(ScreenPoint[0], ScreenPoint[1], ScreenPoint[2]);
    pFill->FlatShader(pDC);
    pFill->SetPoint(ScreenPoint[0], ScreenPoint[2], ScreenPoint[3]);
10  pFill->FlatShader(pDC);
```

程序说明：第 6 行语句将四边形网格顶点的颜色全部取为第一个顶点的颜色。

7.4 光滑着色【理论 16】

人眼的视觉系统对光强微小的差别表现出极强的敏感性，在绘制真实感图形时应使用多边形的光滑着色代替平面着色，以减小多边形边界带来的马赫带效应。多边形的光滑着色模式主要有 Gouraud 明暗处理和 Phong 明暗处理。这两种技术更准确地应称为 Gouraud 光强插值和 Phong 法向插值。本书将 Gouraud 明暗处理称为 GouraudShader，将 Phong 明暗处理称为 PhongShader，以便与当前的主流技术接轨。

为了绘制光滑物体，单纯依靠增加三角形网格数量虽然可以改善曲面的连续性，但从时间和空间的角度看不是一种经济的做法。如何在不增加三角形网格数量的前提下来产生连续的曲面错觉，可以从网格顶点的法向量着手考虑。一个网格顶点往往被多个三角形共享，这些三角形网格具有不同的面法向量。为了提高曲面的连续性，在任一共享顶点上只能有一个法向量，用于替代表面的真实几何法向量。这个点法向量可以取共享该顶点的所有三角形面的法向量的平均值。将点法向量代入光照模型计算顶点所得到的光强，可以产生相邻三角形表面之间的颜色光滑过渡效果。点法向量只在需要光滑的三角形网格内使用。对于立方体的表面边界、圆柱侧面与上下底面的边界等明显折痕处，不应使用相邻面的法向量的平均值作为点法向量，这会使本来不应该光滑的地方显得很奇怪。

7.4.1 GouraudShader

GouraudShader 由法国计算机图形学家 Gouraud 提出[3]。它首先计算三角形各顶点的点法向量，然后调用简单光照模型计算各顶点的光强，三角形内部各点的光强则通过对三角形顶点光强的双线性插值得到。GouraudShader 的实现步骤如下。

（1）计算三角形网格顶点的平均法向量。在图 7.17 所示的三角形网格中，顶点 P 被 n（$n=8$）个三角形共享。P 点的法向量 $\boldsymbol{N}$ 应取共享 P 点的所有三角形网格的表面法向量 $\boldsymbol{N}_i$ 的平均值，即

$$\boldsymbol{N}=\frac{\sum_{i=0}^{n-1}\boldsymbol{N}_i}{\left|\sum_{i=0}^{n-1}\boldsymbol{N}_i\right|} \tag{7.24}$$

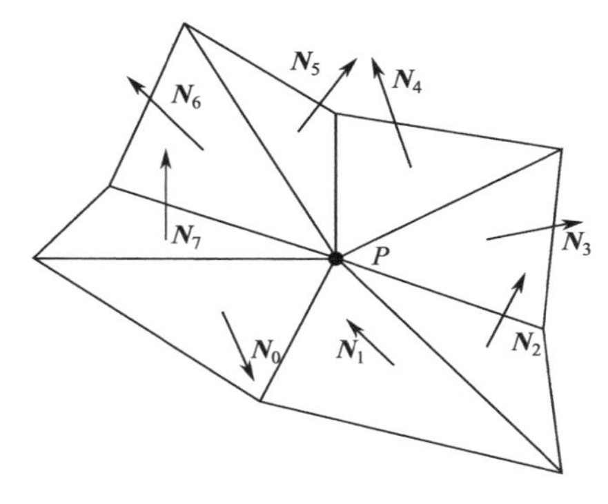

图 7.17　计算点法向量

式中，$\boldsymbol{N}_i$ 为共享顶点 P 的三角形网格的面法向量，$\boldsymbol{N}$ 为点法向量。

（2）对三角形网格的每个顶点调用光照模型计算光强。

（3）按照扫描线顺序使用线性插值计算三角形网格边界上每一点的光强。

（4）在扫描线与三角形相交跨度内，首先使用线性插值算法计算三角形内每一点的光强，然后将光强分解为 RGB

三原色的颜色值。

GouraudShader 采用双线性插值算法计算多边形内一点 f 处的光强（如图 7.18 所示），即

$$\begin{cases} I_d = (1-t)I_a + tI_c \\ I_e = (1-t)I_b + tI_c, \quad t \in [0,1] \\ I_f = (1-t)I_d + tI_e \end{cases} \tag{7.25}$$

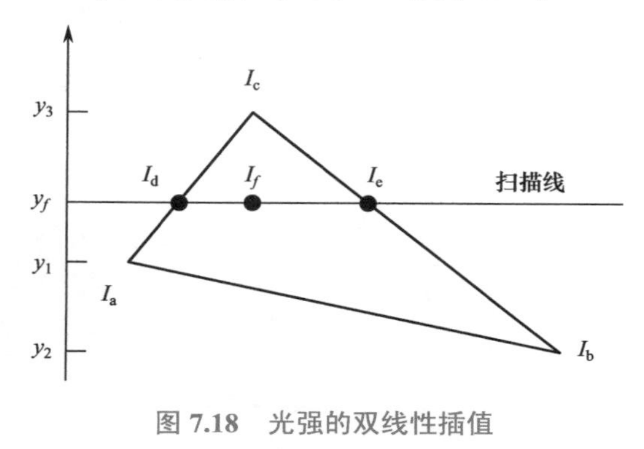

图 7.18　光强的双线性插值

与三角形顶点坐标联系起来，有

$$\begin{cases} I_d = \dfrac{y_c - y_d}{y_c - y_a} I_a + \dfrac{y_d - y_a}{y_c - y_a} I_c \\ I_e = \dfrac{y_c - y_e}{y_c - y_b} I_b + \dfrac{y_e - y_b}{y_c - y_b} I_c \\ I_f = \dfrac{x_e - x_f}{x_e - x_d} I_d + \dfrac{x_f - x_d}{x_e - x_d} I_e \end{cases} \tag{7.26}$$

GouraudShader 容易与扫描线算法结合起来，计算三角形网格内各点的光强。

7.4.2　PhongShader

PhongShader 由美国计算机图形学家 Phong 提出[4]。它首先计算曲面各网格点的点法向量，然后使用双线性插值计算三角形内部各点的法向量，最后使用三角形网格内各点的法向量调用光照模型计算其获得的光强。Phong 明暗处理的实现步骤如下。

（1）计算三角形网格顶点的平均法向量，即

$$\boldsymbol{N} = \frac{\sum_{i=0}^{n-1} \boldsymbol{N}_i}{\left| \sum_{i=0}^{n-1} \boldsymbol{N}_i \right|} \tag{7.27}$$

式中，$\boldsymbol{N}_i$ 为共享顶点的三角形网格的面法向量，$\boldsymbol{N}$ 为点法向量。

（2）按照扫描线顺序使用线性插值计算三角形网格边界上每一点的法向量。

（3）在扫描线与三角形相交跨度内，使用线性插值算法计算三角形内每一点的法向量。

（4）首先对三角形网格内的每一点使用法向量调用光照模型计算获得的光强，然后将光强分解为 RGB 三原色的颜色值。需要注意的是，插值后的法向量也需要归一化为单位向量，才能用于光强计算。

Phong 采用双线性插值计算多边形内一点 f 处的法向量（如图 7.19 所示），即

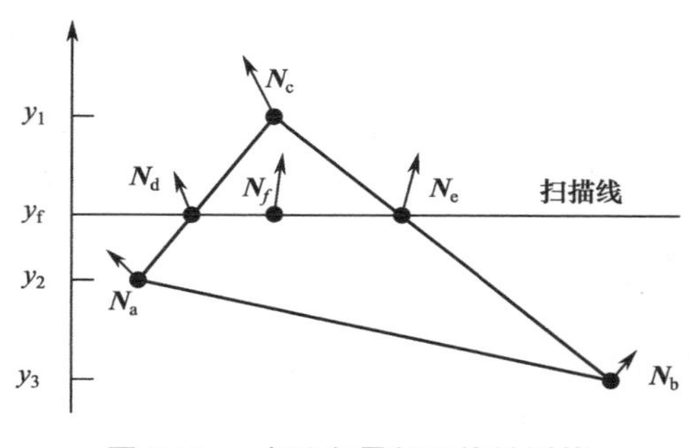

图 7.19　点法向量的双线性插值

$$\begin{cases} \boldsymbol{N}_d = (1-t)\boldsymbol{N}_a + t\boldsymbol{N}_c \\ \boldsymbol{N}_e = (1-t)\boldsymbol{N}_b + t\boldsymbol{N}_c, \quad t \in [0,1] \\ \boldsymbol{N}_f = (1-t)\boldsymbol{N}_d + t\boldsymbol{N}_e \end{cases} \tag{7.28}$$

与多边形顶点的坐标联系起来，有

$$\begin{cases} \boldsymbol{N}_d = \dfrac{y_c - y_d}{y_c - y_a} \boldsymbol{N}_a + \dfrac{y_d - y_a}{y_c - y_a} \boldsymbol{N}_c \\ \boldsymbol{N}_e = \dfrac{y_c - y_e}{y_c - y_b} \boldsymbol{N}_b + \dfrac{y_e - y_b}{y_c - y_b} \boldsymbol{N}_c \\ \boldsymbol{N}_f = \dfrac{x_e - x_f}{x_e - x_d} \boldsymbol{N}_d + \dfrac{x_f - x_d}{x_e - x_d} N_e \end{cases} \tag{7.29}$$

对于表 7.1 给出的“红宝石”材质属性的球面，取同样的光源位置和视点位置。视径取 1200，视距取 800，递归深度取 3，即球体划分为 $4^3 \times 8$（片）= 512 个小平面。聚光指数取 10 时，使用

FlatShader、GouraudShader 和 PhongShader 绘制，效果如图 7.20 所示。FlatShader 仅使用三角形网格的面法向量计算顶点光强，也可以理解为每个三角形网格只使用一个顶点的光强渲染，不需要进行光强线性插值，FlatShader 的马赫带效应最明显；GouraudShader 计算三角形网格每个顶点的光强，三角形内部使用 3 个顶点的光强进行线性插值，高光处仍能看到四边形网格的白色边界线。PhongShader 计算三角形网格内每一点的颜色，提供了更柔和、更平滑的高光。

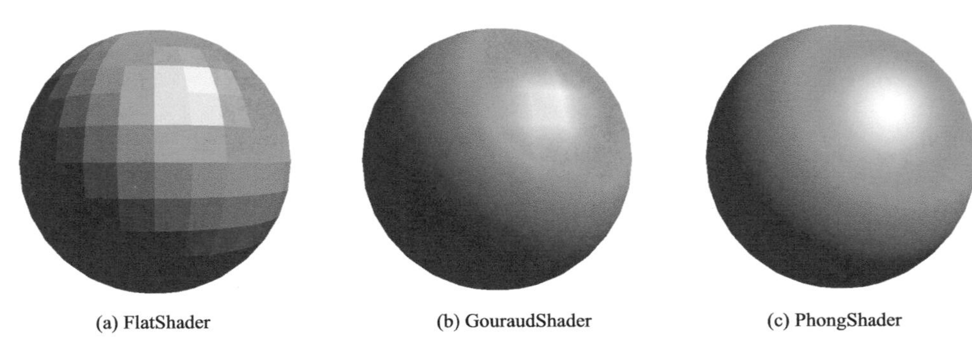

(a) FlatShader　(b) GouraudShader　(c) PhongShader

图 7.20　球面明暗处理的高光效果图

GouraudShader 和 PhongShader 都解决了三角形网格之间颜色不连续过渡的问题。GouraudShader 仅调用光照类计算三角形网格顶点的光强，计算量小，属于点元着色技术。PhongShader 需要调用光照类计算三角形网格内每一点的光强，计算量大，属于片元着色技术。PhongShader 的渲染时间是 GouraudShader 的 6～8 倍。GouraudShader 只在网格的顶点调用光照模型，最小高光只能在网格的周围形成，不能在网格内部形成。而 PhongShader 允许对网格内的每一点调用光照模型计算该点的光强，因此可以产生正确的高光。需要强调的是，由于 PhongShader 计算三角形网格内每一点的光强时，若材质属性取自一幅图像，则可为物体添加纹理效果，因此 PhongShader 是主流着色算法。后续的讲解主要基于 PhongShader 着色器展开。

7.5　实验 16：圆环 PhongShader 三维动画

1. 实验描述

在 xOy 面内定义一个偏置圆，如图 7.21 所示，该圆使用 4 段三次贝塞尔曲线拼接。圆绕 y 轴回转一周构造出一个圆环。假设视点位于屏幕正前方，在视点位置布置一个白色光源。圆环的材质为“红宝石”材质，见表 7.1。试基于简单光照模型制作圆环的 PhongShader 三维动画，效果如图 7.22 所示。

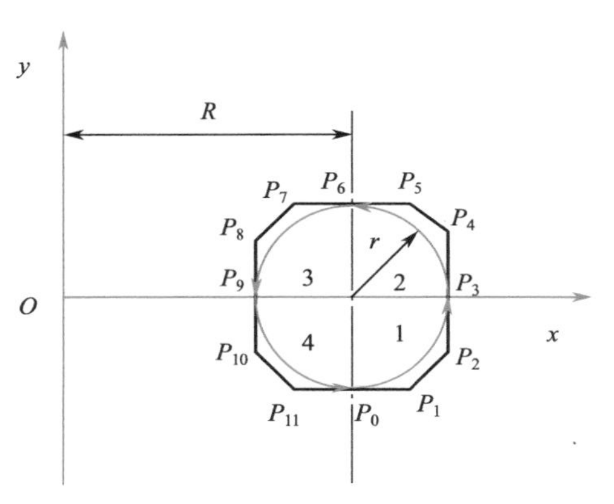

图 7.21　偏置圆绕 y 轴旋转构造圆环

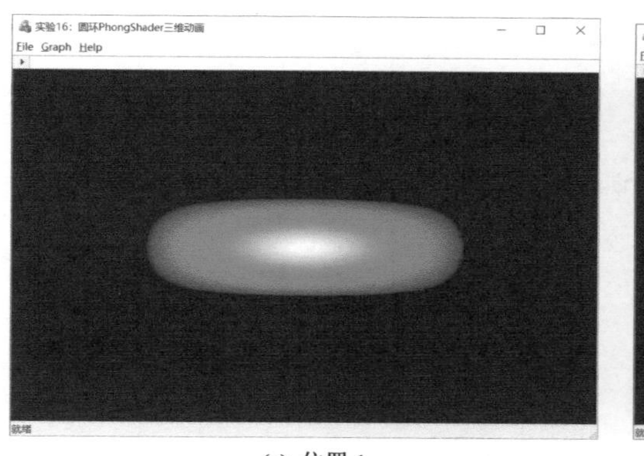

(a) 位置 1

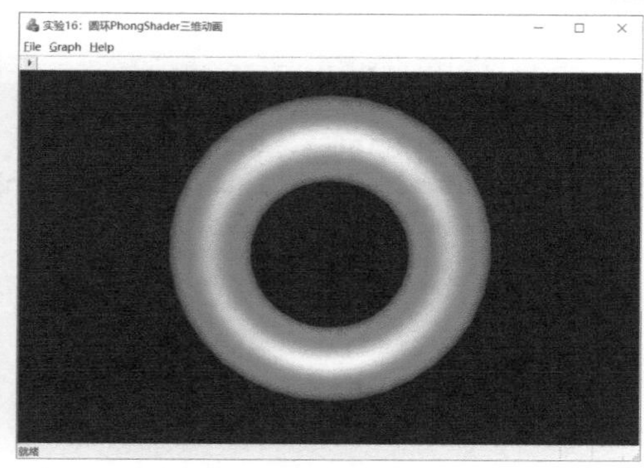

(b) 位置 2

图 7.22 实验 16 效果图

2. 实验设计

（1）使用 4 段三次贝塞尔曲线构造圆，圆的半径为 r。圆的圆心到 y 轴的距离为 R（$R \geq r$），该圆绕 y 轴旋转构造圆环。

（2）圆环为凹物体，只能使用 ZBuffer 算法或画家算法消隐。建议首先使用背面剔除算法进行预处理，然后对可见表面使用 ZBuffer 算法进行消隐。圆环可以使用 GouraudShader 或 PhongShader 着色，本实验讲解后者。

（3）网格顶点的法向量是计算光照的一个重要参数，代表了共享该顶点的所有小面的法向量的平均值。对于圆环的四边形网格的每个顶点，可以使用相邻的 4 个平面四边形网格的法向量进行平均，如图 7.23 所示。这种方法需要考虑贝塞尔曲面边界处如何连接的问题。事实上，也可使用双三次贝塞尔曲面的偏导数来计算顶点法向量，参见式（4.26）。

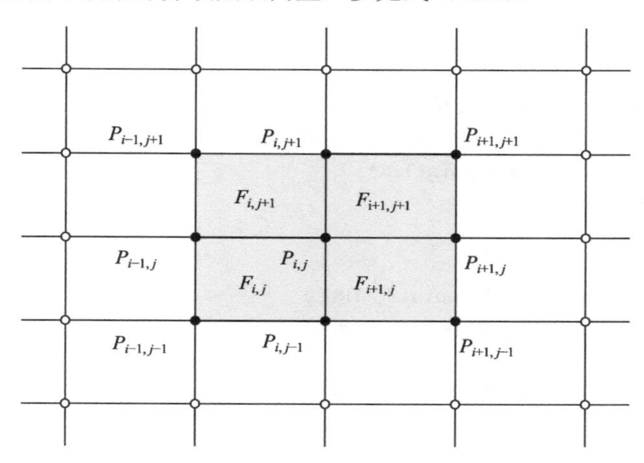

图 7.23 计算四边形网格顶点的法向量

3. 实验编码

（1）将法向量绑定到顶点

为 CPoint2 类添加数据成员 n，代表点的法向量。

```
    #include "RGB.h"
    #include "Vector3.h"
1   class CPoint2
    {
```

```
    public:
        CPoint2(void);
5       CPoint2(int x, int y);
        CPoint2(int x, int y, CRGB c);
        CPoint2(int x, int y, CVector3 n);
        virtual ~CPoint2(void);
    public:
10      int x, y;                         //坐标
        CRGB c;                           //颜色
        CVector3 n;                       //法向量
    };
```

程序说明：将颜色 c 和法向量 n 绑定到顶点(x,y)，方便对点的颜色和法向量进行线性插值。

（2）设计 CZBuffer 类的 PhongShader 函数

在 CZBuffer 类中，用 PhongShader 函数取代 GouraudShader 函数，参数包括视点 ViewPoint、光照 pLight 和材质 pMaterial。

```
1   void CZBuffer::PhongShader(CDC* pDC, CP3 ViewPoint, CLighting* pLight, CMaterial* pMaterial)
    {
        Double CurrentDepth = 0.0;
        CVector3 Vector01(P0, P1), Vector02(P0, P2);
5       CVector3 fNormal = CrossProduct(Vector01, Vector02);
        double A = fNormal.x, B = fNormal.y, C = fNormal.z;
        double D = -A * P0.x - B * P0.y - C * P0.z;
        if (fabs(C) < 1e-4)
            C = 1.0;
10      double DepthStep = -A / C;
        SortVertex();
        int nTotalLine = point1.y - point0.y + 1;
        SpanLeft = new CPoint2[nTotalLine];
        SpanRight = new CPoint2[nTotalLine];
15      int nDeltz = (point1.x - point0.x) * (point2.y - point1.y) - (point1.y - point0.y) *
                (point2.x - point1.x);
        if (nDeltz > 0)
        {
            nIndex = 0;
            EdgeFlag(point0, point2, TRUE);
20          EdgeFlag(point2, point1, TRUE);
            nIndex = 0;
            EdgeFlag(point0, point1, FALSE);
        }
        else
25      {
            nIndex = 0;
            EdgeFlag(point0, point1, TRUE);
            nIndex = 0;
            EdgeFlag(point0, point2, FALSE);
30          EdgeFlag(point2, point1, FALSE);
        }
        for (int y = point0.y; y < point1.y; y++)
        {
            int n = y - point0.y;
```

```
35              for (int x = SpanLeft[n].x; x < SpanRight[n].x; x++)
                {
                    CurrentDepth = -(A * x + B * y + D) / C;//z=-(Ax+By+D)/C
                    CVector3 ptNormal = LinearInterp(x, SpanLeft[n].x, SpanRight[n].x,
                                                     SpanLeft[n].n, SpanRight[n].n);
                    ptNormal = ptNormal.Normalize();
40                  CRGB Intensity = pLight->Illuminate(ViewPoint, CP3(x, y, CurrentDepth),
                                                        ptNormal, pMaterial);    //计算光强
                    if (CurrentDepth <= zBuffer[x + nWidth / 2][y + nHeight / 2])
                                                                              //ZBuffer 算法
                    {
                        zBuffer[x + nWidth / 2][y + nHeight / 2] = CurrentDepth;
                        pDC->SetPixelV(x, y, COLOR(Intensity));
45                  }
                    CurrentDepth += DepthStep;
                }
            }
            if (SpanLeft)
50          {
                delete[]SpanLeft;
                SpanLeft = NULL;
            }
            if (SpanRight)
55          {
                delete[]SpanRight;
                SpanRight = NULL;
            }
    }
60  CVector3 CZBuffer::LinearInterp(double t, double tStart, double tEnd, CVector3 vStart,
                                    CVector3 vEnd)
    {
        CVector3 vector;
        vector = (tEnd - t) / (tEnd - tStart) * vStart + (t - tStart) / (tEnd - tStart) * vEnd;
        return vector;
65  }
                SpanRight = NULL;
            }
        }
        CVector3 CZBuffer::LinearInterp(double t, double tStart, double tEnd, CVector3 vStart, CVector3 vEnd)
70      {
            CVector3 vector;
            vector = (tEnd - t) / (tEnd - tStart) * vStart + (t - tStart) / (tEnd - tStart) * vEnd;
            return vector;
        }
```

程序说明：第 38 行语句对法向量进行线性插值，插值结果需要归一化。第 40 行语句调用 Illuminate 函数计算三角形小面内每一点的光强。第 60～65 行语句定义法向量插值函数。需要注意的是，在 PhongShader 函数中不需要对颜色进行线性插值，所以 CZBuffer 类不定义颜色线性插值函数。

（3）双三次曲面片

在双三次贝塞尔曲面中计算了四边形网格每个顶点的法向量。

```
    #include"Mesh.h"
```

```
    #include"ZBuffer.h"
    #include"Projection.h"
1   class CBezierPatch
    {
    public:
        CBezierPatch(void);
5       virtual ~CBezierPatch(void);
        void ReadControlPoint(CP3 CtrPt[4][4], int ReNumber);   //16 个控制点和递归深度
        void SetScene(CLighting* pLight, CMaterial* pMaterial); //设置场景
        void DrawCurvedPatch(CDC* pDC, CZBuffer* pZBuffer);     //绘制曲面
    private:
10      void Recursion(CDC* pDC, CZBuffer* pZBuffer, int ReNumber, CMesh Mesh);  //递归函数
        void Tessellation(CMesh Mesh);                          //细分函数
        void DrawFacet(CDC* pDC, CZBuffer* pZBuffer);           //绘制四边形网格
        void LeftMultiplyMatrix(double M[4][4], CP3 P[4][4]);   //左乘控制点矩阵
        void RightMultiplyMatrix(CP3 P[4][4], double M[4][4]);  //右乘控制点矩阵
15      void TransposeMatrix(double M[4][4]);                   //转置矩阵
    private:
        int ReNumber;                                           //递归深度
        CP3 quadrP[4];                                          //四边形网格点
        CVector3 quadrN[4];                                     //四边形网格点法向量
20      CP3 CtrPt[4][4];                                        //曲面 16 个控制点
        CProjection projection;                                 //投影
        CLighting* pLight;                                      //光照
        CMaterial* pMaterial;                                   //材质
    };
25  CBezierPatch::CBezierPatch(void)
    {
        ReNumber = 0;
    }
    CBezierPatch::~CBezierPatch(void)
30  {
    }
    void CBezierPatch::ReadControlPoint(CP3 CtrPt[4][4], int ReNumber)
    {
        for (int i = 0; i< 4; i++)
35          for (int j = 0; j < 4; j++)
                this->CtrPt[i][j] = CtrPt[i][j];
        this->ReNumber = ReNumber;
    }
    void CBezierPatch::SetScene(CLighting* pLight, CMaterial* pMaterial)  //设置场景
40  {
        this->pLight = pLight;
        this->pMaterial = pMaterial;
    }
    void CBezierPatch::DrawCurvedPatch(CDC* pDC, CZBuffer* pZBuffer)
45  {
        CMesh Mesh;
        Mesh.BL = CT2(0, 0), Mesh.BR = CT2(1, 0);                //初始化 uv
        Mesh.TR = CT2(1, 1), Mesh.TL = CT2(0, 1);
        Recursion(pDC, pZBuffer, ReNumber, Mesh);                //递归函数
50  }
```

```
    void CBezierPatch::Recursion(CDC* pDC, CZBuffer* pZBuffer, int ReNumber, CMesh Mesh)
    {
        if(0 == ReNumber)
        {
55          Tessellation(Mesh);                    //细分曲面
            DrawFacet(pDC, pZBuffer);              //绘制小平面
            return;
        }
        else
60      {
            CT2 Mid = (Mesh.BL + Mesh.TR) / 2.0;
            CMesh SubMesh[4];                      //四叉树
            SubMesh[0].BL = Mesh.BL;
            SubMesh[0].BR = CT2(Mid.u,Mesh.BL.v);
65          SubMesh[0].TR = CT2(Mid.u, Mid.v);
            SubMesh[0].TL = CT2(Mesh.BL.u, Mid.v);
            SubMesh[1].BL = SubMesh[0].BR;
            SubMesh[1].BR = Mesh.BR;
            SubMesh[1].TR = CT2(Mesh.BR.u, Mid.v);
70          SubMesh[1].TL = SubMesh[0].TR;
            SubMesh[2].BL = SubMesh[1].TL;
            SubMesh[2].BR = SubMesh[1].TR;
            SubMesh[2].TR = Mesh.TR;
            SubMesh[2].TL = CT2(Mid.u, Mesh.TR.v);
75          SubMesh[3].BL = SubMesh[0].TL;
            SubMesh[3].BR = SubMesh[2].BL;
            SubMesh[3].TR = SubMesh[2].TL;
            SubMesh[3].TL = Mesh.TL;
            Recursion(pDC, pZBuffer, ReNumber - 1, SubMesh[0]);      //递归绘制子曲面
80          Recursion(pDC, pZBuffer, ReNumber - 1, SubMesh[1]);
            Recursion(pDC, pZBuffer, ReNumber - 1, SubMesh[2]);
            Recursion(pDC, pZBuffer, ReNumber - 1, SubMesh[3]);
        }
    }
85  void CBezierPatch::Tessellation(CMesh Mesh)                          //细分曲面函数
    {
        double M[4][4];                                   //系数矩阵 M
        M[0][0] =-1, M[0][1] = 3, M[0][2] =-3, M[0][3] = 1;
        M[1][0] = 3, M[1][1] =-6, M[1][2] = 3, M[1][3] = 0;
90      M[2][0] =-3, M[2][1] = 3, M[2][2] = 0, M[2][3] = 0;
        M[3][0] = 1, M[3][1] = 0, M[3][2] = 0, M[3][3] = 0;
        CP3 P3[4][4];                                     //曲线计算用控制点数组
        for(int i = 0; i < 4; i++)
            for(int j = 0; j < 4; j++)
95              P3[i][j] = CtrPt[i][j];
        LeftMultiplyMatrix(M, P3);                        //系数矩阵左乘控制点矩阵
        TransposeMatrix(M);                               //计算转置矩阵
        RightMultiplyMatrix(P3, M);                       //系数矩阵右乘控制点矩阵
        double u0, u1, u2, u3, v0, v1, v2, v3;            //u,v 参数的幂
100     double u[4] = { Mesh.BL.u,Mesh.BR.u ,Mesh.TR.u ,Mesh.TL.u };
        double v[4] = { Mesh.BL.v,Mesh.BR.v ,Mesh.TR.v ,Mesh.TL.v };
```

```
        for(int i = 0;i < 4; i++)
        {
            u3 = pow(u[i], 3.0), u2 = pow(u[i], 2.0), u1 = u[i], u0 = 1;
105         v3 = pow(v[i], 3.0), v2 = pow(v[i], 2.0), v1 = v[i], v0 = 1;
            quadrP[i] = (u3 * P3[0][0] + u2 * P3[1][0] + u1 * P3[2][0] + u0 * P3[3][0]) * v3
                   + (u3 * P3[0][1] + u2 * P3[1][1] + u1 * P3[2][1] + u0 * P3[3][1]) * v2
                   + (u3 * P3[0][2] + u2 * P3[1][2] + u1 * P3[2][2] + u0 * P3[3][2]) * v1
                   + (u3 * P3[0][3] + u2 * P3[1][3] + u1 * P3[2][3] + u0 * P3[3][3]) * v0;
110         CP3 uTangent, vTangent;                          //u、v 方向的偏导数
            double du3, du2, du1, du0;
            du3 = 3.0 * pow(u[i], 2.0), du2 = 2.0 * u[i], du1 = 1, du0 = 0.0;
            v3 = pow(v[i], 3.0), v2 = pow(v[i], 2.0), v1 = v[i], v0 = 1.0;
            uTangent = (du3 * P3[0][0] + du2 * P3[1][0] + du1 * P3[2][0] + du0 * P3[3][0]) * v3
                  + (du3 * P3[0][1] + du2 * P3[1][1] + du1 * P3[2][1] + du0 * P3[3][1]) * v2
                  + (du3 * P3[0][2] + du2 * P3[1][2] + du1 * P3[2][2] + du0 * P3[3][2]) * v1
                  + (du3 * P3[0][3] + du2 * P3[1][3] + du1 * P3[2][3] + du0 * P3[3][3]) * v0;
115         double dv3, dv2, dv1, dv0;
            u3 = pow(u[i], 3.0), u2 = pow(u[i], 2.0), u1 = u[i], u0 = 1.0;
            dv3 = 3.0 * pow(v[i], 2.0), dv2 = 2.0 * v[i], dv1 = 1.0, dv0 = 0.0;
            vTangent = (u3 * P3[0][0] + u2 * P3[1][0] + u1 * P3[2][0] + u0 * P3[3][0]) * dv3
                  + (u3 * P3[0][1] + u2 * P3[1][1] + u1 * P3[2][1] + u0 * P3[3][1]) * dv2
                  + (u3 * P3[0][2] + u2 * P3[1][2] + u1 * P3[2][2] + u0 * P3[3][2]) * dv1
                  + (u3 * P3[0][3] + u2 * P3[1][3] + u1 * P3[2][3] + u0 * P3[3][3]) * dv0;
            quadrN[i] = CrossProduct(CVector3(uTangent), CVector3(vTangent)).Normalize();
120     }
    }
    void CBezierPatch::DrawFacet(CDC* pDC, CZBuffer* pZBuffer)
    {
        CP3 ScreenPoint[4];                                    //三维投影点
125     CP3 ViewPoint = projection.GetEye();
        for (int nPoint = 0; nPoint < 4; nPoint++)
            ScreenPoint[nPoint] = projection.PerspectiveProjection3(quadrP[nPoint]);
                                                                         //透视投影
        pZBuffer->SetPoint(ScreenPoint[0], ScreenPoint[2], ScreenPoint[3],
                       quadrN[0], quadrN[2], quadrN[3]);                 //绘制上三角形
        pZBuffer->PhongShader(pDC, ViewPoint, pLight, pMaterial);
130     pZBuffer->SetPoint(ScreenPoint[0], ScreenPoint[1], ScreenPoint[2],
                    quadrN[0], quadrN[1], quadrN[2]);                    //绘制下三角形
        pZBuffer->PhongShader(pDC, ViewPoint, pLight, pMaterial);
    }
```

程序说明：第 106 行语句中的 quadrP 是网格三维顶点数组。第 110～119 行语句通过 u、v 方向的偏导数，计算四边形网格顶点的法向量，参见式（4.22）～式（4.26）。第 122～132 行语句填充四边形网格。第 119 行语句中的 quadrN 是网格三维顶点法向量数组。第 128 行语句调用 CZBuffer 类的 SetPoint 函数传递上三角形的顶点坐标及每个点的法向量。第 129 行语句和 131 行语句均调用 CZBuffer 类的 PhongShader 函数绘制三角形。由于在三角形片元内，先对法向量插值，后调用光照函数 illuminate 计算每一点的光强，所以需要同时传递视点、光照和材质参数。另外，本段代码中只给出了矩阵乘法和转置矩阵等函数的声明，受篇幅限制并未重复给出相关函数的定义。请读者参看第 4 章的实验 8 中的介绍。

4. 实验小结

简单光照模型由 CLightSource、CMaterial、CLighting 三个类构成。圆环是凹物体，使用

ZBuffer 算法进行面消隐。本实验使用 PhongShader 着色算法绘制了光照圆环。PhongShader 的特点是将光强的计算放到了 CZBuffer 类内。

7.6　本章小结

本章介绍了两个简单光照模型，Phong 光照模型给出了完全镜面反射方向 $\boldsymbol{R}$，而 Blinn-Phong 光照模型给出了虚拟镜面反射方向 $\boldsymbol{H}$。三角形小面的渲染可以使用 GouraudShader 和 PhongShader 两种算法。前者是基于点元设计的，仅调用光照模型计算三角形网格点的反射光强，三角形内部各点的光强通过双线性插值得到；后者是基于片元设计的，它首先通过对三角形网格点的法向量进行插值，计算三角形内各像素点的法向量，然后对各像素点调用光照模型计算反射光光强。计算点法向量推荐使用的是偏导数计算方法[12]，通过对网格顶点的 u 方向偏导数和 v 方向偏导数进行叉乘运算，计算该点的法向量。Catmull 推荐的这种方法简单易行，可以实现法向量跨曲面片的计算。但是在处理球体的南北极点时，由于 v 方向偏导数为零，会出现图 7.24 所示“黑点”。绘制茶壶时也存在类似的问题。我们知道，球体在南北极的法向量确实存在，只是使用偏导数无法计算。此时，可以使用该点的位置向量代替偏导数计算的法向量。图 7.25 是茶壶壶盖处理后的效果图，壶盖中心不再出现黑点，光照正常。

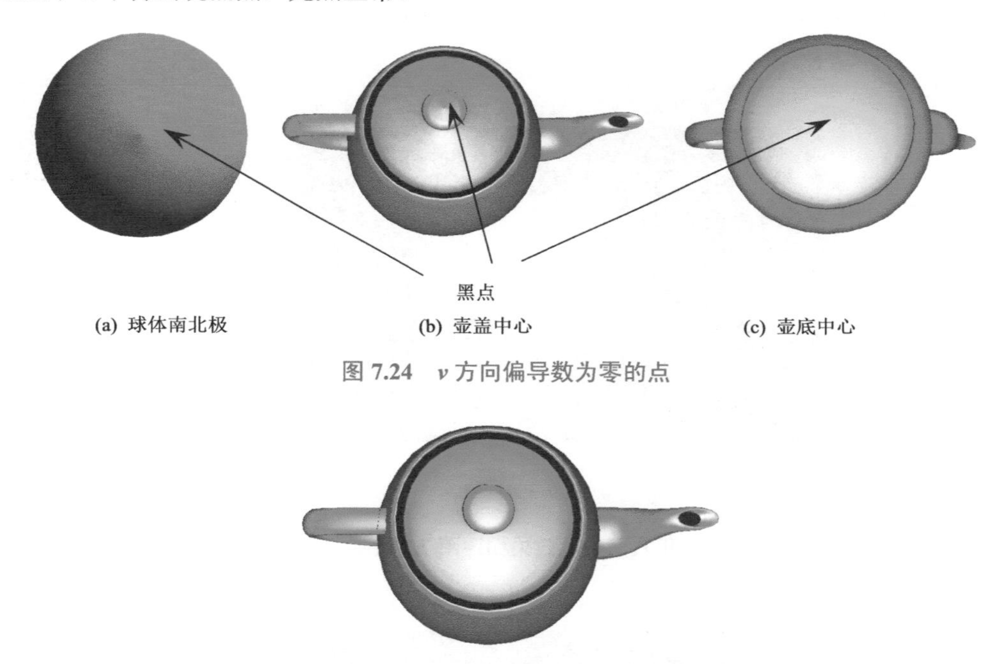

(a) 球体南北极　(b) 壶盖中心　(c) 壶底中心

图 7.24　v 方向偏导数为零的点

图 7.25　v 方向偏导数取位置向量的效果图

在代码实现方面，设计基于 PhongShader 的填充类时需要包含光照类，而设计基于 GouraudShader 的填充类时不需要包含光照类，这是因为 GouraudShader 在向填充类传入多边形网格点之前，就已经计算好了每个顶点的光强，多边形内部各点的光强使用网格点光强的双线性插值计算。本章建议的标准渲染算法是基于 ZBuffer 环境使用 PhongShader 进行渲染的。学完本章后，CLightSource 类、CMaterial 类、CLighting 类可以作为工具类使用。

习题 7

7.1　假定网格顶点的颜色均取第一个顶点的颜色，则绘制效果为平面着色，效果如题图 7.1 所示。试在

CTriangle 类内定义 FlatShader 函数实现。

题图 7.1

7.2 基于背面剔除消隐算法，使用 PhongShader 算法渲染球体，效果如题图 7.2 所示。试基于 CTriangle 类编程实现。

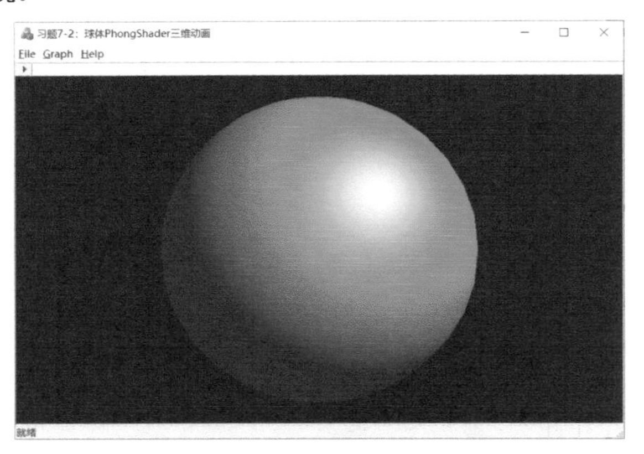

题图 7.2

7.3 使用 PhongShader 算法渲染正八面体，效果如题图 7.3 所示。试在 CZBuffer 类内编程实现。

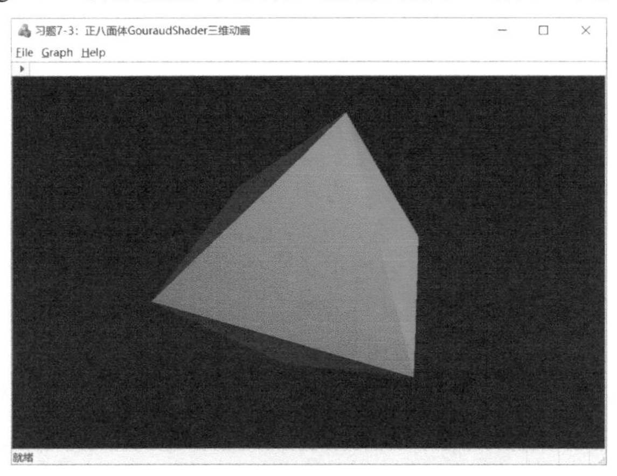

题图 7.3

7.4　将双三次贝塞尔曲面的控制多边形变形为长方体形状，曲面会随之变形，效果如题图 7.4 所示。曲面的投影方式为斜投影，试在 `CZBuffer` 类内编程制作光照变形动画。

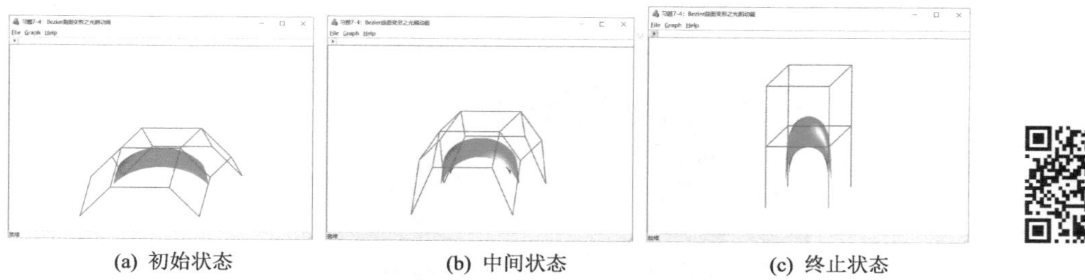

(a) 初始状态　　(b) 中间状态　　(c) 终止状态

题图 7.4

7.5　试在 `CZBuffer` 类内编程制作圆环的 GouraudShader 三维动画，效果如题图 7.5 所示。

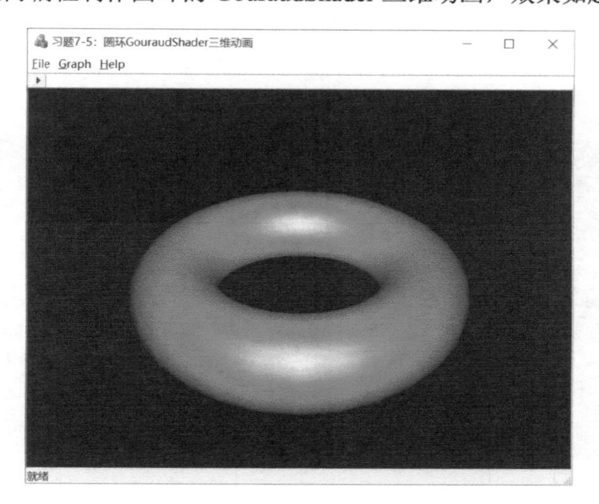

题图 7.5

7.6　试在 `CZBuffer` 类内编程制作立方体的 GouraudShader 三维动画，效果如题图 7.6 所示。

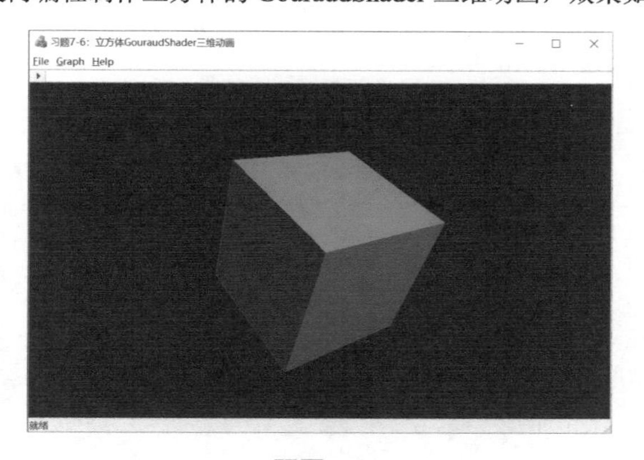

题图 7.6

7.7　试在 `CZBuffer` 类内编程制作立方体的 PhongShader 三维动画，效果如题图 7.7 所示。

7.8　试在 `CZBuffer` 类内编程制作圆环的 FlatShader 三维动画，效果如题图 7.8 所示。

7.9　前面所有的习题都是在 Blinn-Phong 光照模型照射下绘制的，高光的方向是中分向量 $\boldsymbol{H}$ 的方向，高光计算公式使用了式（7.12）。Phong 光照模型中完全镜面反射高光的方向是 $\boldsymbol{R}$，高光计算公式使用了式（7.7）。使用实验 15 中给出的光源和材质参数，试在 CZBuffer 类内编程制作球面 Phong 光照模型的 GouraudShader 三维动画，效果如题图 7.9 所示。

题图 7.7

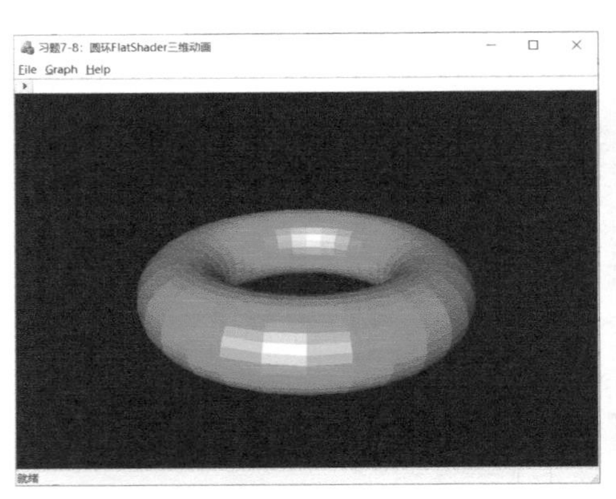

题图 7.8

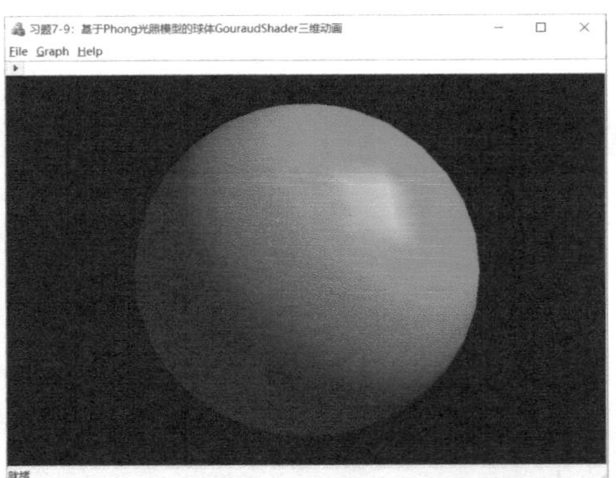

题图 7.9

7.10 花瓶的瓶身由 xOy 面内的一段三次贝塞尔曲线回转而成，花瓶的底部由 xOy 面内的一段三次贝塞尔曲线回转而成。试基于 ZBuffer 面消隐算法和 PhongShader 渲染算法，制作双光源照射下的花瓶三维动画，效果如题图 7.10 所示。

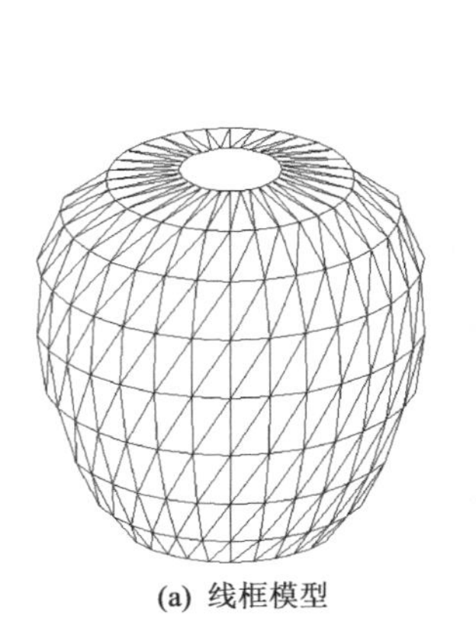

(a) 线框模型

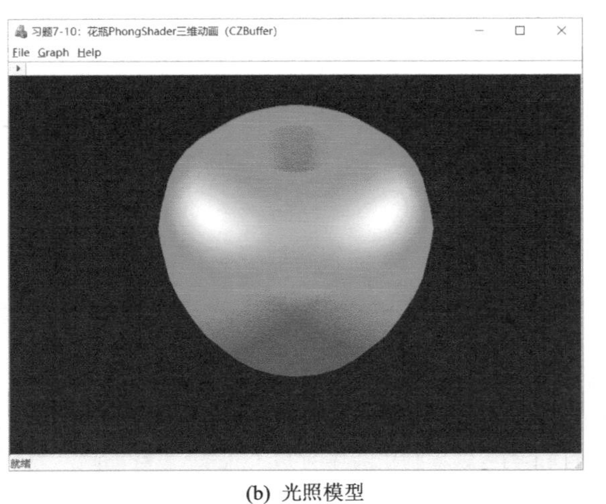

(b) 光照模型

题图 7.10

7.11　对于暂时没有掌握三角形填充算法的读者，可以使用简单光照模型为线框球体着色。假定球体前面的左上方和右下方各放置一个光源，球体材质为“红宝石”。试基于第 2 章提供的颜色渐变直线类 `CLine`，制作光照线框球。球体使用背面剔除算法消隐后，三维动画效果如题图 7.11 所示。

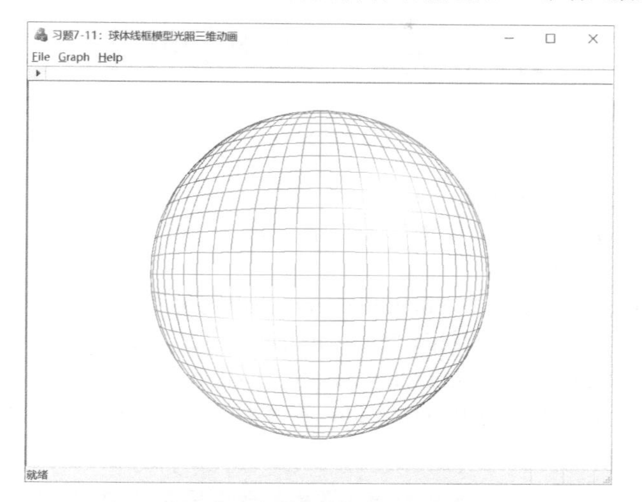

题图 7.11

7.12　使用 PhongShader 为圆角圆柱添加光照效果，圆柱的材质为“红宝石”，三维动画效果如题图 7.12 所示。

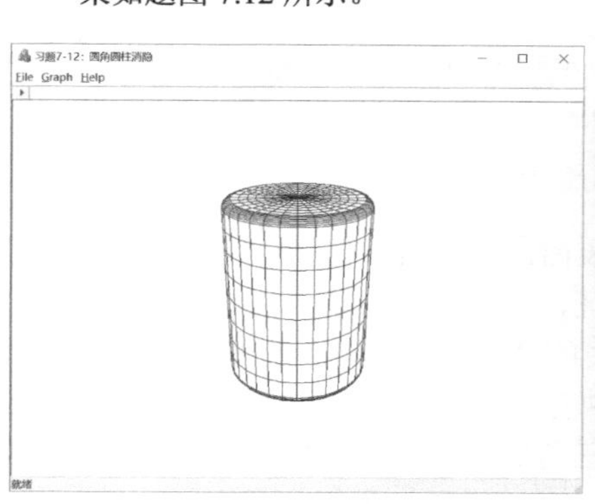

(a) 线框模型

(b) 光照模型位置 1

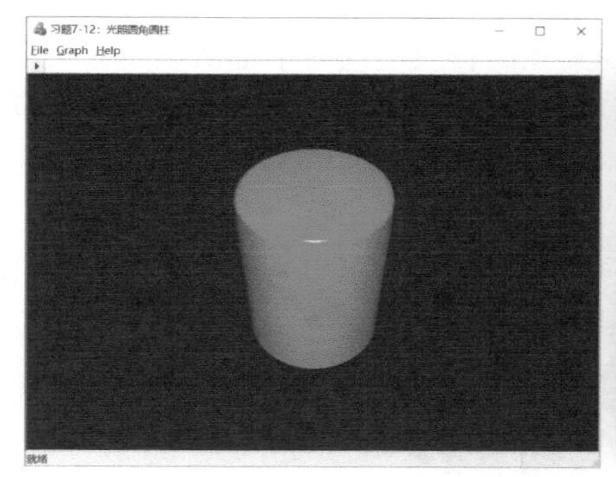

(c) 光照模型位置 2

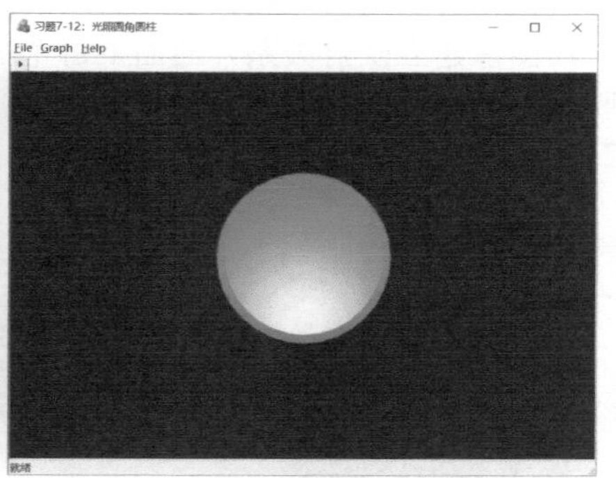

(d) 光照模型位置 3

题图 7.12

第 8 章　纹理映射

- 教学重点：图像纹理、几何纹理。
- 教学难点：跨曲面的纹理映射、纹理类 CTexture。

第 7 章讲解了 GouraudShader 和 PhongShader，使用这两种着色器渲染茶壶的效果如图 8.1 所示。对比图 8.1（b）和图 8.1（c）可以看出，GouraudShader 的高光区域存在马赫带现象，PhongShader 的高光区域表现正常。这是由于 GouraudShader 着色器仅计算了茶壶上网格细分点的光强，网格内部使用双线性插值计算光强；而 PhongShader 着色器计算了茶壶上所有像素点的光强，高光更加真实。

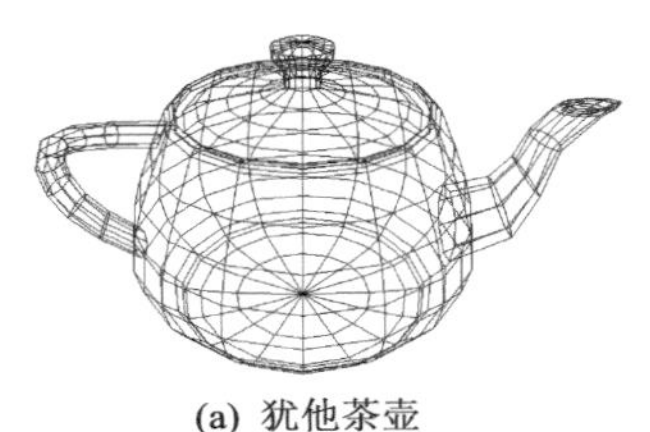

(a) 犹他茶壶

(b) GouraudShader

(c) PhongShader

图 8.1　着色器渲染效果图

简单光照明模型仅考虑表面法向的变化，且假设表面反射率为一常数，因而只能生成颜色单一的光滑表面。现实世界中的物体表面具有丰富的特征，难以直接构造，人们正是依据这些细节来区分各种具有相同形状的不同物体。计算机图形学中的“纹理”一词指的就是物体的表面细节。为物体表面添加纹理是以较低代价模拟表面细节的一种有效方法。从实现层面看，PhongShader 算法根据三角形顶点的法向量，使用双线性插值计算出三角形网格内各个像素点的法向量。当调用 Blinn-Phong 光照模型对三角形网格内的各个像素点着色时，需要知道每个像素点的材质属性。由于漫反射光的无方向性，材质属性一般指的是材质的漫反射率，它通常是一个颜色常数。试想一下，如果曲面与一幅图像建立映射关系，曲面上每个像素点的材质漫反射率都从该图像采样，那么这幅图像就会映射到了曲面上。通过对可见曲面进行透视投影，就可以在屏幕上观察到带纹理的图像，如图 8.2 所示。

(a) 一幅位图

(b) 光照纹理

图 8.2　纹理映射

8.1 纹理的定义

纹理定义在纹理空间中，用规范的 (u,v) 坐标表示。物体一般定义在三维空间 (x,y,z) 中，称为物体空间。特别地，曲面体常用参数 (θ,φ) 描述，所以物体空间也称参数空间。物体以图像的形式输出到屏幕上，用二维坐标 (x_s,y_s) 表示，称为屏幕空间。

为物体表面添加纹理的技术称为纹理映射。纹理映射需要建立物体表面上每一点与已知图像上各点的对应关系，并取图像上相应点的颜色值作为表面上各点的颜色值。纹理映射是从二维纹理空间到二维屏幕空间的变换，可以视为一种对图像的扭曲操作，如图 8.3 所示。第一个映射是从二维纹理空间到三维物体空间的映射。由于物体空间常用参数空间表示，所以主要建立二维纹理空间到三维参数空间的映射，这个映射也称为曲面的参数化。第二个映射是从三维参数空间到二维屏幕空间的映射，这个映射是透视投影，这是最常规的计算机图形学操作。

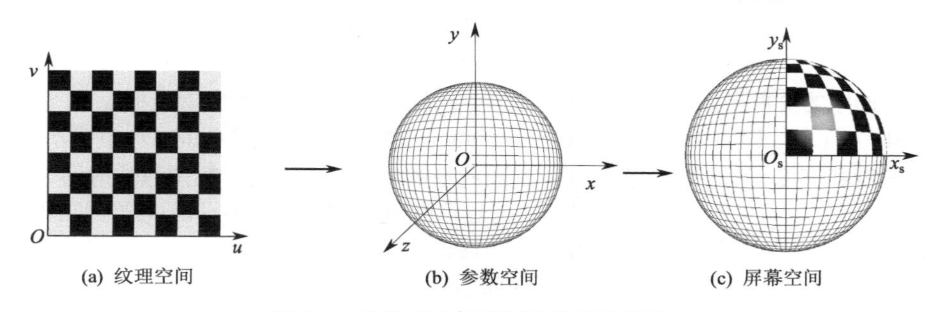

(a) 纹理空间　(b) 参数空间　(c) 屏幕空间

图 8.3 从纹理空间到屏幕空间的映射

8.2 纹理的分类

对于简单光照模型，什么属性发生改变时可以产生纹理效果呢？第 7 章中给出了单光源简单光照模型的计算公式为

$$I = k_a I_a + f(d)\left[k_d I_p \max(\boldsymbol{N}\cdot\boldsymbol{L},0) + k_s I_p \max(\boldsymbol{N}\cdot\boldsymbol{H},0)^n\right]$$

根据上式计算物体表面上任一点 P 的光强 I 时，必须首先确定物体表面的单位光向量 $\boldsymbol{L}$、单位法向量 $\boldsymbol{N}$、中分向量 $\boldsymbol{H}$ 及材质的漫反射率 k_d。当光源的位置不变时，光向量 $\boldsymbol{L}$ 是一个定值，当视点的位置不变时，中分向量 $\boldsymbol{H}$ 是一个定值。影响光强的只有漫反射率 k_d 和单位法向量 $\boldsymbol{N}$。

1974 年，Catmull 在细分曲面时，首先提出了同时递归细分参数曲面和纹理空间的方法[12]，如图 8.4 所示。当子曲面在屏幕上的投影区域与像素尺寸匹配时，按双线性插值确定像素中心处可见子曲面上相应点的参数值，并取对应点处的纹理值作为该像素中心采样点处表面的纹理属性。

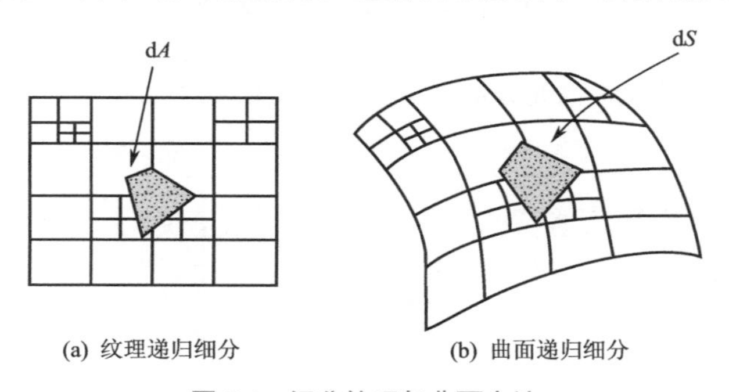

(a) 纹理递归细分　(b) 曲面递归细分

图 8.4 细分纹理与曲面方法

1976年，Blinn和Newell扩展了这一思路，在纹理曲面上添加了漫反射光和镜面反射光效果[15]。采用二维图像来改变物体表面材质的漫反射率 k_d，这种纹理被称为颜色纹理。例如，在物体表面上贴一幅图像，表面的漫反射率将会随着纹理而逐点改变。1978年，Blinn又提出了在光照模型中适当扰动表面网格点的法向量 $\boldsymbol{N}$ 来产生凹凸效果的方法[16]，被称为几何纹理。颜色纹理和几何纹理是最常用的两类纹理。

8.3 图像纹理【理论17】

颜色纹理中，如果使用来自照相机的照片、画家的手工绘画作品等就是所谓的图像纹理，是最常用的一种纹理形式。

8.3.1 读入纹理

图像纹理中最简单的形式为位图。在物体表面上映射图像纹理时，首先要将相应的位图信息读入一维数组。

纹理四边形中的纹理坐标 u, v 定义在区间[0, 1]上。真实位图中的纹素坐标 u 和 v 定义在区间 $[0, w-1]$ 和 $[0, h-1]$ 上，如图8.5所示，其中 w = bmp.width 和 h = bmp.height（bmp表示位图对象），代表位图的宽度和高度。对于双三次贝塞尔曲面构造的物体，一般将一幅图像映射到一个双三次曲面上。每个曲面的定义域是参数 u, v，决定了曲面的 (x, y, z) 空间坐标；位图的参数也是 u 和 v。曲面上的某点需要读取纹理时，用曲面的 u, v 双线性插值结果作为坐标去查询位图的相应纹素，就可以得到该点的纹理颜色。这种方法将位图的细分网格点与曲面的细分网格点坐标绑定在一起，所映射的纹理会随着曲面的转动而转动。需要说明的是，对于两步纹理映射（Two-Part Texture Mapping）、环境纹理映射（Environmental Texture Mapping）、投影纹理映射（Projective Texture Mapping）等高级纹理映射，不必将纹理图绑定到曲面上。

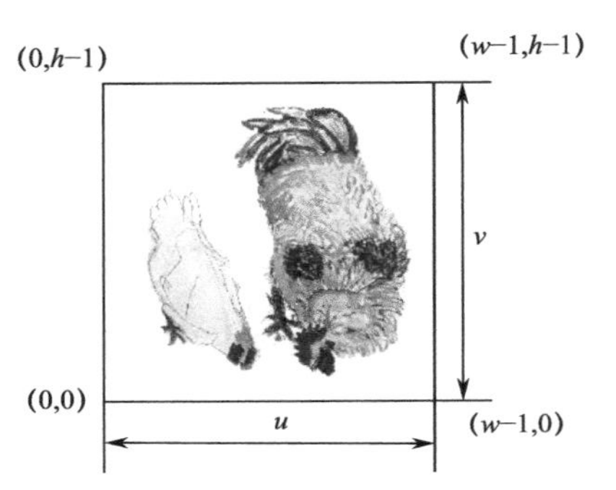

图8.5 位图纹素坐标

一幅位图的纹素坐标范围为

$$u, v \in [0, \mathrm{bmp.width}-1,] \times [0, \mathrm{bmp.height}-1,]$$

8.3.2 处理高光

物体的漫反射光从任何角度观察都是相同的，由于这一与视点无关的性质，漫反射光对表面的贡献可以通过将纹理附加到曲面上来表征。首先取位图上各纹素的颜色作为曲面上采样点的材质属性，然后调用Blinn-Phong光照模型，使用PhongShader来逐像素计算曲面上采样点的光强。有时纹理数据会影响到镜面高光颜色，而对于简单光照模型而言，镜面高光的颜色是由光源颜色决定的，与物体的材质属性无关。处理方法是首先将镜面高光分离出来，然后通过设置材质漫反射率完成纹理映射，最后将镜面高光分量叠加上去，如图8.6所示。

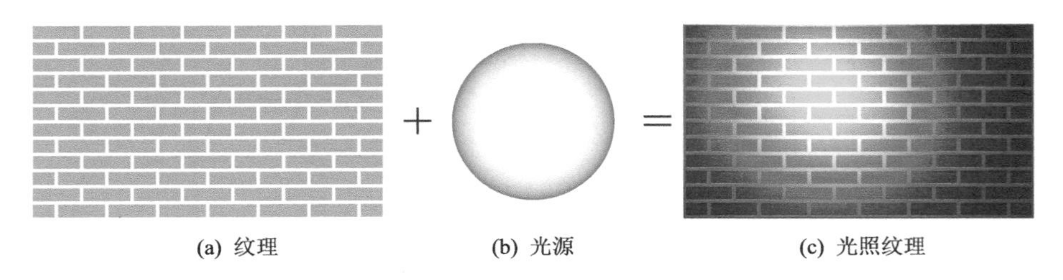

图8.6 纹理叠加镜面高光

8.4　实验 17：球体图像纹理映射

1. 实验描述

将图 8.7(a)所示的位图映射到球体表面上。球体由 8 个双三次贝塞尔曲面拼接而成，每个曲面绑定一幅位图，共映射 8 幅位图，效果如图 8.7(b)所示。

(a) 纹理

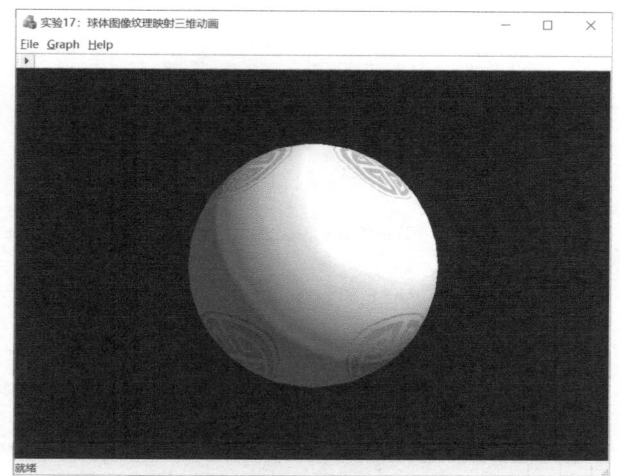

(b) 曲面

图 8.7　实验 17 效果图

2. 实验设计

图像纹理映射就是简单地根据相应纹理图像中纹素的颜色去调整光照模型中的漫反射率。选择一幅 24 位真彩色位图，将其添加到资源视图中。设计 CTexture 类，从资源视图中根据资源编号读取位图中每个纹素的 RGB 颜色，保存到一维数组 image 中作为纹理参数。使用 PhongShader 着色器对曲面着色时，将 image 数组中的 RGB 颜色归一化后，作为物体的漫反射率来调用光照模型计算该点的反射光强，如图 8.8 所示。

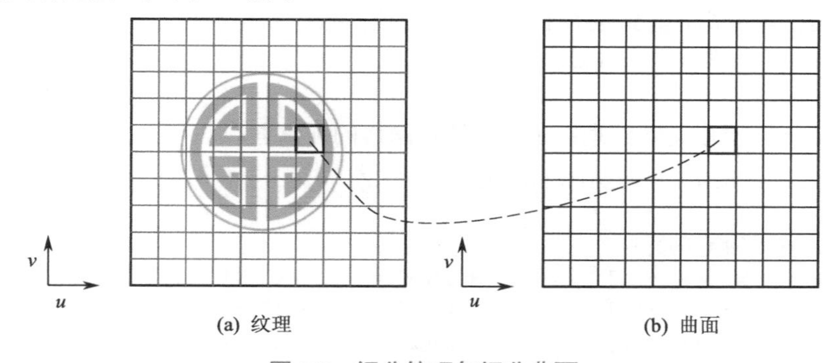

(a) 纹理　　(b) 曲面

图 8.8　细分纹理与细分曲面

3. 实验编码

(1) 读入位图

定义 CTexture 类根据 ID 号来读入资源中的位图，并将位图保存到一维数组中。

```
1    class CTexture
```

```
    {
    public:
        CTexture(void);
5       virtual~CTexture(void);
        void PrepareBitmap(UINT nIDResource);                    //准备位图
        void DeleteObject(void);                                 //释放位图
    public:
        BYTE* image;                                             //一维数组
10      BITMAP bmp;                                              //BITMAP 结构体变量
    };
    CTexture::CTexture(void)
    {
        image = NULL;
15  }
    CTexture::~CTexture(void)
    {}
    void CTexture:: PrepareBitmap (UINT nIDResource)             //准备位图
    {
20      CBitmap NewBitmap;
        NewBitmap.LoadBitmap(nIDResource);     //读入位图资源
        NewBitmap.GetBitmap(&bmp);             //将 CBitmap 中的信息保存到 Bitmap 结构体中
        int nbytesize = bmp.bmWidthBytes * bmp.bmHeight;
        image = new BYTE[nbytesize];
25      NewBitmap.GetBitmapBits(nbytesize, (LPVOID)image);   //将位图信息保存到数组中
    }
    void CTexture::DeleteObject(void)                            //释放位图
    {
        if(NULL != image)
30          delete []image;
    }
```

程序说明：image 为存储位图的一维数组。nIDResource 为位图的 ID。第 21 行语句从资源中读入位图，位图信息存储在 NewBitmap 中。第 22 行语句将 NewBitmap 中的位图转储到位图结构体对象 bmp 中，目的是为了得到位图的宽度和高度。第 23 行语句计算位图的字节数。第 24～25 行语句使用 CBitmap 类的成员函数 GetBitmapBits 将位图数据复制到一维数组 image 中。第 27～31 行语句释放使用后的一维数组 image。

（2）绑定纹理

在 CBezierPatch 类中，将纹理绑定到四边形网格的顶点上。

```
1   void CBezierPatch::Tessellation(CMesh Mesh)
    {
        double M[4][4];
        M[0][0] = -1, M[0][1] = 3,  M[0][2] = -3, M[0][3] = 1;
5       M[1][0] = 3,  M[1][1] = -6, M[1][2] = 3,  M[1][3] = 0;
        M[2][0] = -3, M[2][1] = 3,  M[2][2] = 0,  M[2][3] = 0;
        M[3][0] = 1,  M[3][1] = 0,  M[3][2] = 0,  M[3][3] = 0;
        CP3 P3[4][4];
        for (int i = 0; i < 4; i++)
10          for (int j = 0; j < 4; j++)
                P3[i][j] = CtrPt[i][j];
        LeftMultiplyMatrix(M, P3);
```

```
        TransposeMatrix(M);
        RightMultiplyMatrix(P3, M);
15      double u0, u1, u2, u3, v0, v1, v2, v3;              //u,v 参数的幂
        double u[4] = { Mesh.BL.u,Mesh.BR.u ,Mesh.TR.u ,Mesh.TL.u };
        double v[4] = { Mesh.BL.v,Mesh.BR.v ,Mesh.TR.v ,Mesh.TL.v };
        for (int i = 0; i < 4; i++)                         //四边形网格
        {
20          u3 = pow(u[i], 3.0), u2 = pow(u[i], 2.0), u1 = u[i], u0 = 1;
            v3 = pow(v[i], 3.0), v2 = pow(v[i], 2.0), v1 = v[i], v0 = 1;
            quadrP[i] = (u3 * P3[0][0] + u2 * P3[1][0] + u1 * P3[2][0] + u0 * P3[3][0]) * v3
                + (u3 * P3[0][1] + u2 * P3[1][1] + u1 * P3[2][1] + u0 * P3[3][1]) * v2
                + (u3 * P3[0][2] + u2 * P3[1][2] + u1 * P3[2][2] + u0 * P3[3][2]) * v1
                + (u3 * P3[0][3] + u2 * P3[1][3] + u1 * P3[2][3] + u0 * P3[3][3]) * v0;
            quadrT[i].u = (pTexture->bmp.bmWidth - 1) * u[i];      //绑定纹理
            quadrT[i].v = (pTexture->bmp.bmHeight - 1) * v[i];
25      }
    }
```

程序说明：第 23～24 行语句将纹理绑定到四边形网格上。u、v 数组是曲面四边形网格的顶点，quadrTu、quadrTv 数组是相应纹理的顶点。读者可能注意到，没有计算四边形网格细分点的法向量，后续将使用球体的位置向量代替点法向量。

（3）设计 CZBuffer 类

在 ZBuffer 类的 PhongShader 函数中，读取纹理位图的颜色数据，并将其设置为材质的漫反射率和环境反射率。

```
1   class CZBuffer
    {
    public:
        CZBuffer(void);
5       virtual ~CZBuffer(void);
        void InitialDepthBuffer(int nWidth, int nHeight, double zDepth);//初始化深度缓冲区
        void SetPoint(CP3 P0, CP3 P1, CP3 P2, CVector3 N0, CVector3 N1, CVector3 N2,
                    CT2 T0, CT2 T1, CT2 T2);
        void PhongShader(CDC* pDC, CP3 ViewPoint, CLighting* pLight,
                                  CMaterial* pMaterial, CTexture* pTexture);
    private:
10      void SortVertex(void);
        void EdgeFlag(CPoint2 PStart, CPoint2 PEnd, BOOL bFeature);
        CVector3 LinearInterp(double t, double coorStart, double coorEnd, CVector3 normalStart,
                        CVector3 normalEnd);                    //法向量线性插值
        CT2 LinearInterp(double t, double coorStart, double coorEnd, CT2 textureStart,
                        CT2 textureEnd);                        //纹理坐标线性插值
        CRGB GetTexture(int u, int v, CTexture* pTexture);         //读取纹理
15  protected:
        CP3 P0, P1, P2;
        CPoint3 point0, point1, point2;
        CPoint2* SpanLeft;
        CPoint2* SpanRight;
20      int nIndex;
        double** zBuffer;
        int nWidth, nHeight;
    };
```

```
    void CZBuffer::SetPoint(CP3 P0, CP3 P1, CP3 P2, CVector3 N0,
                           CVector3 N1, CVector3 N2, CT2 T0, CT2 T1, CT2 T2)
25  {
        this->P0 = P0, this->P1 = P1, this->P2 = P2;
        point0.x = ROUND(P0.x);
        point0.y = ROUND(P0.y);
        point0.z = P0.z;
30      point0.c = P0.c;
        point0.n = N0;
        point0.t = T0;                          //P0 点对应的纹理坐标
        point1.x = ROUND(P1.x);
        point1.y = ROUND(P1.y);
35      point1.z = P1.z;
        point1.c = P1.c;
        point1.n = N1;
        point1.t = T1;                          //P1 点对应的纹理坐标
        point2.x = ROUND(P2.x);
40      point2.y = ROUND(P2.y);
        point2.z = P2.z;
        point2.c = P2.c;
        point2.n = N2;
        point2.t = T2;                          //P2 点对应的纹理坐标
45  }
    void CZBuffer::PhongShader(CDC* pDC, CP3 ViewPoint, CLighting* pLight,
                               CMaterial* pMaterial, CTexture* pTexture)
    {
        double  CurrentDepth = 0.0;
        CVector3 Vector01(P0, P1), Vector02(P0, P2);
50      CVector3 fNormal = CrossProduct(Vector01, Vector02);
        double A = fNormal.x, B = fNormal.y, C = fNormal.z;
        double D = -A * P0.x - B * P0.y - C * P0.z;
        if (fabs(C) < 1e-4)
            C = 1.0;
55      double DepthStep = -A / C;
        SortVertex();
        int nTotalLine = point1.y - point0.y + 1;
        SpanLeft = new CPoint2[nTotalLine];
        SpanRight = new CPoint2[nTotalLine];
60      int nDeltz = (point1.x - point0.x) * (point2.y - point1.y) - (point1.y - point0.y) *
                (point2.x - point1.x);
        if (nDeltz > 0)
        {
            nIndex = 0;
            EdgeFlag(point0, point2, TRUE);
65          EdgeFlag(point2, point1, TRUE);
            nIndex = 0;
            EdgeFlag(point0, point1, FALSE);
        }
        else
70      {
            nIndex = 0;
            EdgeFlag(point0, point1, TRUE);
```

```
            nIndex = 0;
            EdgeFlag(point0, point2, FALSE);
75          EdgeFlag(point2, point1, FALSE);
        }
        for (int y = point0.y; y < point1.y; y++)
        {
            int n = y - point0.y;
80          for (int x = SpanLeft[n].x; x < SpanRight[n].x; x++)
            {
                CurrentDepth = -(A * x + B * y + D) / C;//z=-(Ax+By+D)/C
                CVector3 ptNormal = LinearInterp(x, SpanLeft[n].x, SpanRight[n].x,
                                              SpanLeft[n].n, SpanRight[n].n);
                ptNormal = ptNormal.Normalize();
85              CT2 Texture = LinearInterp(x, SpanLeft[n].x, SpanRight[n].x,
                                          SpanLeft[n].t, SpanRight[n].t);
                                                      //纹理坐标线性插值
                Texture.c = GetTexture(ROUND(Texture.u),
                                      ROUND(Texture.v), pTexture);    //读取纹理颜色
                pMaterial->SetDiffuse(Texture.c);          //纹理作为材质漫反射率
                pMaterial->SetAmbient(Texture.c);          //纹理作为材质环境反射率
                CRGB Intensity = pLight->Illuminate(ViewPoint, CP3(x, y, CurrentDepth),
                                                   ptNormal, pMaterial);
90              if (CurrentDepth <= zBuffer[x + nWidth / 2][y + nHeight / 2])
                                                      //ZBuffer 算法
                {
                    zBuffer[x + nWidth / 2][y + nHeight / 2] = CurrentDepth;
                    pDC->SetPixelV(x, y, COLOR(Intensity));
                }
95              CurrentDepth += DepthStep;
            }
        }
        if (SpanLeft)
        {
100         delete[]SpanLeft;
            SpanLeft = NULL;
        }
        if (SpanRight)
        {
105         delete[]SpanRight;
            SpanRight = NULL;
        }
    }
    void CZBuffer::EdgeFlag(CPoint2 PStart, CPoint2 PEnd, BOOL bFeature)
110 {
        int dx = PEnd.x - PStart.x;
        int dy = PEnd.y - PStart.y;
        double m = double(dx) / dy;
```

```
        double x = PStart.x;
115     for (int y = PStart.y; y < PEnd.y; y++)
        {
            CVector3 ptNormal = LinearInterp(y, PStart.y, PEnd.y, PStart.n, PEnd.n);
            CT2 Texture = LinearInterp(y, PStart.y, PEnd.y, PStart.t, PEnd.t);
            if (bFeature)
120             SpanLeft[nIndex++] = CPoint2(ROUND(x), y, ptNormal, Texture);
            else
                SpanRight[nIndex++] = CPoint2(ROUND(x), y, ptNormal, Texture);
            x += m;
        }
125 }
    CT2 CZBuffer::LinearInterp(double t, double tStart, double tEnd, CT2 texStart, CT2
                               texEnd)
    {
        CT2 texture;
        texture = (t - tEnd) / (tStart - tEnd) * texStart + (t - tStart) / (tEnd - tStart)
                  * texEnd;
130     return texture;
    }
    CRGB CZBuffer::GetTexture(int u, int v, CTexture* pTexture)
    {
        v = pTexture->bmp.bmHeight - 1 - v;
135     if (u < 0) u = 0; if (v < 0) v = 0;
        if (u > pTexture->bmp.bmWidth - 1)    u = pTexture->bmp.bmWidth - 1;
        if (v > pTexture->bmp.bmHeight - 1)   v = pTexture->bmp.bmHeight - 1;
        int position = v * pTexture->bmp.bmWidthBytes + 4 * u;     //颜色分量位置
        return  CRGB(pTexture->image[position + 2] / 255.0, pTexture->image[position + 1] /
                255.0,
                pTexture->image[position] / 255.0);
140 }
```

程序说明：第 24～45 行语句读入三角形每个顶点的坐标、点法向量和纹理坐标。第 83 行语句通过对三角形跨度两端点的向量进行线性插值，得到当前点的归一化法向量 Normal。第 85 行语句通过对三角形跨度两端点的纹理坐标进行线性插值，得到当前点的纹理坐标。第 86 行语句根据纹理坐标，用 GetTexture 函数读取纹理空间中当前点的颜色值，（u，v）是与当前点对应的纹理坐标。第 87 行语句用纹理颜色设置材质的漫反射率。第 88 行语句用纹理颜色设置材质的环境反射率。光照模型中，常将材质的漫反射率与环境反射率取为相同值。第 89 行语句调用光照函数 Illuminate 来计算当前点的光强。第 90～94 行语句处理深度缓冲器 zBuffer，如果当前点的深度值小于缓冲器中的深度值，则说明当前点离视点近，使用 SetPixelV 函数绘制当前点，否则放弃当前点。第 95 行语句更新当前点的深度值。第 118～122 行语句对跨度两侧的纹理坐标进行线性插值，并将纹理值加入到跨度左右数组中。第 126～131 行语句定义纹理坐标线性插值函数。第 132～140 行语句定义纹理读取函数，该函数使用纹理坐标读出纹素的颜色值。第 138 行语句计算纹理坐标的位置。第 139 行语句返回当前查询到的颜色值。颜色在内存中排列的方式是 BGR，所以 image 数组的索引 position 代表 B，position+1 代表 G，position+2 代表 R。

（4）纹理初始化

在 CTestView 的构造函数中读入位图。

```
1    CTestView::CTestView() noexcept
     {
         // TODO: 在此处添加构造代码
         bPlay = FALSE;
5        double R = 300;
         double m = 0.5523;
         CP2 P2[7];
         P2[0] = CP2(0, -1);
         P2[1] = CP2(m, -1);
10       P2[2] = CP2(1, -m);
         P2[3] = CP2(1, 0);
         P2[4] = CP2(1, m);
         P2[5] = CP2(m, 1);
         P2[6] = CP2(0, 1);
15       CP3 DownPoint[4];
         DownPoint[0] = CP3(P2[0].x, P2[0].y, 0.0);
         DownPoint[1] = CP3(P2[1].x, P2[1].y, 0.0);
         DownPoint[2] = CP3(P2[2].x, P2[2].y, 0.0);
         DownPoint[3] = CP3(P2[3].x, P2[3].y, 0.0);
20       revoDown.ReadCubicBezierControlPoint(DownPoint);
         tranDown.SetMatrix(revoDown.GetVertexArrayName(), 48);
         tranDown.Scale(R, R, R);
         CP3 UpPoint[4];
         UpPoint[0] = CP3(P2[3].x, P2[3].y, 0.0);
25       UpPoint[1] = CP3(P2[4].x, P2[4].y, 0.0);
         UpPoint[2] = CP3(P2[5].x, P2[5].y, 0.0);
         UpPoint[3] = CP3(P2[6].x, P2[6].y, 0.0);
         revoUp.ReadCubicBezierControlPoint(UpPoint);
         tranUp.SetMatrix(revoUp.GetVertexArrayName(), 48);
30       tranUp.Scale(R, R, R);
         InitializeLightingScene();
         revoDown.patch.SetScene(pLight, pMaterial);          //设置下半球光照场景
         revoUp.patch.SetScene(pLight, pMaterial);            //设置上半球光照场景
         texture.PrepareBitmap(IDB_BITMAP1);                  //准备位图
35       revoUp.patch.SetTexture(&texture);                   //下半球纹理
         revoDown.patch.SetTexture(&texture);                 //下半球纹理
     }
```

程序说明：第 34 行语句准备位图，第 35～36 行语句为上半球与下半球设置纹理位图。本实验中上下半球使用的是同一幅纹理图。习题 8.2 中，上下半球使用两幅纹理图。

4．实验小结

本实验读入位图数据时是从图片的左下侧读入的，绘制位图时从左下侧开始逐条扫描线绘制，直到右上侧结束。绘制曲面时也是从左下到右上的，二者完全一致。了解了这一点，就可以正确绑定位图的方向。纹理映射中需要考虑以下问题。

（1）纹理变形

图 8.9　北极处纹理映射效果图

对于球面，每个贝塞尔曲面绑定一幅位图，如图 8.9 所示。在南、北极处，曲面的 4 个控制点退化为一个点，纹理发生了变形。通过对纹理采用预变形可与最终的变形效果相互抵消，如图 8.10 所示。

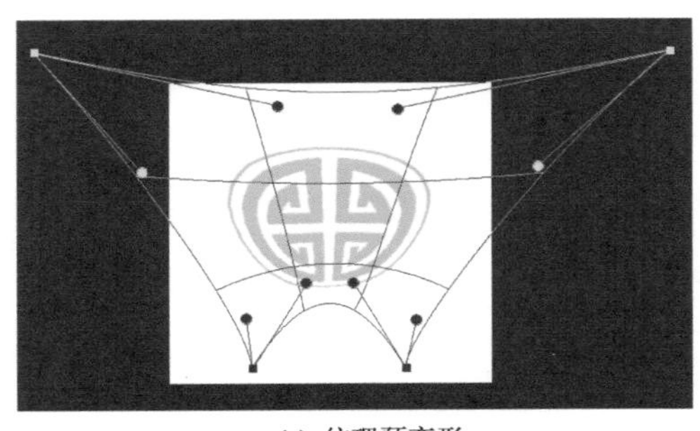

(a) 纹理预变形

(b) 映射效果

图 8.10　预变形纹理效果图

（2）跨曲面映射

有时需要多个曲面共享一幅位图。例如，要在茶壶前面的 4 个曲面上映射图 8.11(a)所示的位图，就需要将位图同样划分为 4 部分，每个曲面读取相应部分的位图，映射效果如图 8.11(b)所示。

(a) 分割位图

(b) 绘制效果

图 8.11　跨曲面纹理映射

8.5　几何纹理【理论 18】

颜色纹理描述了物体表面上各点的颜色分布。现实世界中还存在橘子皮、岩石、树皮等凹凸不平的表面。显然，颜色纹理无法表达表面的凹凸不平。Blinn 提出了一种无须修改表面的几何结构，就能模拟表面凹凸不平效果的一种有效方法。

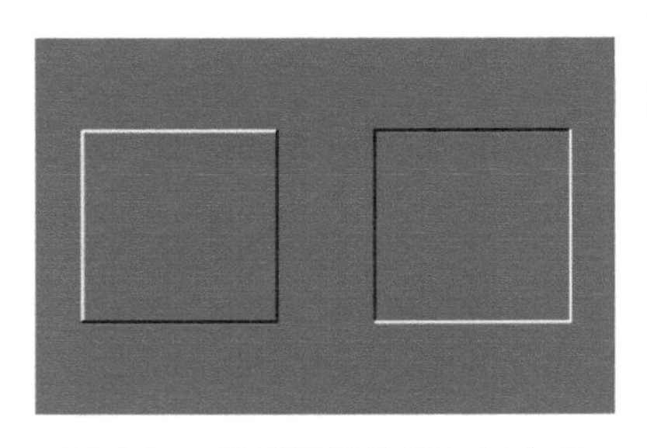

图 8.12　线条绘制的凹凸正方形

8.5.1　最简单的凹凸图

通过简单调节多边形边界的明暗程度，可以产生不同的凹凸效果。下面先来看一个简单的例子。在灰色的背景上，用 4 条边界线绘制两个大小相同的正方形，如图 8.12 所示。左侧正方形的左边界和上边界用白色线条绘制，右边界和下边界用黑色线条绘制；右侧正方形反之。视觉效果上，左侧正方形是凸起的，右侧正方形是凹陷的。

8.5.2　映射原理

几何纹理映射的基本思想是，用简单光照模型计算物体表面的光强时，对物体表面网格顶点的法向量进行微小的扰动，引起表面光强的明暗变化，以产生表面凹凸不平的效果。需要注意的是，物体表面呈现的这种褶皱效果不是物体几何结构改变的结果，而是光照明暗变化的结果。

定义一个连续可微的扰动函数 $B(u, v)$，对光滑表面做不规则的微小扰动。物体表面上的每点 $\boldsymbol{P}(u, v)$都沿该点处的法向量方向偏移 $B(u, v)$个单位长度，新的表面位置改变为

$$\boldsymbol{P}'(u,v) = \boldsymbol{P}(u,v) + \boldsymbol{B}(u,v)\frac{\boldsymbol{N}}{|\boldsymbol{N}|} \tag{8.1}$$

式（8.1）的几何意义如图 8.13 所示。对于图 8.13(a)所示的光滑表面，使用图 8.13(b)所示的函数扰动后，结果如图 8.13(c)所示。

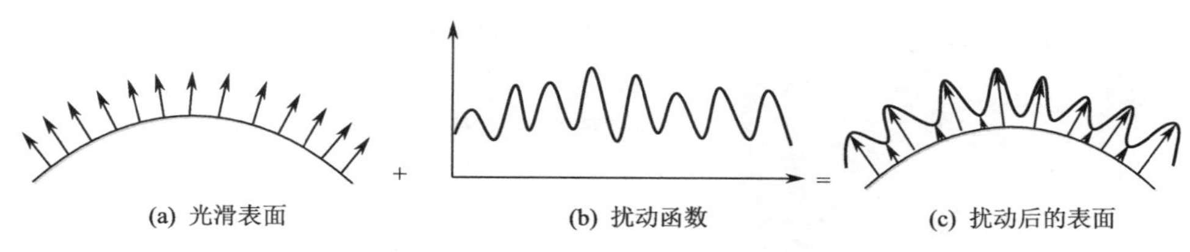

图 8.13　凹凸纹理映射

令 $\boldsymbol{n} = \boldsymbol{N}/|\boldsymbol{N}|$ 有

$$\boldsymbol{P}' = \boldsymbol{P} + \boldsymbol{B}\boldsymbol{n} \tag{8.2}$$

新表面的法向量可以通过两个偏导数的叉乘得到，即

$$\boldsymbol{N}' = \boldsymbol{P}_u' \times \boldsymbol{P}_v' \tag{8.3}$$

式中，

$$\boldsymbol{P}_u' = \frac{\partial(\boldsymbol{P} + \boldsymbol{B}\boldsymbol{n})}{\partial u} = \boldsymbol{P}_u + \boldsymbol{B}_u\boldsymbol{n} + \boldsymbol{B}\boldsymbol{n}_u \tag{8.4}$$

$$\boldsymbol{P}_v' = \frac{\partial(\boldsymbol{P} + \boldsymbol{B}\boldsymbol{n})}{\partial v} = \boldsymbol{P}_v + \boldsymbol{B}_v\boldsymbol{n} + \boldsymbol{B}\boldsymbol{n}_v \tag{8.5}$$

由于表面的凹凸高度相对于表面尺寸一般要小得多，因而 $\boldsymbol{B}$ 可以忽略不计。于是有

$$\boldsymbol{N}' \approx (\boldsymbol{P}_u + \boldsymbol{B}_u\boldsymbol{n}) \times (\boldsymbol{P}_v + \boldsymbol{B}_v\boldsymbol{n})$$

展开得

$$\boldsymbol{N}' \approx \boldsymbol{P}_u \times \boldsymbol{P}_v + \boldsymbol{B}_u(\boldsymbol{n} \times \boldsymbol{P}_v) + \boldsymbol{B}_v(\boldsymbol{P}_u \times \boldsymbol{n}) + \boldsymbol{B}_u\boldsymbol{B}_v(\boldsymbol{n} \times \boldsymbol{n})$$

由于 $\boldsymbol{n} \times \boldsymbol{n} = 0$ 且 $\boldsymbol{N} = \boldsymbol{P}_u \times \boldsymbol{P}_v$，有

$$\boldsymbol{N}' \approx \boldsymbol{N} + \boldsymbol{B}_u(\boldsymbol{n} \times \boldsymbol{P}_v) + \boldsymbol{B}_v(\boldsymbol{P}_u \times \boldsymbol{n}) \tag{8.6}$$

令 $\boldsymbol{A} = \boldsymbol{n} \times \boldsymbol{P}_v$，$\boldsymbol{B} = \boldsymbol{n} \times \boldsymbol{P}_u$，有

$$\boldsymbol{D} = \boldsymbol{B}_u(\boldsymbol{n} \times \boldsymbol{P}_v) - \boldsymbol{B}_v(\boldsymbol{n} \times \boldsymbol{P}_u) = \boldsymbol{B}_u\boldsymbol{A} - \boldsymbol{B}_v\boldsymbol{B}$$

扰动后的法向量为

$$\boldsymbol{N}' = \boldsymbol{N} + \boldsymbol{D} \tag{8.7}$$

在式（8.7）的右侧，第一项为原光滑表面上任意一点的法向量 $\boldsymbol{N}$，第二项为扰动向量 $\boldsymbol{D}$。这意味着，光滑表面的法向量 $\boldsymbol{N}$ 在 u 和 v 方向上被扰动函数 $\boldsymbol{B}$ 的偏导数所修改而得到 $\boldsymbol{N}'$，如图 8.14 所示。将法向量 $\boldsymbol{N}'$ 归一化为单位向量后，可用于计算物体表面上一点的光强，以产生貌似凹凸的效果。“貌似”二字表示在物体的边缘上其实看不到凹凸的效果，只有光滑的轮廓。由明暗变化产生的凹凸效果明显，可以部分替代对每个凹凸进行几何建模的效果。

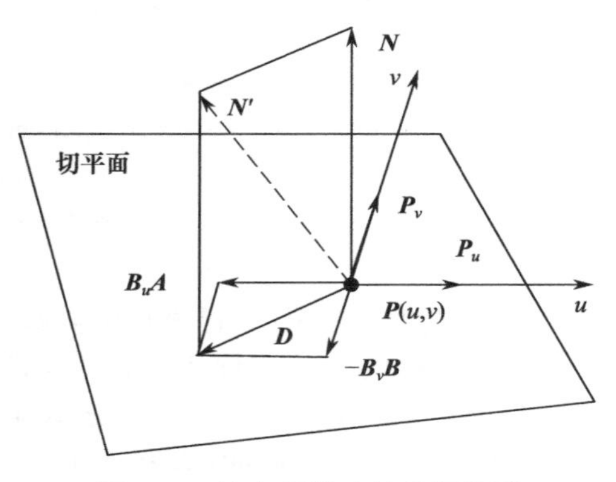

图 8.14　法向量扰动的几何关系

8.6 实验 18：球体正弦函数扰动的凹凸纹理

1. 实验描述

将 xOy 面内的半圆绕 y 轴旋转，建立球体的几何模型。使用正弦函数扰动球体表面细分网格点的法向量。假设点光源位于场景的正前方，试使用 PhongShader 绘制光照凹凸球体，如图 8.15 所示。

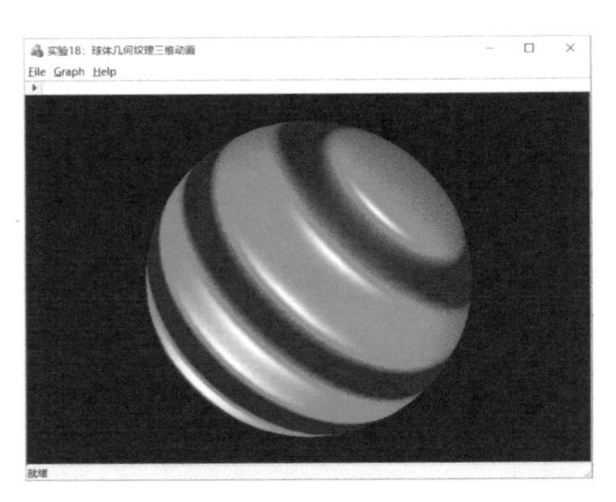

图 8.15 实验 18 效果图

2. 实验设计

使用正弦函数扰动球体表面细分网格点的法向量来生成新法向量，将新法向量代入光照模型，计算表面每个顶点的光照效果，产生明暗按照正弦函数变化的凹凸纹理效果。球体的消隐使用 CZBuffer 类，渲染使用 PhongShader。

3. 实验编码

在 CBezierPatch 类的 DrawFacet 函数内，使用正弦函数扰动四边形网格顶点的法向量。四边形网格顶点的原法向量使用偏导数计算，扰动法向量使用正弦函数计算。

```
1    CBezierPatch::DrawFacet(CDC* pDC, CZBuffer* pZBuffer)
     {
         CP3 ScreenPoint[4];                              //三维投影点
         CP3 ViewPoint = projection.GetEye();             //视点
5        CVector3 NewVector[4], PerturbationVector;  //新法向量数组与扰动向量
         for (int nPoint = 0; nPoint < 4; nPoint++)
         {
             ScreenPoint[nPoint] = projection.PerspectiveProjection3(quadrP[nPoint]); //透视投影
10           double Frequency = 50;                       //频率
             double bump = sin((quadrP[nPoint].x + quadrP[nPoint].y + quadrP[nPoint].z) / Frequency);
             PerturbationVector = CVector3(bump, bump, bump);          //扰动向量
             NewVector[nPoint] = quadrN[nPoint] + PerturbationVector;  //扰动法向量
         }
15       pZBuffer->SetPoint(ScreenPoint[0], ScreenPoint[2], ScreenPoint[3],
                             NewVector[0], NewVector[2], NewVector[3]);
         pZBuffer->PhongShader(pDC, ViewPoint, pLight, pMaterial);
         pZBuffer->SetPoint(ScreenPoint[0], ScreenPoint[1], ScreenPoint[2],
                             NewVector[0], NewVector[1], NewVector[2]);
         pZBuffer->PhongShader(pDC, ViewPoint, pLight, pMaterial);
     }
```

程序说明：在第 5 行语句中声明 NewVector 数组为扰动后的四边形网格点法向量，声明 PerturbationVector 为扰动向量。第 11 行语句用物体表面顶点坐标构造正弦函数。第 12 行语句定义扰动向量。第 13 行语句使用扰动向量对原顶点法向量进行扰动。第 15～18 行语句使用扰动后的新法向量参与 PhongShader 的着色计算。

4. 实验小结

凹凸纹理是指人为改变法向导致网格点明暗改变时，所造成的凹凸错觉。本案例使用正弦函

数扰动球体表面细分网格点的法向量，从而引起光照计算中出现人为制造的不同明暗效果。由于正弦函数周期性地出现波峰与波谷，因此扰动后的球体也出现周期性的凹凸。球体的轮廓依旧是规则圆形，这可以从图 8.15(b)的边界看出。影响凹凸效果的参数主要是正弦函数的频率。本实验所绘图形的递归深度取为 5。频率对凹凸效果的影响如图 8.16 所示。

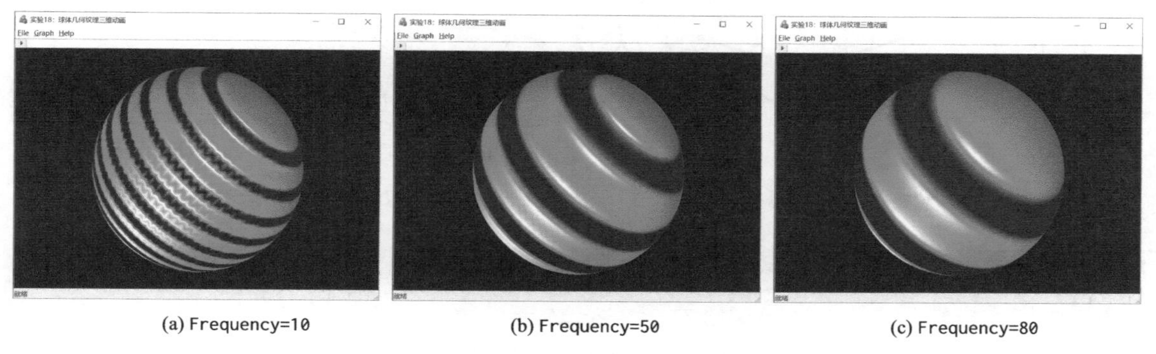

(a) Frequency=10　(b) Frequency=50　(c) Frequency=80

图 8.16　频率对效果的影响

8.7　纹理反走样

纹理映射是点采样的结果。对于纹理映射而言，反走样是必需的。纹理空间的正方形在物体空间弯曲为一个四边形，仿佛纹理图是一块橡胶，拉伸撑大后粘贴到物体的表面上。设纹素 (u,v) 用正方形表示，屏幕像素 (x,y) 用圆形表示。当纹素大小接近像素大小时，形成一对一的映射，效果基本令人满意。然而，在实际映射过程中经常出现二者大小不匹配的情况。若屏幕四边形大于纹理图像，则纹素数量小于像素数量，映射时需要对纹素进行双线性插值以匹配像素；若屏幕四边形小于纹理图像，则纹素数量大于像素数量，映射时进行简单采样即可，如图 8.17 所示。这里主要讨论图 8.17(b)所示的情况。

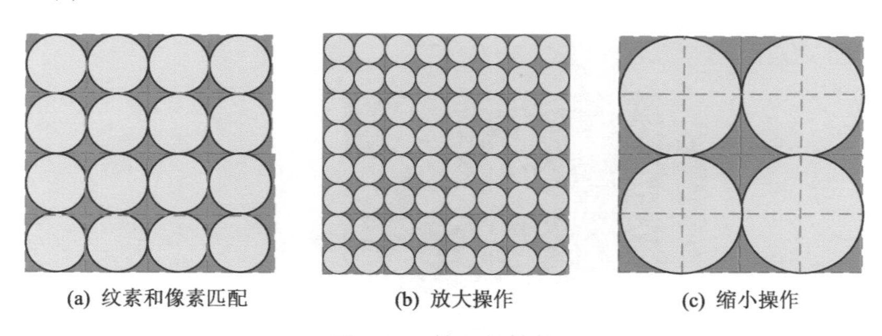

(a) 纹素和像素匹配　(b) 放大操作　(c) 缩小操作

图 8.17　纹理的缩放

假设将图像映射到其自身两倍大小的物体表面上，1 个纹素对应 4 个像素，一般采用双线性插值算法来增加纹素。考虑将图 8.18(a)中的纹素映射到图 8.18(b)中的像素上，对图 8.18(a)中围绕灰色纹素的 4 个相邻纹素进行插值计算，就可以确定图 8.18(b)中灰色像素的颜色。双线性插值算法后的纹理通常可获得令人满意的视觉效果。

图 8.19(a)是未使用双线性插值算法绘制的纹理，局部放大后可以看到纹理被拉伸，出现了严重的锯齿。图 8.19(b)是使用双线性插值算法改进的纹理，局部放大后未出现像素不连续的情况。双线性插值算法会使图像在一定程度上变得模糊；实践证明，双线性插值算法对于缩放比例较小的情况是完全可以接受的。

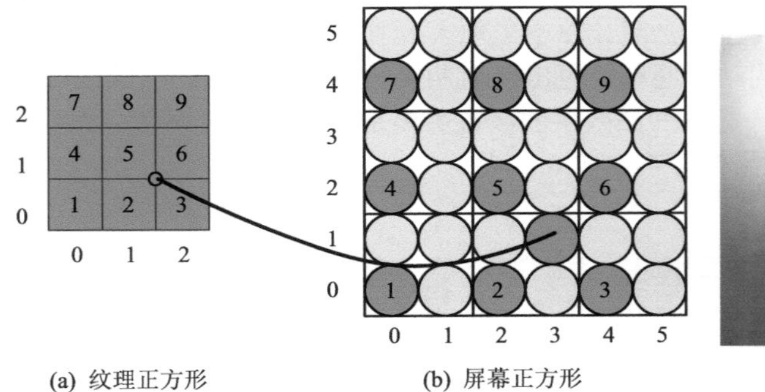

(a) 纹理正方形　　(b) 屏幕正方形

图 8.18　纹理放大两倍映射到屏幕

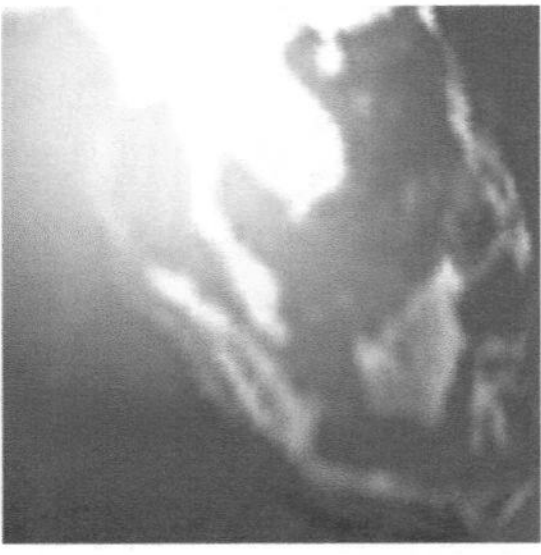

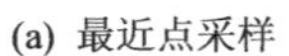

(a) 最近点采样　　(b) 双线性插值采样

图 8.19　双线性插值前后的光照纹理效果图

8.8　本章小结

纹理映射是指能明显提升图形视觉效果而不用付出很大代价的方法。颜色纹理映射通过改变物体材质的漫反射率，将颜色信息加到表面上；几何纹理映射通过改变物体表面的法向，将粗糙信息加到表面上。纹理映射使用 PhongShader 为物体添加细节，但不能使用 GouraudShader。CTexture 类将作为一个工具使用，能够将一幅位图的颜色数据导入一维数组。

习题 8

8.1　用一幅位图（lena.bmp）作为纹理图像。首先将纹理图像加载到资源中，然后将纹理数据转储到一维数组中。使用 SetPixelV 函数从一维数组中读取数据，并在窗口客户区中心绘制该图像，效果如题图 8.1 所示。要求从图形的左下角开始绘制到图形的右上角结束。

题图 8.1

8.2　将题图 8.2(a)所示的位图映射到球体上，要求人物的帽子朝向极点处，如题图 8.2(b)所示。

(a) 男孩

(b) 女孩

(c) 效果图

题图 8.2

8.3　将图像映射到圆环上，每个曲面映射一幅纹理图像。圆环由 16 个双三次贝塞尔曲面组成，映射 16 幅图像，如题图 8.3 所示。

(a) 纹理图像

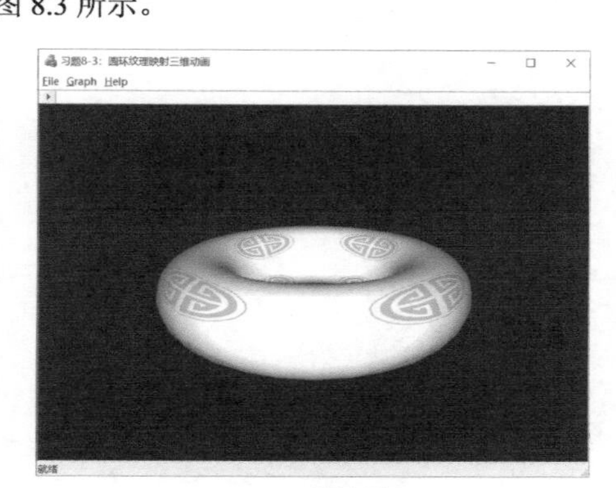

(b) 效果图

题图 8.3

8.4　用一段三次贝塞尔曲线回转为花瓶，将青花瓷图案映射到花瓶上，效果如题图 8.4 所示。

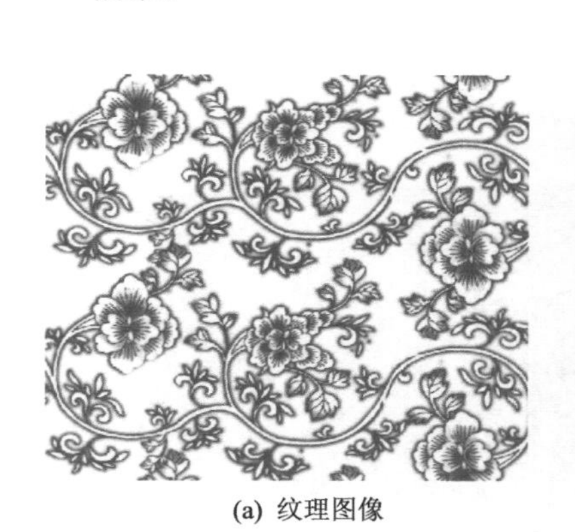

(a) 纹理图像

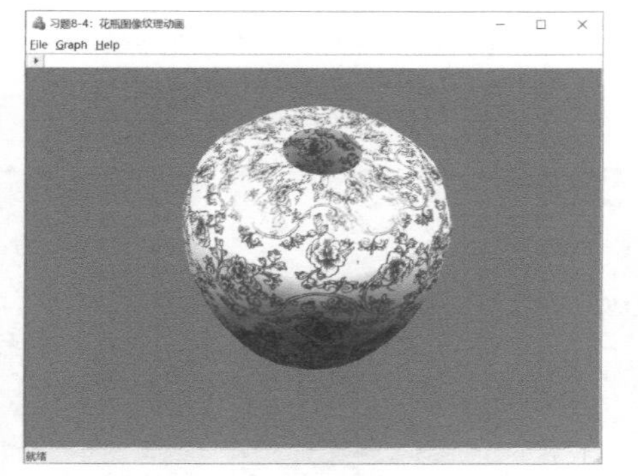

(b) 效果图

题图 8.4

8.5　在上题的基础上，将三次贝塞尔曲线的所有控制点取成与回转轴等距，关于 x 轴均匀分布。该曲线回转结果为一圆柱，如题图 8.5(a)所示。根据圆柱的半径和高度计算纹理图的大小，这里圆柱的每个曲面上映射一幅图像，如题图 8.5(b)所示。试对圆柱做纹理无拉伸映射，效果如题图 8.5(c)所示。

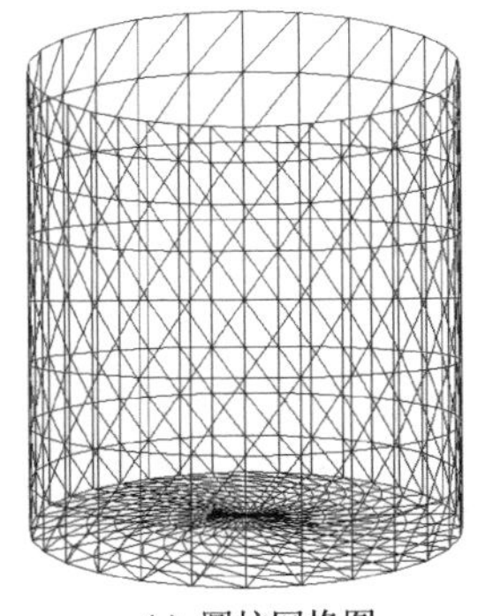

(a) 圆柱网格图

(b) 纹理图

(c) 效果图

题图 8.5

8.6 首先在题图 8.6(a)所示的双三次贝塞尔曲面上映射一幅纹理图像，然后控制网格站起来，如题图 8.6(b)所示。试编程实现三维纹理动画。

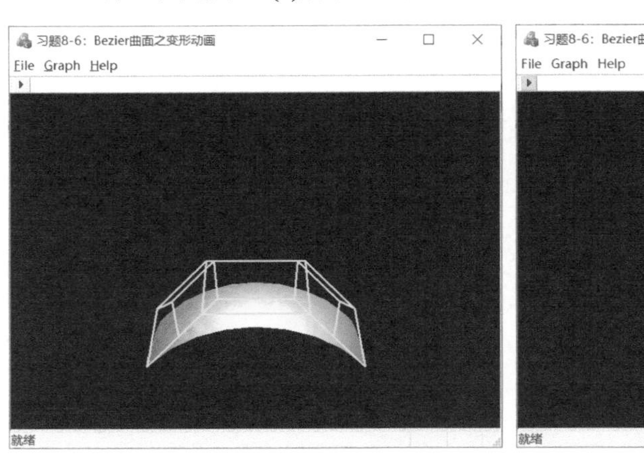

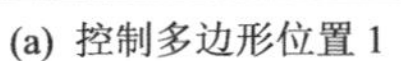

(a) 控制多边形位置 1

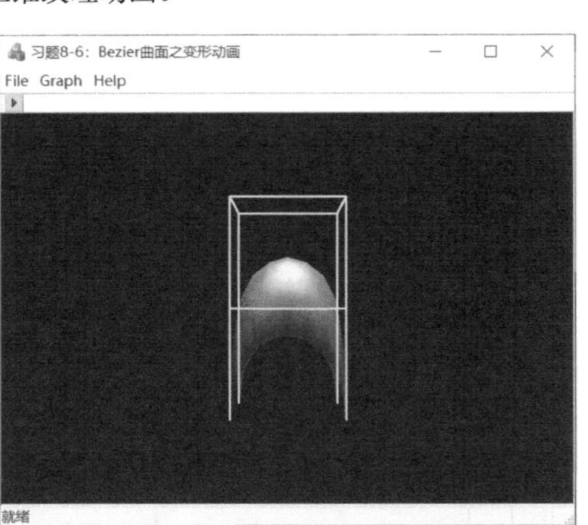

(b) 控制多边形位置 2

题图 8.6

8.7　将数字 1～8 的图片映射到球面上，并制作三维旋转动画，效果如题图 8.7 所示。

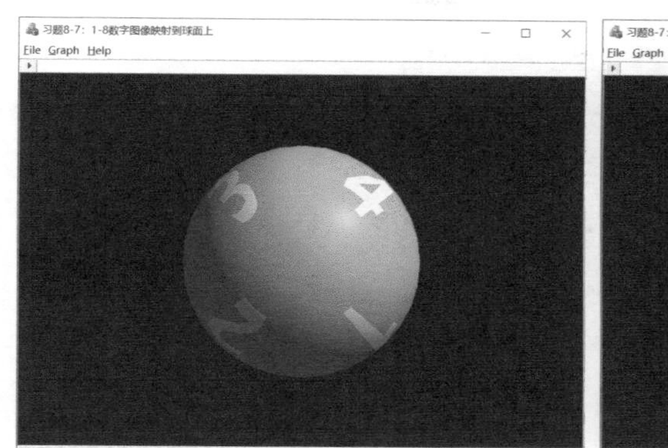

(a) 上半球

(b) 下半球

题图 8.7

8.8　基于 Bresenham 直线算法设计 `CLine` 类，直线的颜色为起点的颜色，宽度为 5 个像素。试调用 `CLine` 类对象绘制凹凸正方形，如题图 8.8 所示。

(a) 凸图

(b) 凹图

题图 8.8

8.9　用题图 8.9(a)和(b)所示的高度图扰动花瓶表面，制作表面凹凸不平的花瓶。题图 8.9(a)的扰动效果如题图 8.9(c)所示，为凹坑；题图 8.9(b)的扰动效果如题图 8.9(d)所示，为凸起。

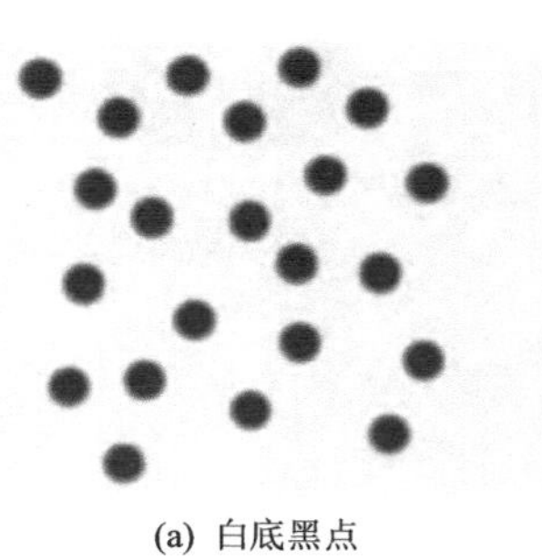

(a) 白底黑点

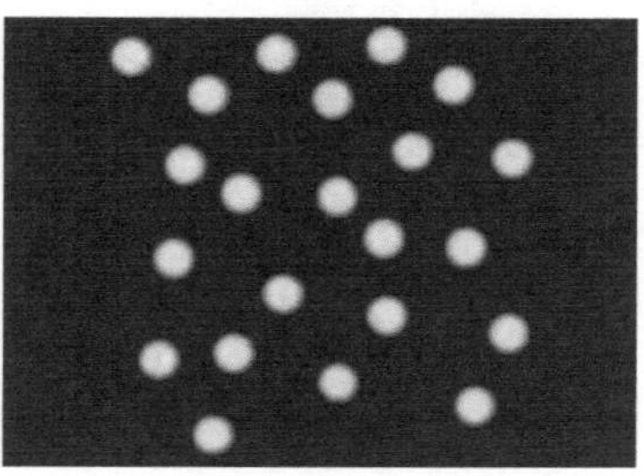

(b) 黑底白点

题图 8.9

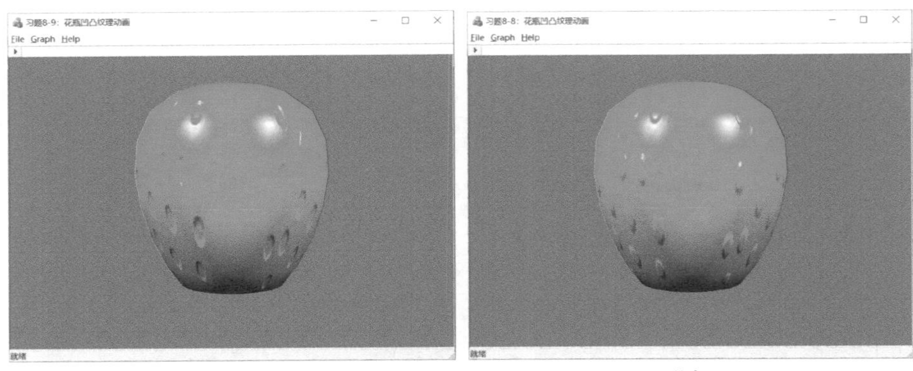

(c) 凹坑　　　　(d) 凸起

题图 8.9（续）

8.10 全景图可以首尾相接，将全景图映射到圆柱可以保证纹理不变形。将题图 8.10(a)所示全景图映射到圆角圆柱的侧面，制作三维旋转动画，效果如题图 8.10(b)和(c)所示。

(a) 全景图

(b) 旋转角度 1

(c) 旋转角度 2

题图 8.10

第 9 章　高级纹理技术

- 教学重点：环境纹理、投影纹理。
- 教学难点：两步纹理映射、透视校正插值。

纹理可视为一组随位置变化的颜色集合，纹理映射通过处理 PhongShader 场景，增加了视觉复杂度并丰富了场景内容。1974 年，Catmull 发表博士论文 *A Subdivision Algorithm for Computer display of Curved Surface*，首先提出了参数曲面表面纹理映射的算法[12]。该方法从子曲面出发查找所对应的像素，属于纹理空间驱动，称为正向映射（Forward Mapping）。1976 年，Blinn 和 Newell 发表 *Texture and Refleciton in Computer Generated Images* 一文[17]，拓展了 Catmull 算法，该方法从像素出发查找所对应的子曲面，这种方法与 Catmull 的映射过程完全相反，属于屏幕空间驱动，称为逆向映射（Inverse Mapping）。在该文中 Blinn 和 Newell 首次提出用环境映射来描述曲面的镜面反射。例如，将一幅窗户图案映射到了犹他茶壶上。这种类似光线跟踪的环境映射算法对纹理技术的发展产生了深远的影响，推动了两步纹理、投影纹理、三维纹理等高级纹理映射技术的出现与发展。

9.1　两步纹理映射【理论 19】

1986 年，Bier 和 Sloan 为了解决无法参数化曲面的纹理映射问题，在 Blinn 的环境映射的基础上，提出了一种独立于物体表示的两步纹理映射（Two-Part Texture Mappings）[18]。两步纹理映射的基本思想是，建立一个简单的中介曲面，将纹理空间到物体空间的映射 M 分解为纹理空间到中介曲面的映射（称为 S 映射）和中介曲面到物体空间的映射（称为 O 映射）的复合，避免了直接对物体表面进行参数化。两步纹理映射解决了无参数化曲面的纹理映射问题。这里，S 是指映射到中介曲面上，O 是指映射到物体上。Bier 和 Sloan 将两步纹理映射形象地比喻为用布料做服装生意，其中 S 映射负责将布料裁剪成衣服，O 映射负责为顾客量身定制。两步纹理映射如图 9.1 所示。

$$(u,v)\xrightarrow{S}(x',y',z')\xrightarrow{O}(x,y,z)$$

纹理空间　　中介空间　　物体空间

图 9.1　两步纹理映射

S 映射是一种从二维平面到简单三维曲面的映射。作为中介曲面的简单三维曲面是非平面的，具有一个解析的映射函数，二维平面纹理可以毫无困难地映射到这种曲面的内表面上。由于目标物体一般为回转体，因此常选用柱面作为中介曲面。

1．圆柱面作为中介曲面的 S 映射

高度为 h、截面半径为 r、三维坐标系原点位于底面中心。圆柱面的参数方程为

$$\begin{cases} x = r\sin\theta \\ y = h\varphi \\ z = r\cos\theta \end{cases}, \quad 0<\varphi<1, 0<\theta<2\pi \tag{9.1}$$

圆柱面侧面展开图是长方形，通过下述线性变换将纹理空间[0, 1]×[0, 1]与物体空间[0, 2π]×[0, 1]等同起来，如图 9.2 所示：

$$u = \frac{\theta}{2\pi}，\quad v = \varphi = \frac{y}{h} \tag{9.2}$$

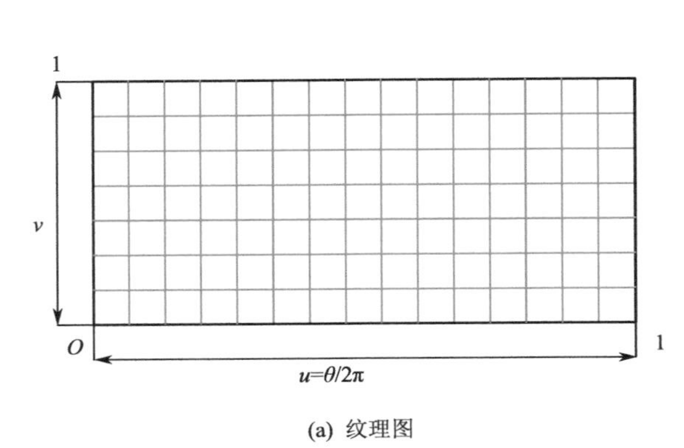

(a) 纹理图

(b) 圆柱面

图 9.2　*S* 映射

一般圆柱面用参数(θ, h)定义，通常需要 6 个参数：θ_0 和 h_0 用于标定纹理在圆柱面上的起始位置，r 是圆柱的半径，h 是圆柱的高度，c 和 d 是纹理的比例系数。物体上一点(x_w, y_w, z_w)和(θ, h)的对应关系为

$$(\theta,\varphi) = \left(\arctan\left(\frac{x_w}{z_w}\right), \frac{y_w}{h}\right) \tag{9.3}$$

$$S^{-1}: (\theta,h) \to \left[c(\theta-\theta_0), \frac{1}{d}(h-h_0)\right] \tag{9.4}$$

式中，c、d 是比例系数；θ_0 和 h_0 是初始转角和高度。

使用式（9.4）读取纹理图时，需要先进行归一化处理。以圆柱面作为中介曲面的 *S* 映射将纹理弯曲、拉伸后映射到圆柱面上，即对圆柱面进行参数化处理，相当于将纹理绑定到圆柱面上。

2．从中介曲面到目标物体的 O 映射

O 映射将纹理从中介曲面映射到任意目标物体上。*O* 映射应该考虑综合目标物体曲面及中介曲面的几何特性。Bier 和 Sloan 提出了 4 种 *O* 映射方式，如图 9.3 所示。

（1）反射光线法

从视点出发首先向物体发出一条光线，然后跟踪从物体表面发出的反射光线直至其与中介曲面相交。这是一种从物体表面到中介曲面的逆向 *O* 映射。

（2）物体法向法

跟踪物体表面的法线直至其与中介曲面相交。这是一种逆向 *O* 映射。

（3）物体中心法

跟踪物体中心与物体上一点的连线直至其与中介曲面相交。这是一种逆向 *O* 映射。

（4）中介曲面法向法

跟踪从中介曲面上的一点沿其法线方向发出的一条光线，计算光线与物体表面的交点。这是一种从中介曲面到物体表面的正向 *O* 映射。

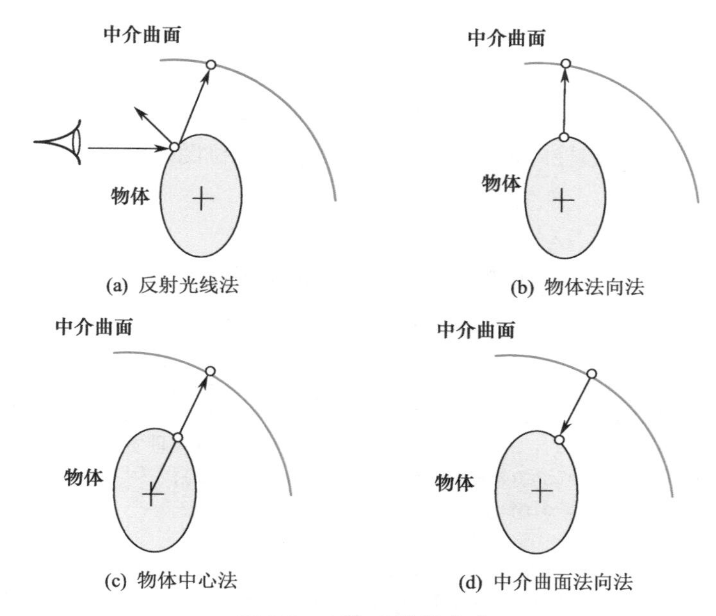

(a) 反射光线法　(b) 物体法向法

(c) 物体中心法　(d) 中介曲面法向法

图 9.3　4 种 *O* 映射方式

在这四种映射中，第一种应用最为广泛，也是下面将要重点介绍的环境映射。其余 3 种 *O* 映射与 4 种 *S* 映射有 12 种组合。Bier 和 Sloan 指出，其中只有 5 种组合是有用的，如表 9.1 所示。如果 *S* 映射选取圆柱面，*O* 映射选取中介曲面法向法，那么这种映射称为包裹（ShrinkWrap）映射。

表 9.1　*O* 映射与 *S* 映射的组合

	平面	圆柱面	立方体	球面
物体法向法	冗余	不合适	不太合适	不太合适
物体中心法	冗余	不合适	合适	合适
中介曲面法向法	合适	合适	合适	冗余

9.2　实验 19：球面两步纹理映射算法

1. 实验描述

将图 9.4(a)所示的笑脸图案映射到球体上，试基于两步纹理映射中的包裹映射算法绘制“笑脸”的三维动画，效果如图 9.4(b)所示。

(a) 纹理图

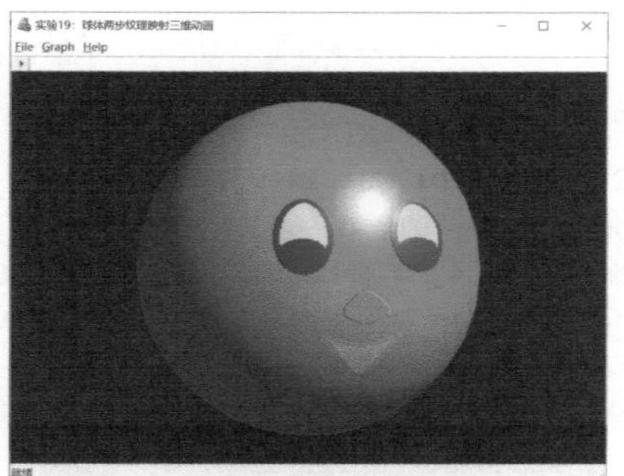

(b) 笑脸

图 9.4　实验 19 效果图

2. 实验设计

两步纹理映射不必对图像进行预变形处理就可以获得理想的映射效果，这是通过引入中介曲面来实现的。球体为双三次贝塞尔曲面回转体，S 映射选用柱面作为中介曲面。O 映射选用中介曲面法向法，使用(θ, h)来检索圆柱内表面的纹理，可以将一幅位图映射至任意物体上。

3. 实验编码

（1）定义两步纹理函数

在 CBezierPatch 类内，定义 TwoPartTextureMapping 函数实现两步纹理映射。

```
1   CT2 CBezierPatch::TwoPartTextureMapping(CP3 WorldPoint)
    {
        double H = 600;                                         //圆柱高度
        double Theta0 = PI/3,  h0 = 350;                        //标定纹理在圆柱上的起始位置
5       double c = 3.0, d = 1.0;                                //纹理宽度和长度方向缩放参数
        double Theta = atan2(WorldPoint.x, WorldPoint.z);               // θ∈[−π,π]
        double h = WorldPoint.y;
        CT2 Texture
        Texture.u = c * (Theta + Theta0) / (2 * PI) * (pTexture->bmp.bmWidth - 1);
10      Texture.v = 1 / d * (h + h0) / H * (pTexture->bmp.bmHeight - 1);
        return Texture;
    }
```

程序说明：第 3 行语句定义圆柱的高 H。第 4 行语句定义起始参数 θ_0 和 h_0。第 5 行语句定义比例系数 c 和 d。第 6 行语句计算角度 θ，atan2 函数返回一个角度值，其正切范围为$[-\pi, +\pi]$。第 9～10 行语句使用 O 映射的中介曲面法向法，沿曲面上一点的法线方向查找纹理，法线与圆柱的交点的纹理取为球体上该点的颜色。

（2）调用两步纹理函数计算细分点纹理

在 CBezierPatch 类的 Tessellation 函数中，调用两步纹理映射算法计算纹理坐标。

```
1   void CBezierPatch::Tessellation(CMesh Mesh)         //细分曲面函数
    {
        double M[4][4];
        M[0][0] = -1, M[0][1] = 3,  M[0][2] = -3, M[0][3] = 1;
5       M[1][0] = 3,  M[1][1] = -6, M[1][2] = 3,  M[1][3] = 0;
        M[2][0] = -3, M[2][1] = 3,  M[2][2] = 0,  M[2][3] = 0;
        M[3][0] = 1,  M[3][1] = 0,  M[3][2] = 0,  M[3][3] = 0;
        CP3 P3[4][4];                                   //曲线计算用控制点数组
        for (int i = 0; i < 4; i++)
10          for (int j = 0; j < 4; j++)
                P3[i][j] = CtrPt[i][j];
        LeftMultiplyMatrix(M, P3);
        TransposeMatrix(M);
        RightMultiplyMatrix(P3, M);
15      double u0, u1, u2, u3, v0, v1, v2, v3;
        double u[4] = { Mesh.BL.u,Mesh.BR.u ,Mesh.TR.u ,Mesh.TL.u };
        double v[4] = { Mesh.BL.v,Mesh.BR.v ,Mesh.TR.v ,Mesh.TL.v };
        for (int i = 0; i < 4; i++)
        {
20          u3 = pow(u[i], 3.0), u2 = pow(u[i], 2.0), u1 = u[i], u0 = 1;
            v3 = pow(v[i], 3.0), v2 = pow(v[i], 2.0), v1 = v[i], v0 = 1;
            quadrP[i] = (u3 * P3[0][0] + u2 * P3[1][0] + u1 * P3[2][0] + u0 * P3[3][0]) * v3
```

```
                  + (u3 * P3[0][1] + u2 * P3[1][1] + u1 * P3[2][1] + u0 * P3[3][1]) * v2
                  + (u3 * P3[0][2] + u2 * P3[1][2] + u1 * P3[2][2] + u0 * P3[3][2]) * v1
25                + (u3 * P3[0][3] + u2 * P3[1][3] + u1 * P3[2][3] + u0 * P3[3][3]) * v0;
              quadrT[i] = TwoPartTextureMapping(quadrP[i]); //纹理坐标
          }
      }
```

程序说明：第 26 行语句调用两步纹理函数，计算四边形网格细分点的纹理坐标。

4．实验小结

两步纹理映射算法的优点是，可以直接将手工绘制或来自相机的图像作为纹理映射到任意曲面上，而不需要预先扭曲图像。目标物体上所映射的纹理位置可以使用起始位置参数及缩放参数来调整。两步纹理的纹理可以跨越多个曲面。两步纹理映射算法的缺点是，由于未对目标曲面进行参数化，*O* 映射独立于物体的表示。在不旋转中介圆柱面的情况下，纹理不会随着球体一起旋转。

9.3 环境映射

计算机图形学中广泛应用的环境映射技术是两步纹理映射技术的特例。生活中，某些物体带有反射属性，会反射周围的环境。一种做法是沿反射方向发一条光线，与三维场景的环境进行求交运算，显然这种被称为光线跟踪技术的算法比较低效。更为高效的方法是将被渲染物体所处的环境保存到一幅环境图（Environmental Map）中，渲染时首先求出物体上映射点的反射方向，然后将这个反射向量变换到纹理空间，进而在环境图中查询到相应点的颜色值。环境映射可通过球面映射（Sphere Mapping）或立方环境映射（Cubic Environment Mapping）实现。在文献[17]中，Blinn 给出了球面环境映射的方法，文中称之为反射映射（Reflection Mapping）。

9.3.1 球面映射方法【理论 20】

假定环境是由距离遥远的物体和光源组成的。实现时，环境图（一般是一幅全景图）映射到一个无限大的中介球面的内侧面上，而待绘制的物体位于球心处。如果在确定物体上映射点的光强时，以反射光线为索引直接查询环境图，那么需要假定中介球面具有无穷大的半径。环境映射所绘制图像的精度依赖于物体的大小与中介球面的相对位置。当物体较小且位于中介球面中心附近时，该方法可得到较为精确的结果；当物体较大或偏离球面中心较远时，环境映射的误差就会增大。环境映射不能绘制自身各部分的遮挡情况。

假设物体是全反射的球体，只考虑镜面反射光。图 9.5 绘制的是半径为一个单位的中介球面，其中 $\boldsymbol{V}$ 代表视向量，$\boldsymbol{N}$ 代表当前点 P 的法向量，$\boldsymbol{R}$ 代表反射向量。对每个多边形顶点，根据反射向量生成环境图的索引。在第 7 章讲解 Phong 光照模型时，曾计算了反射向量 $\boldsymbol{R}=2(\boldsymbol{V}\cdot\boldsymbol{N})\boldsymbol{N}-\boldsymbol{V}$，计算结果 $\boldsymbol{R}$ 是一个单位向量。实际计算中，在中介球面的中心处使用 $\boldsymbol{R}'$ 来索引位图，二者有一定的误差，如图 9.5 所示。

假定视点位于 z 轴正向，视向量为 $\boldsymbol{V}=(0,0,1)$。假定反射向量为 $\boldsymbol{R}=(r_x,r_y,r_z)$，则法向量为

$$\boldsymbol{N}=\boldsymbol{R}+\boldsymbol{V}=(r_x,r_y,r_z+1) \tag{9.5}$$

对法向量进行归一化，有

$$\boldsymbol{N}=\frac{(r_x,r_y,(r_z+1))}{\sqrt{r_x^2+r_y^2+(r_z+1)^2}} \tag{9.6}$$

于是得到物体表面顶点对应球上的纹理坐标，范围为[-1, 1]：

$$u=\frac{r_x}{\sqrt{r_x^2+r_y^2+(r_z+1)^2}},\quad v=\frac{r_y}{\sqrt{r_x^2+r_y^2+(r_z^2+1)^2}} \tag{9.7}$$

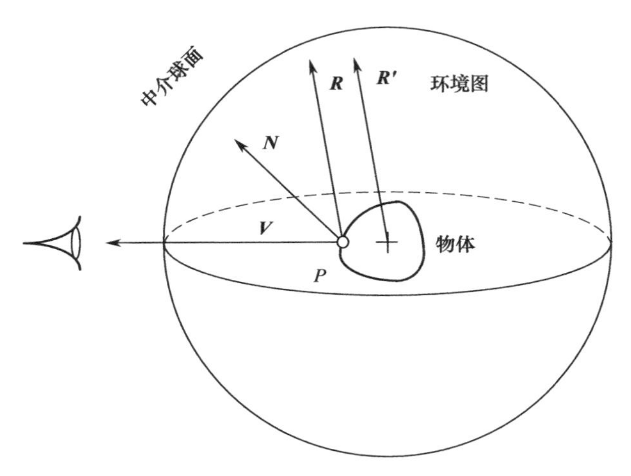

图 9.5 球面环境映射

由于纹理坐标的范围为[0, 1]，对上式归一化，有

$$u=\left(\frac{r_x}{\sqrt{r_x^2+r_y^2+(r_z+1)^2}}\right)\Big/2+\frac{1}{2}，\ v=\left(\frac{r_y}{\sqrt{r_x^2+r_y^2+(r_z^2+1)^2}}\right)\Big/2+\frac{1}{2} \tag{9.8}$$

上式可简化为

$$u=\frac{r_x}{m}+\frac{1}{2}，\ v=\frac{r_y}{m}+\frac{1}{2}，\quad m=2\sqrt{r_x^2+r_y^2+(r_z^2+1)^2} \tag{9.9}$$

使用球面环境映射方法检索图 9.6(a)所示的全景图，绘制到茶壶上的效果如图 9.6(b)所示，这里图像应呈镜面反向。

(a) 全景图　　(b) 效果图

图 9.6 全景图环境映射

9.3.2 立方体映射方法【理论 21】

球面方法映射的环境纹理会在中介表面的南北极点处产生严重的纹理变形。1986 年，Greene 提出采用立方体表面取代球面作为中介表面[19]。立方体方法仅用 6 幅图像就可以完成全景映射，是一种很流行的环境映射方法。假定视点位于立方体中心来接受环境图，6 幅环境图围成一个封闭的空间（这 6 幅特殊图形需要使用专业软件生成）。可以将这些图视为四面墙、地板和天花板。一条反射光线可以检索多幅图像。通过将曲面细分，使得每个网格三角形都限定在一幅纹理图中。通过视向量与法向量来计算物体表面顶点处的反射向量 $\boldsymbol{R}$，得到

$$\boldsymbol{R}=\{r_x,r_y,r_z\}$$

要使用表面细分点处的反射向量 $\boldsymbol{R}$ 索引纹理图像，需要得到相应立方体上的纹理坐标。6 幅环

境图的“顶面”“底面”“左面”“右面”“前面”“后面”分别对应反射向量 $\boldsymbol{R}$ 的 $+y$、$-y$、$-x$、$+x$、$+z$、$-z$。立方体映射的方法是，先从反射向量 $\boldsymbol{R}$ 的三个分量中找到绝对值最大的分量，从该分量正负方向对应的立方体表面的环境图中取值映射，后将反射向量 $\boldsymbol{R}$ 中另外两个分量分别除以绝对值最大的分量，归一化到区间[0, 1]，得到曲面网格点对应立方体某一表面上的纹理坐标，如图 9.7 所示。

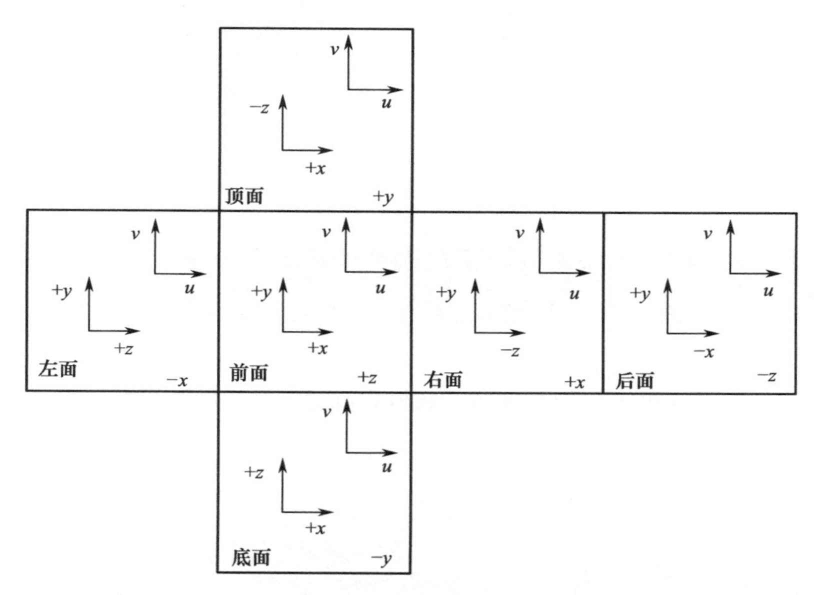

图 9.7　立方体映射方法

例如，反射向量为(−3.2, 5.1, −8.4)，其中 $-z$ 分量的绝对值最大，所以从对应立方体后面的环境图进行映射，归一化后的纹理坐标为 $u = (-3.2/8.4 + 1.0)/2.0$，$v = (5.1/8.4 + 1.0)/2.0$。最后依据纹理坐标在对应的立方体环境图上检索纹理。

假定反射向量 $\boldsymbol{R}$ 的 x 分量最大，因此使用立方体“左面”或“右面”的环境图进行检索，相应的归一化后的纹理坐标为

$$\begin{cases} u = \left(r_z / \left|r_x\right| + 1\right) / 2 \\ v = \left(r_y / \left|r_x\right| + 1\right) / 2 \end{cases} \tag{9.10}$$

假定反射向量 $\boldsymbol{R}$ 的 y 分量最大，因此使用立方体“顶面”或“底面”的环境图进行检索，相应的归一化后的纹理坐标为

$$\begin{cases} u = \left(r_x / \left|r_y\right| + 1\right) / 2 \\ v = \left(r_z / \left|r_y\right| + 1\right) / 2 \end{cases} \tag{9.11}$$

假定反射向量 $\boldsymbol{R}$ 的 z 分量最大，因此使用立方体“前面”和“后面”的环境图进行检索，相应的归一化后的纹理坐标为

$$\begin{cases} u = \left(r_x / \left|r_z\right| + 1\right) / 2 \\ v = \left(r_y / \left|r_z\right| + 1\right) / 2 \end{cases} \tag{9.12}$$

最后将纹理图纹素作为材质的漫反射率，通过 PhongShader 函数绘制到物体表面上。将图 9.8(a)所示的环境图用立方体方法映射到茶壶上，效果如图 9.8(b)所示。

(a) 环境图　　(c) 效果图

图 9.8　环境映射

9.4　实验 20：球面环境映射算法（球映射方法）

1. 实验描述

使用球映射方法将图 9.9(a)所示的一幅全景图映射到球面上，效果如图 9.9(b)所示。

(a) 全景图

(b) 球方法映射

图 9.9　实验 20 效果图

2. 实验设计

将所要绘制的物体放在中介球面的中心，位图张贴于中介球面内侧。从视点发出一条视线，按照视线与物体撞击点的反射方向去检索图像。检索图像时，需要对 u、v 坐标进行归一化处理。

3. 实验编码

（1）计算反射向量函数

为了方便调用，设计反射向量计算函数。

```
1    CVector3 CZBuffer::CalculateReflectVector(CP3 ViewPoint, CP3 Point, CVector3 NormalVector)
     {
         CVector3 ReflectVector;                                    //反射向量
         CVector3 ViewPointVector(Point, ViewPoint);                //视向量代替入射方向
5        ViewPointVector = ViewPointVector.Normalize();             //归一化视向量
         ReflectVector = 2 * DotProduct(ViewPointVector, NormalVector) * NormalVector -
```

```
                    ViewPointVector;                              //单位反射向量
        return ReflectVector;
    }
```

程序说明：根据物体上一点的视向量与法向量，计算该点的反射向量，结果是一个单位向量。

（2）球方法

在 PhongShader 函数中，使用反射向量索引环境图。

```
1    void CZBuffer::PhongShader(CDC* pDC, CP3 ViewPoint, CLighting* pLight,
                                CMaterial* pMaterial, CTexture* pTexture)
     {
         …
         CVector3 ptNormal = LinearInterp(x, SpanLeft[n].x, SpanRight[n].x,
                                          SpanLeft[n].n, SpanRight[n].n);
5        ptNormal = ptNormal.Normalize();
         CT2 Texture;                             //声明纹理
         CVector3 R = CalculateReflectVector(ViewPoint, CP3(x, y, CurrentDepth), ptNormal);
         double m = 2 * sqrt(R.x * R.x + R.y * R.y + (R.z + 1) * (R.z + 1));
         Texture.u = (-R.x / m + 0.5) * (pTexture->bmp.bmWidth - 1);
10       Texture.v = (-R.y / m + 0.5) * (pTexture->bmp.bmHeight - 1);
         Texture.c = GetTexture(ROUND(Texture.u), ROUND(Texture.v), pTexture);  //读取纹理
         pMaterial->SetDiffuse(Texture.c);
         pMaterial->SetAmbient(Texture.c);
         CRGB Intensity = pLight->Illuminate(ViewPoint, CP3(x, y, CurrentDepth),
                                             ptNormal, pMaterial);
15       if (CurrentDepth <= zBuffer[x + nWidth / 2][y + nHeight / 2])      //ZBuffer 消隐算法
         {
             zBuffer[x + nWidth / 2][y + nHeight / 2] = CurrentDepth;
             pDC->SetPixelV(x, y,COLOR(Intensity));
         }
20       CurrentDepth += DepthStep;
     }
     …
```

程序说明：第 7 行语句计算反射向量 R。第 8～10 行语句使用反射向量检索图像。

4．实验小结

环境映射的另一个名称是镀铬映射（chrome mapping），这是因为非常光滑的镀铬板表面像一面镜子，能记录下周围物体的表面细节，并根据自身的表面曲率对图像进行几何变形。本实验使用一幅全景图作为环境图，使用反射向量检索。全景图并未将纹理绑定到曲面上，因而不需要对纹理坐标进行线性插值，纹理不随球体的旋转而转动。

9.5　实验 21：圆环环境映射算法（立方体映射方法）

1．实验描述

使用立方体映射方法将图 9.10 所示的 6 幅图像映射到圆环表面上，效果如图 9.11 所示。

2．实验设计

立方体方法采用上、下、左、右、前、后 6 幅代替中介表面，映射方法是简单地用反射向量的三个分量中的绝对值最大的分量，去索引该分量正负方向对应的立方体表面的环境图，如图 9.12 所示。

图 9.10　天空盒

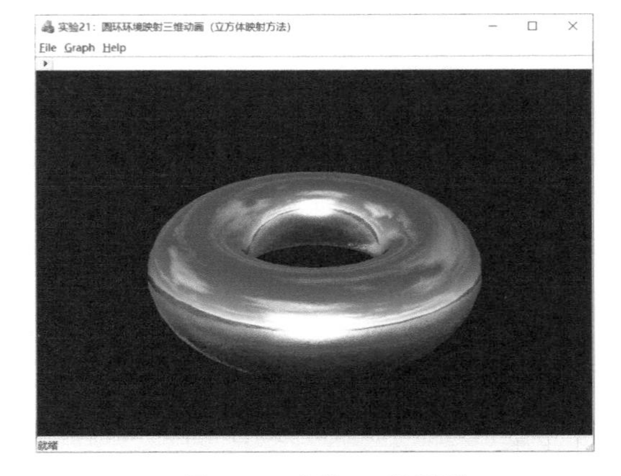

图 9.11　实验 21 效果图

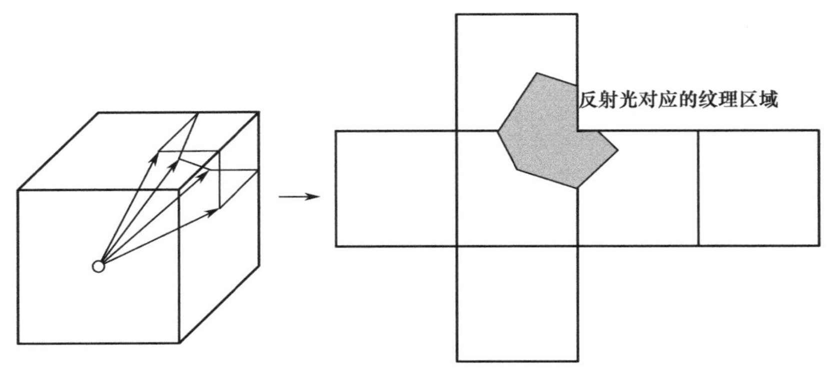

图 9.12　反射向量索引立方体表面图像

3. 实验编码

(1) 立方体方法

在 ZBuffer 类的 PhongShading 函数中，使用物体表面的反射向量来索引 6 幅环境位图。

```
1     void CZBuffer::PhongShader(CDC* pDC, CP3 ViewPoint, CLighting* pLight, CMaterial* pMaterial,
                     CTexture* pTexture)
      {
          …
          CVector3 ptNormal = LinearInterp(x, SpanLeft[n].x, SpanRight[n].x, SpanLeft[n].n, SpanRight[n].n);
5         ptNormal = ptNormal.Normalize();
          CT2 Texture;
          CVector3 R = CalculateReflectVector(ViewPoint, CP3(x, y, CurrentDepth),
                         ptNormal);                                   //反射向量
          if (fabs(R.x) >= fabs(R.y) && fabs(R.x) >= fabs(R.z))
          {
10            if (R.x >= 0)
              {
                  Texture.u = ((-R.z / R.x + 1) / 2) * (pTexture[1].bmp.bmWidth - 1);
                  Texture.v = ((R.y / R.x + 1) / 2)  * (pTexture[1].bmp.bmHeight - 1);
                  Texture.c = GetTexture(ROUND(Texture.u), ROUND(Texture.v), &pTexture[1]);//右面
15            }
              else
              {
```

```
                Texture.u = ((R.z / fabs(R.x) + 1) / 2) * (pTexture[0].bmp.bmWidth - 1);
                Texture.v = ((R.y / fabs(R.x) + 1) / 2) * (pTexture[0].bmp.bmHeight - 1);
20              Texture.c = GetTexture(ROUND(Texture.u), ROUND(Texture.v), &pTexture[0]);//左面
            }
        }
        if (fabs(R.y) >= fabs(R.x) && fabs(R.y) >= fabs(R.z))
        {
25          if (R.y >= 0)
            {
                Texture.u = ((R.x / R.y + 1) / 2)  * (pTexture[2].bmp.bmWidth - 1);
                Texture.v = ((-R.z / R.y + 1) / 2) * (pTexture[2].bmp.bmHeight - 1);
                Texture.c = GetTexture(ROUND(Texture.u), ROUND(Texture.v), &pTexture[2]);//顶面
30          }
            else
            {
                Texture.u = ((R.x / fabs(R.y) + 1) / 2) * (pTexture[3].bmp.bmWidth - 1);
                Texture.v = ((R.z / fabs(R.y) + 1) / 2) * (pTexture[3].bmp.bmHeight - 1);
35              Texture.c = GetTexture(ROUND(Texture.u), ROUND(Texture.v), &pTexture[3]);//底面
            }
        }
        if (fabs(R.z) >= fabs(R.y) && fabs(R.z) >= fabs(R.x))
        {
40          if (R.z >= 0)
            {
                Texture.u = ((R.x / R.z + 1.0) / 2) * (pTexture[4].bmp.bmWidth - 1);
                Texture.v = ((R.y / R.z + 1.0) / 2) * (pTexture[4].bmp.bmHeight - 1);
                Texture.c = GetTexture(ROUND(Texture.u), ROUND(Texture.v), &pTexture[4]);//前面
45          }
            else
            {
                Texture.u = ((-R.x / fabs(R.z) + 1.0) / 2) * (pTexture[5].bmp.bmWidth - 1);
                Texture.v = ((R.y / fabs(R.z) + 1.0) / 2)  * (pTexture[5].bmp.bmHeight - 1);
50              Texture.c = GetTexture(ROUND(Texture.u), ROUND(Texture.v), &pTexture[5]);//后面
            }
        }
        pMaterial->SetDiffuse(Texture.c);
        pMaterial->SetAmbient(Texture.c);
55      CRGB Intensity = pLight->Illuminate(ViewPoint, CP3(x, y, CurrentDepth),
                        ptNormal, pMaterial);
        if (CurrentDepth <= zBuffer[x + nWidth / 2][y + nHeight / 2])   //ZBuffer 消隐算法
            {
                zBuffer[x + nWidth / 2][y + nHeight / 2] = CurrentDepth;
                pDC->SetPixelV(x, y, COLOR(Intensity));
60          }
            CurrentDepth += DepthStep;
        }
    }
    …
```

程序说明：第 7 行语句计算反射向量 R。第 8～22 行语句处理 R 的 x 分量为最大值的情况。当 x 分量为正时，读取“左面”位图，否则读取“右面”位图。第 23～37 行语句处理 R 的 y 分量为最大值的情况。当 y 分量为正时，读取“顶面”位图，否则读取“底面”位图。第 38～52 行语句

处理 R 的 z 分量为最大值的情况。当 z 分量为正时，读取“前面”位图，否则读取“后面”位图。第 53～54 行语句将纹理颜色设置为材质的漫反射率和环境法反射率。第 55 行语句调用光照函数 Illuminate 计算当前点的光强。

（2）对应材质与位图资源

```
1     CTestView::CTestView() noexcept
      {
          // TODO: 在此处添加构造代码
          …
5         InitializeLightingScene();
          texture[0].PrepareBitmap(IDB_BITMAP1);                    //左面
          texture[1].PrepareBitmap(IDB_BITMAP2);                    //右面
          texture[2].PrepareBitmap(IDB_BITMAP3);                    //顶面
          texture[3].PrepareBitmap(IDB_BITMAP4);                    //底面
10        texture[4].PrepareBitmap(IDB_BITMAP5);                    //前面
          texture[5].PrepareBitmap(IDB_BITMAP6);                    //后面
          for (int i = 0; i < 4; i++)
          {
              revo[i].patch.SetScene(pLight, pMaterial);            //设置场景
15            revo[i].patch.SetTexture(texture);                    //设置纹理
          }
      }
```

程序说明：第 6～11 行语句读入立方体的 6 幅位图，如图 9.13 所示。第 15 行语句通过位图数组名设置纹理。立方体纹理映射方法要使用反射向量查询相应的位图，要求通过纹理数组正确绑定位图，本例给出的纹理绑定关系见表 9.2。

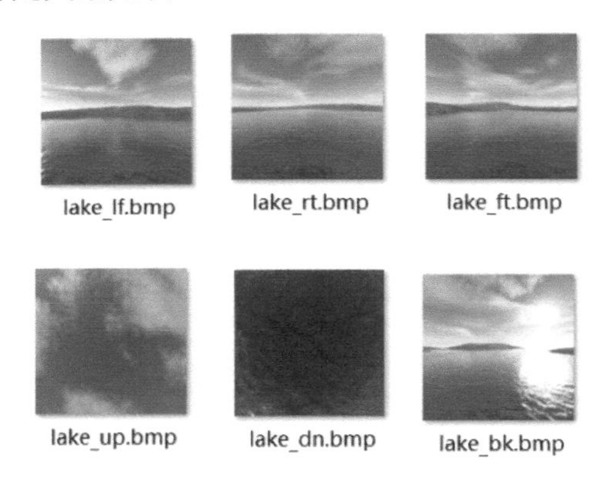

图 9.13　位图命名

表 9.2　纹理绑定关系

	纹理数组元素	位图编号	位图名称
左面	Texture[0]	IDB_BITMAP1	lake_lf.bmp
右面	Texture[1]	IDB_BITMAP2	lake_rt.bmp
顶面	Texture[2]	IDB_BITMAP3	lake_up.bmp
底面	Texture[3]	IDB_BITMAP4	lake_dn.bmp
前面	Texture[4]	IDB_BITMAP5	lake_ft.bmp
后面	Texture[5]	IDB_BITMAP6	lake_bk.bmp

4. 实验小结

立方体映射方法使用反射向量来索引 6 幅图像，并未将纹理绑定到曲面片上，也就是说未对曲面进行参数化，也不用进行纹理坐标插值，直接使用反射向量索引相应图像。在映射前先将 6 幅位图手工排列，通过观察图像能否正确连接成天空盒，才设置位图的 ID 号。

9.6 投影纹理映射【理论 22】

1992 年，Segal 提出投影纹理映射[20]（Projective Texture Mapping）算法，将纹理投影到物体上，就像将幻灯片投影到墙上一样。该方法不需要将曲面网格点与纹理图像进行绑定，而是使用物体表面多边形顶点透视投影后的二维坐标去索引纹理图像，这个二维坐标通常也被称为投影纹理坐标。

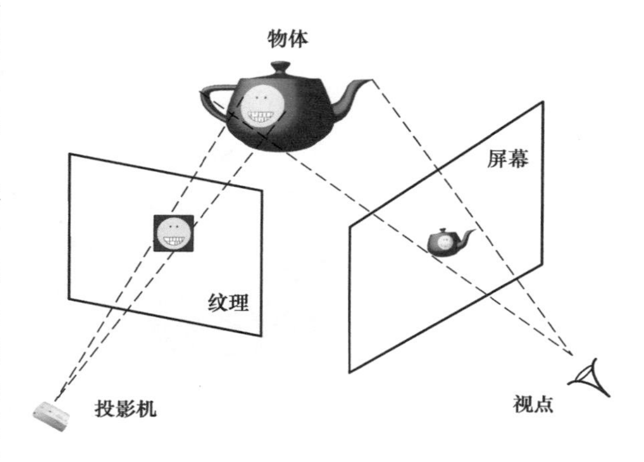

图 9.14 原理图

该方法首先将纹理投影到物体的表面上，然后将表面投影到场景中。这相当于首先将幻灯片投影到任意朝向的表面上，然后从视点方向观察，如图 9.14 所示。首先根据投影机的位置算出物体表面每个多边形顶点所对应的投影纹理坐标，然后依据该坐标去查询纹理颜色值。阴影映射（Shadow Mapping）是投影纹理映射的一个重要应用。阴影映射时，将图 9.14 中的投影机换成了光源。

投影纹理映射有两大优点：

（1）将纹理与多边形顶点进行实时对应，不需要预先绑定纹理坐标。投影纹理映射中使用的投影纹理坐标是通过多边形顶点坐标与投影矩阵计算得到，与纹理图像无关，需渲染其他效果时，改变“投影机”参数即可。

（2）使用投影纹理映射可以有效地避免纹理扭曲现象。一般的纹理映射技术将一幅图像映射到两个三角面片上，它们的顶点纹理坐标相同，若三角面片形状不同，则纹理在两个三角面片内部的分布是不一样的，造成纹理扭曲。对于图 9.15 中的正方形，两个三角形的形状相同，图像纹理映射与投影纹理映射效果相同。对于图 9.16 中的梯形，两个三角形的形状不同，图像纹理映射三角形内部的纹理分布不同，使得映射结果扭曲，而投影纹理映射避免了这种现象。

将一幅“笑脸”图案投影到茶壶上，效果如图 9.17 所示。

(a) 图像纹理

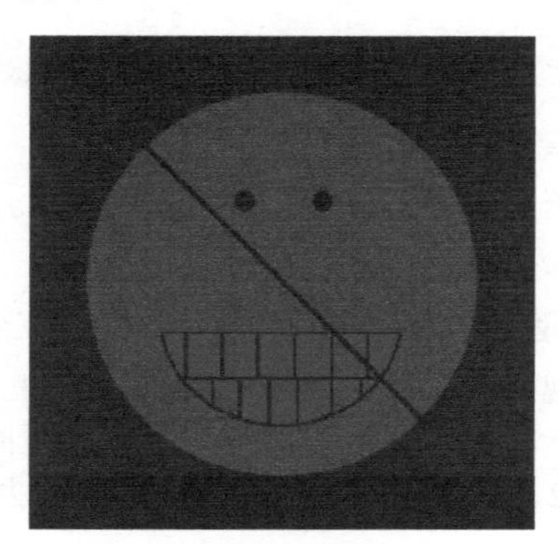

(b) 投影纹理映射

图 9.15 正方形面纹理映射效果图

(a) 图像纹理

(b) 投影纹理映射

图 9.16 梯形面纹理映射效果图

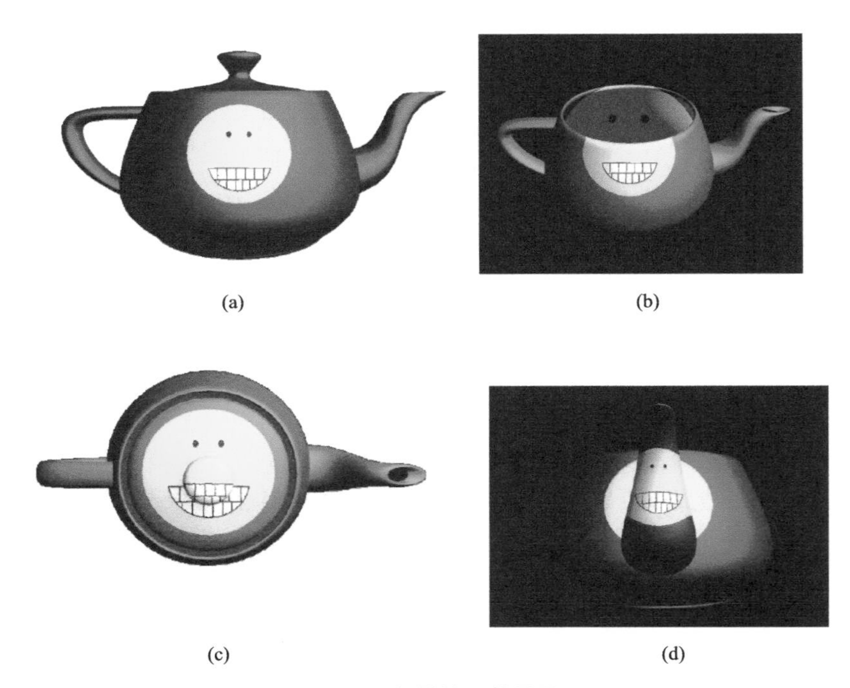

(a) (b)

(c) (d)

图 9.17 投影纹理效果图

9.7 实验 22：圆环投影纹理映射

1. 实验描述

试基于投影纹理映射算法将图 9.18(a)所示的一幅笑脸图案投影到圆环上，效果如图 9.18(b)所示。

2. 实验设计

根据视点的位置、投影角度和物体的坐标，计算每个顶点的投影纹理坐标。计算投影纹理坐标需要归一化到区间[0, 1]。投影坐标的区间是[-1,1]，所求的投影纹理坐标区间是[0,1]，所以需要加 1 除以 2，然后用归一化后视投影坐标去检索纹理图像。

3. 实验编码

在 CProjection 类中，定义 TexturePerspectiveProjection 函数计算纹理透视投影坐标。

(a) 纹理图

(b) 投影到圆环

图 9.18　实验 22 效果图

```
1    CT2 CProjection::TexturePerspectiveProjection(CP3 WorldPoint, CTexture* pTexture)
     {
         CP3 ViewPoint;                              //观察坐标系三维点
         ViewPoint.x = WorldPoint.x;
5        ViewPoint.y = WorldPoint.y;
         ViewPoint.z = EyePoint.z - WorldPoint.z;
         CP2 ScreenPoint;                            //屏幕坐标系二维点
         ScreenPoint.x = (d * ViewPoint.x / ViewPoint.z + 1) / 2;      //归一化
         ScreenPoint.y = (d * ViewPoint.y / ViewPoint.z + 1) / 2;
10       CT2 TextureCoortinate;                                    //投影纹理坐标
         TextureCoortinate.u = ScreenPoint.x + pTexture->bmp.bmWidth / 2;
         TextureCoortinate.v = ScreenPoint.y + pTexture->bmp.bmHeight / 2;
         return TextureCoortinate;
     }
```

程序说明：第 8～9 行语句对透视投影坐标进行归一化处理。第 11～12 行语句计算投影纹理坐标。

计算顶点纹理值的程序如下。

```
1    void CBezierPatch::DrawFacet(CDC* pDC, CZBuffer* pZBuffer)
     {
         CP3 ScreenPoint[4];
         CP3 ViewPoint = projection.GetEye();
5        SlideProjector.SetEye(1000);                          //投影机视点
         for (int nPoint = 0; nPoint < 4; nPoint++)
         {
             ScreenPoint[nPoint] = projection.PerspectiveProjection3(quadrP[nPoint]); //透视投影
             quadrT[nPoint] = SlideProjector.TexturePerspectiveProjection(quadrP[nPoint],
                                 pTexture);                //计算投影机的投影纹理坐标
10       }
         pZBuffer->SetPoint(ScreenPoint[0], ScreenPoint[2], ScreenPoint[3],
                        quadrN[0], quadrN[2], quadrN[3], quadrT[0], quadrT[2], quadrT[3]);
         pZBuffer->PhongShader(pDC, ViewPoint, pLight, pMaterial, pTexture);
         pZBuffer->SetPoint(ScreenPoint[0], ScreenPoint[1], ScreenPoint[2],
                        quadrN[0], quadrN[1], quadrN[2], quadrT[0], quadrT[1], quadrT[2]);
```

```
        pZBuffer->PhongShader(pDC, ViewPoint, pLight, pMaterial, pTexture);
15  }
```

程序说明：第 5 行语句设置投影机与物体的距离，其实是设置了视点，投影机离物体越近，投影纹理越小。SetEye 函数定义如下：

```
void CProjection::SetEye(double R)                    //设置视径
{
    EyePoint.z = R;
}
```

第 8 行语句计算网格细分点的透视投影纹理值，投影机（SlideProjector）由 CProjection 类定义。

4. 实验小结

通过代码的学习，投影纹理映射真正的流程是“根据视点的位置、物体的坐标，计算出物体表面网格点所对应的纹理坐标，而这个纹理坐标来自投影机”，也就是说，不是将纹理投影到物体上，而是把物体投影到纹理上。

9.8 三维纹理映射【理论 23】

前面介绍的二维纹理对于增强物体的真实感效果有着重要作用，但由于纹理是二维的，而物体是三维的，一方面平面纹理包裹曲面物体的映射是一种非线性映射，另一方面对于由多个多边形拼接成的物体表面，很难保持拼接处的纹理连续性。三维纹理巧妙地绕过了这些问题，为物体曲面细分点提供了三维纹理函数。三维纹理是一种计算机编程生成的纹理，也称过程纹理。

假如，在物体空间中，物体上的每一点 $P(x,y,z)$ 均对应一个三维纹理值 $T(u,v,w)$，其值由纹理函数唯一确定。将需要映射纹理的物体嵌入到纹理空间，物体与纹理空间的交形成了物体表面上的纹理。如果将纹理空间视为实体材质（三维纹理也称体纹理），那么三维纹理映射相当于从纹理空间中将物体雕刻出来。三维纹理函数是连续函数，因此物体表面上的纹理是自然的，而且三维纹理没有被扭曲和拉伸，因此不发生走样。三维纹理映射时，首先在纹理空间内计算各点的纹理，然后将纹理空间变换到物体空间，即可将三维纹理对应到三维物体网格点上。这个恒等变换为

$$x = u,\ \ y = v,\ \ z = w,\ \ c = T(u,v,w)$$

式中，(x,y,z) 为物体空间中一点的坐标，c 为该点的颜色。

1985 年，Peachey 和 Perlin 提出了三维纹理的概念。Peachey 用一种简单的规则三维纹理函数成功地模拟了木制品的纹理效果[21]。Perlin 用三维噪声函数生成了三维随机纹理。本节主要讲解三维木纹纹理[22]。

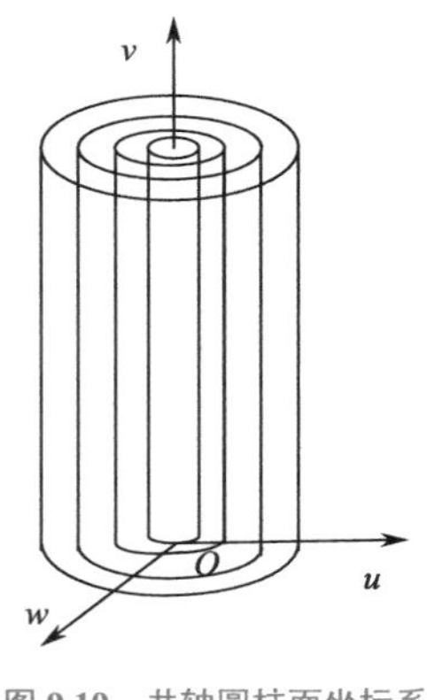

图 9.19 共轴圆柱面坐标系

1. 木纹纹理

木纹纹理函数采用一组共轴圆柱面定义，即把位于相邻圆柱面之间的纹理函数值交替地取为“明”和“暗”。木块上任意一点的纹理函数值可根据它到圆柱轴线所经过的圆柱面个数的奇偶性来判断。一般而言，共轴圆柱面定义的木纹函数过于规范。为此，Peachey 引入了 3 个简单的操作来克服这一缺陷：

（1）扰动，对共轴圆柱面的半径进行扰动。扰动量可以是正弦函数或其他可描述木纹与正规圆柱面偏离量的任何函数。

（2）扭曲，在圆柱面轴向加一个扭曲量。

（3）倾斜，将圆柱面圆心沿木块的截面倾斜。

在三维纹理空间内，取共轴圆柱面的轴向为 v 轴，横截面为 u 和 w 轴，如图 9.19 所示。

对于半径为 r_1 的圆柱面，参数方程表示为

$$r_1=\sqrt{u^2+w^2} \tag{9.13}$$

若用 $2\sin(a\theta)$ 作为木纹的不规则生长扰动函数，并在 v 轴方向附加 v/b 的扭曲量，则得到

$$r_2=r_1+2\sin(a\theta+v/b) \tag{9.14}$$

式中，a 和 b 为常数，$\theta=\arctan(u/w)$。上式即为原半径为 r_1 的圆柱面经变形后的表面方程。最后使用三维几何变换将纹理倾斜一个角度，使木纹更加自然：

$$(x,y,z)=\text{tilt}(u,v,w) \tag{9.15}$$

为茶壶添加三维木纹纹理，效果如图 9.20 所示。

图 9.20　木纹茶壶

2．透视变形

在透视投影中，如果在屏幕坐标系内直接对顶点属性进行线性插值，那么一般不会产生正确的透视结果。在基于顶点的计算机图形学中，顶点通常与颜色、纹理坐标、法向量等联系在一起。在观察坐标系中，可以对这些顶点属性进行线性插值。然而，在透视投影后的屏幕坐标系中，这些顶点属性的线性插值并不能保持正确[23]。

在图 9.21 中，直线 V_0V_1 在屏幕上的投影是 P_0P_1。P_0 点的光强 $I_0=0.0$，P_1 点的光强 $I_1=1.0$。假定 P_2 点是直线的中点，如果在屏幕坐标系中对 P_0 点和 P_1 点进行线性插值，那么可以得到 P_2 点的光强 $I_2=0.5$。对于投影前的直线 V_0V_1，视点 O_v 与 P_2 点连线与 V_0V_1 交于 V_2 点，V_2 点就不一定是 V_0V_1 的中点。如果 V_2 点不是中点，那么其光强就不等于 0.5。要想得到正确的效果，就需要进行透视校正插值（Perspective-Correct Interpolation）。

在观察坐标系中，屏幕到视点的距离为视距 d，如图 9.22 所示。投影前直线的线性插值参数是 s，投影后直线的线性插值参数是 t。根据相似三角形，有

$$\frac{x_0}{z_0}=\frac{u_0}{d}\Rightarrow x_0=\frac{u_0z_0}{d} \tag{9.16}$$

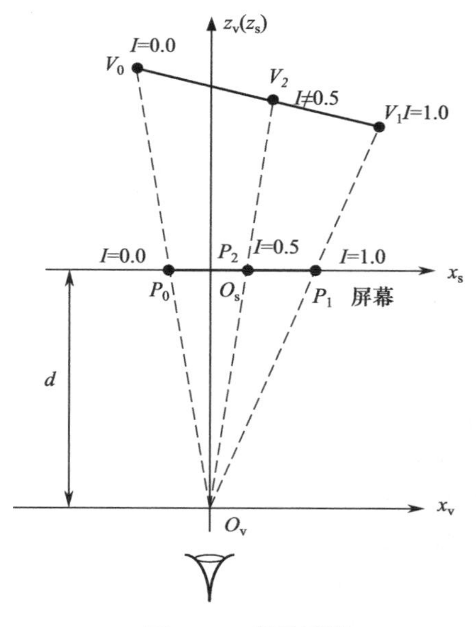

图 9.21　光强插值

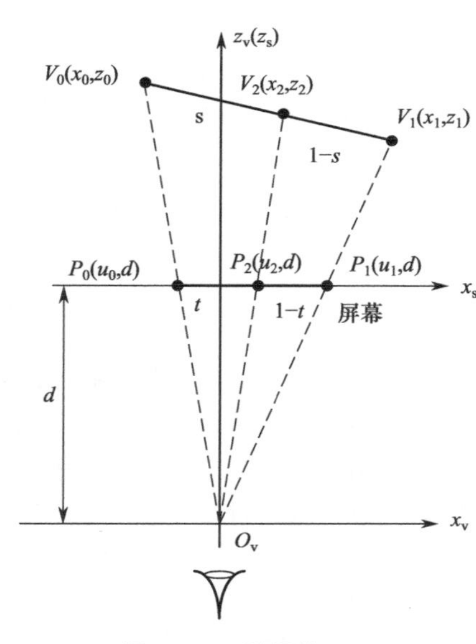

图 9.22　透视校正

$$\frac{x_1}{z_1}=\frac{u_1}{d}\Rightarrow x_1=\frac{u_1 z_1}{d} \tag{9.17}$$

$$\frac{x_2}{z_2}=\frac{u_2}{d}\Rightarrow z_2=\frac{dx_2}{u_2} \tag{9.18}$$

在屏幕上进行线性插值有

$$u_2=(1-t)u_0+tu_1 \tag{9.19}$$

在观察坐标系内进行线性插值有

$$x_2=(1-s)x_0+sx_1 \tag{9.20}$$

$$z_2=(1-s)z_0+sz_1 \tag{9.21}$$

将式（9.19）和式（9.20）代入式（9.18），有

$$z_2=d\frac{(1-s)x_0+sx_1}{(1-t)u_0+tu_1} \tag{9.22}$$

将式（9.16）和式（9.17）代入式（9.22），有

$$z_2=\frac{(1-s)u_0 z_0+su_1 z_1}{(1-t)u_0+tu_1} \tag{9.23}$$

将式（9.21）代入式（9.23），有

$$(1-s)z_0+sz_1=\frac{(1-s)u_0 z_0+su_1 z_1}{(1-t)u_0+tu_1} \tag{9.24}$$

化简为

$$s=\frac{tz_0}{tz_0+(1-t)z_1} \tag{9.25}$$

将式（9.25）代入式（9.23），有

$$z_2=\frac{1}{(1-t)\frac{1}{z_0}+t\frac{1}{z_1}}\Rightarrow \frac{1}{z_2}=\frac{(1-t)}{z_0}+\frac{t}{z_1} \tag{9.26}$$

式（9.26）说明，深度值的倒数$1/z_0$和$1/z_1$能够在屏幕坐标系进行线性插值。

在图 9.21 中，对光强进行线性插值，有

$$I_2=(1-s)I_0+sI_1 \tag{9.27}$$

将式（9.25）代入式（9.27），化简后代入式（9.26），有

$$I_2=\frac{(1-t)\frac{I_0}{z_0}+t\frac{I_1}{z_1}}{1/z_2} \tag{9.28}$$

式（9.28）说明，在屏幕坐标系内对光强进行插值，可以通过以下方法校正。对I_0/z_0与I_1/z_1进行线性插值，并将插值结果除以$1/z_2$，而z_2是可以在屏幕坐标系内进行线性插值的，参见式（9.26）。式（9.28）可用于对顶点的颜色、纹理坐标和法向量等属性进行线性插值。

将三维纹理映射到长方体上形成木块，效果如图 9.23(a)所示。可以看到木块“前面”从左下到右上方向的对角线十分明显，接缝处呈现“凸起”状态，造成了“前面”仿佛是由两个不共面的三角形拼合而成的错觉，这是由透视变形引起的。使用透视校正插值技术对顶点的纹理坐标的线性插值校正后，效果如图 9.23(b)所示。“前面”的两个三角形纹理位于同一四边形面内。

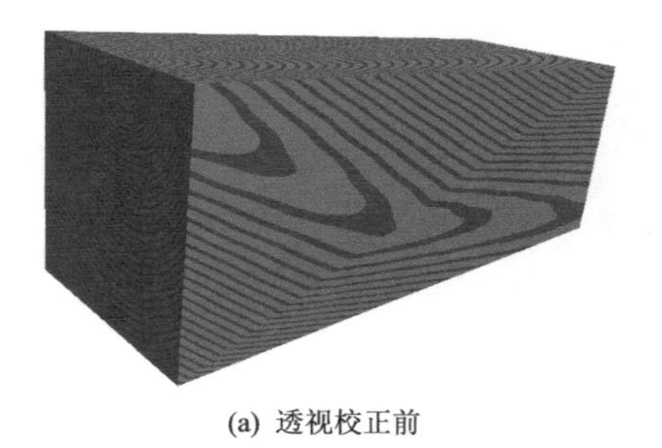

(a) 透视校正前　　(b) 透视校正后

图 9.23　木块三维纹理

9.9　实验 23：木纹球体

图 9.24　实验 23 效果图

1．实验描述

从三维木纹空间内雕刻出一个球体。暂不考虑透视变形问题，试制作球体三维纹理映射动画，效果如图 9.24 所示。

2．实验设计

在物体空间内制作球体模型，在木纹空间内计算木纹纹理的颜色。将纹理空间与物体空间重合，即物体曲面网格点的纹理取自木纹空间，作为材质漫反射率和环境反射率。镜面反射光设置为白光，使用 PhongShader 为球体模型添加光照。

球体是一个对称物体，只有借助于木纹的旋转才能产生倾斜纹理。木纹倾斜可以通过三维变换来实现。图 9.25(a)中的纹理无倾斜，图 9.25(b)中的纹理绕 x 轴逆时针方向旋转 30°，绕 z 轴逆时针方向旋转 10°。

(a) 无倾斜

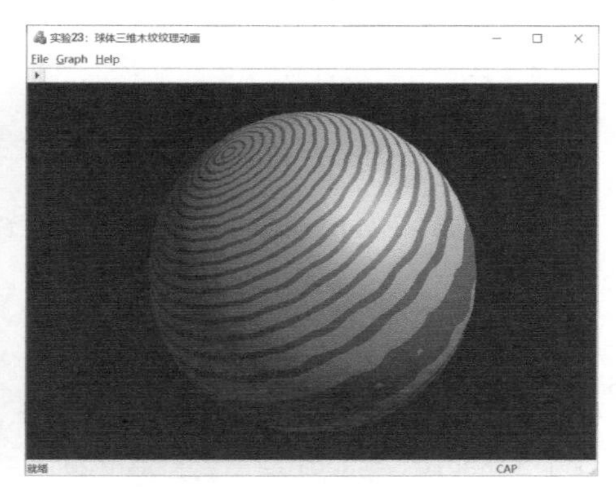

(b) 有倾斜

图 9.25　未倾斜的木纹

3．实验编码

（1）三维纹理坐标类

前面细分曲面时，已经多次用过 CT2 类，它包含两个数据成员 u 和 v，也可以视为二维纹理坐标类。三维纹理坐标类公有派生自 CT2 类。

```
1    class CT2
     {
     public:
         CT2(void);
5        virtual ~CT2(void);
         CT2(double u, double v);
     public:
         double u, v;
};
```

程序说明：u 和 v 设置为公有数据成员，方便类外直接使用。

```
1    class CT3 :public CT2
     {
     public:
         CT3(void);
5        CT3(double u, double v, double w);
         virtual ~CT3(void);
     public:
         double w;
};
```

程序说明：w 是公有数据成员。三维纹理类定义了 u、v、w 三个数据成员。

（2）木纹纹理函数

三维纹理是过程纹理，由函数来定义，不需要导入图像。定义 ReadWoodTexture 函数计算纹理空间内一点 (u,v,w) 的纹理颜色。

```
1    CRGB CZBuffer::ReadWoodTexture(CT3 t)
     {
         CTransform3 tran;
         CP3 tempt;
5        tempt.x = t.u;
         tempt.y = t.v;
         tempt.z = t.w;
         tran.SetMatrix(&tempt, 1);
         tran.RotateX(30);
10       tran.RotateZ(10);
         double Radius = sqrt(tempt.x * tempt.x + tempt.z * tempt.z);
          double Theta;                              //扰动角度
         if (0 == tempt.z)
             Theta = PI / 2;
15       else
             Theta = atan(tempt.x / tempt.z);
         Radius = Radius + 2 * sin(20 * Theta + tempt.y / 150);
         int Grain = ROUND(Radius) % 60;
         if (Tex < 40)
20           return CRGB(0.8, 0.6, 0.0);             //明条纹
         else
             return CRGB(0.5, 0.3, 0.0);             //暗条纹
     }
```

程序说明：第 3 行语句定义三维旋转对象。第 4～7 行语句从三维纹理空间变换回三维物体空

间，因为三维变换是在物体空间定义的。第 8～10 行语句对纹理空间进行旋转。第 11 行语句计算共轴圆柱面的半径 $r_1=\sqrt{u^2+w^2}$ 。第 16 行语句计算扰动角度 $\theta=\arctan(u/w)$ 。第 17 行语句计算扰动后的半径 $r_2=r_1+2\sin(a\theta+v/b)$ ，其中取 $a=20$，$b=150$。第 18～22 行语句计算纹理的明暗条纹。

（3）合并纹理空间与物体空间

```
1    void CBezierPatch::Tessellation(CMesh Mesh)          //细分曲面函数
     {
         …
         quadrT[i].u = quadrP[i].x * 3;                   //合并纹理空间与物体空间
5        quadrT[i].v = quadrP[i].y * 3;
         quadrT[i].w = quadrP[i].z * 3;
     }
     void CBezierPatch::DrawFacet(CDC* pDC, CZBuffer* pZBuffer)  //绘制平面网格函数
     {
10       CP3 ScreenPoint[4];
         CP3 ViewPoint = projection.GetEye();
         for (int nPoint = 0; nPoint < 4; nPoint++)
             ScreenPoint[nPoint] = projection.PerspectiveProjection3(quadrP[nPoint]); //透视投影
         pZBuffer->SetPoint(ScreenPoint[0], ScreenPoint[2], ScreenPoint[3],
                 quadrN[0], quadrN[2], quadrN[3], quadrT[0], quadrT[2], quadrT[3]);
15       pZBuffer->PhongShader(pDC,ViewPoint,pLight,pMaterial);
         pZBuffer->SetPoint(ScreenPoint[0], ScreenPoint[1], ScreenPoint[2],
                 quadrN[0], quadrN[1], quadrN[2], quadrT[0], quadrT[1], quadrT[2]);
         pZBuffer->PhongShader(pDC, ViewPoint, pLight, pMaterial);
     }
```

程序说明：第 4～6 行语句合并纹理空间与物体空间，将纹理坐标适当放大，可以增加木纹出现的频率。第 14～15 行语句使用三维纹理绘制上三角形。第 16～17 行语句使用三维纹理绘制下三角形。

4．实验小结

三维纹理是定义在三维空间内的函数。三维纹理不随着物体的旋转而旋转。本实验使用三维变换来旋转纹理空间，在球体上形成倾斜的木纹纹理，显得更加真实。三维纹理属于过程纹理，由程序生成，不需要导入纹理图像。笔者编程已经证实，对球体进行透视插值校正没有任何作用。

9.10　Mipmap 纹理反走样技术

1983 年，Williams 提出 Mipmapping 技术，也称纹理金字塔映射技术[24]。Mipmap 源自拉丁文的 multum in parvo，意为“在一个小地方有许多东西”。Mipmapping 技术预先定义了一组优化过的图像：从原始图像出发，依次降低图像的分辨率。图 9.26 中定义了 8 级 Mipmap 纹理链，从原始分辨率的 Mipmap 图像宽度和高度减半，逐级生成低分辨率的 Mipmap 图像。原始图像 Mipmap_0 的分辨率为 256×256；图像的分辨率依次为：Mipmap_1 的分辨率为 128×128，Mipmap_2 的分辨率为 64×64，Mipmap_3 的分辨率为 32×32，Mipmap_4 的分辨率为 16×16，Mipmap_5 的分辨率为 8×8，Mipmap_6 的分辨率为 4×4，Mipmap_7 的分辨率为 2×2，Mipmap_8 的分辨率为 1×1（单像素图像）。Mipmap 中的图像的宽度和高度不一定要相等，但都是 2 的 n 次幂，最低分辨率为 1×1。从图像存储的角度看，Mipmapping 技术增加了图像的存储空间，$\sum_{i=1}^{8}\frac{1}{4^i}=\frac{1}{4}+\frac{1}{16}+\frac{1}{64}+\cdots=\frac{1}{3}$，即比原先多出 1/3 的内存空间。Mipmap 图像可以在原始图像基础上递归生成，如图 9.27 所示。下一级图像中的像素的颜色取

为上一级图像中 4 个相邻像素颜色的平均值。

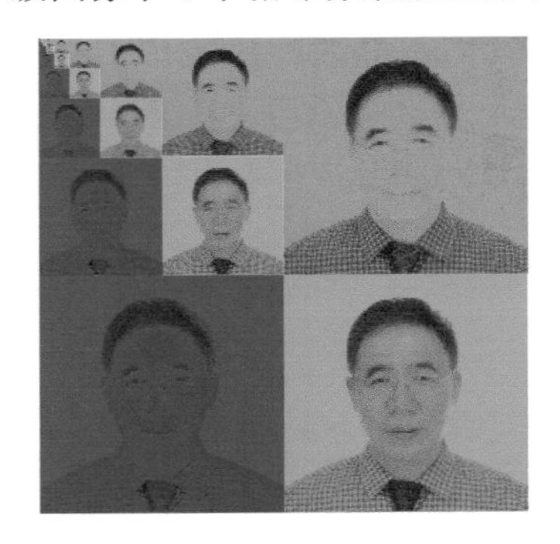

图 9.26 Mipmap 纹理链

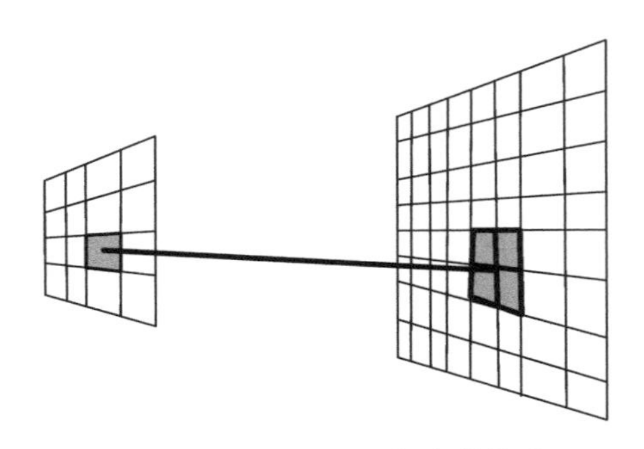

图 9.27 Mipmap 图像生成算法

使用公式可以计算出 Mipmap 纹理链图像数目：

$$m = \log_2 n + 1 \tag{9.29}$$

式中，n 为原始图像的宽度，m 为纹理链数目。例如，当 $n = 256$ 时，$m = 9$，即从 Mipmap_0～ Mipmap_8，共 9 幅图像。

Mipmapping 技术常用于三维纹理映射，对于图 9.28(a)所示的网格图，远离视点的高频信号部分出现了断线，看到了所谓的摩尔纹（moire pattern）。摩尔纹是纹理走样的一种形式，使用数码相机摄影时经常会遇到这种情况。为了消除摩尔纹，在离视点近处使用分辨率较高的纹理图，在离视点远处使用分辨率较低的纹理图。图 9.28(a)的反走样效果如图 9.28(b)所示，所用的 Mipmap 纹理链如图 9.28(c)所示。

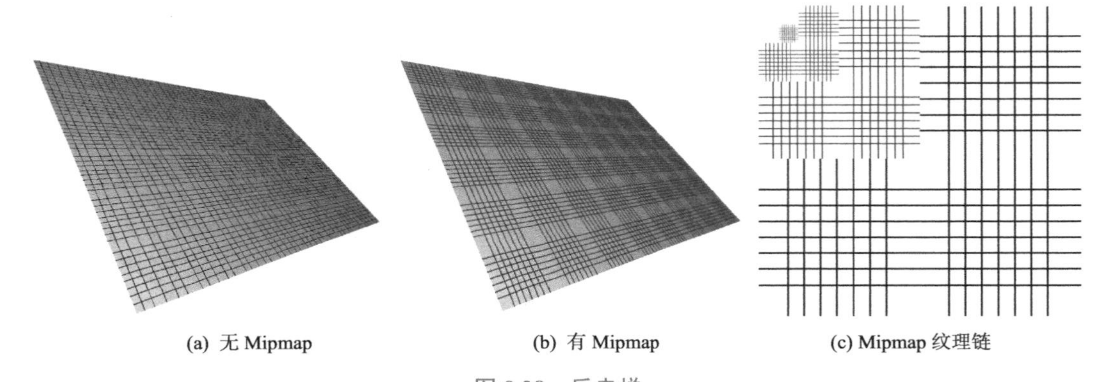

(a) 无 Mipmap (b) 有 Mipmap (c) Mipmap 纹理链

图 9.28 反走样

由于视点距离物体的参数是连续的，而纹理链在分辨率上是不连续的，因此在编程绘制时，对于距离视点的整数位置，直接选取对应的 Mipmap 图像；对于距离视点的小数位置，选取两个相邻级别的 Mipmap 图像进行三线性插值来获得过渡纹理，如图 9.29 所示：

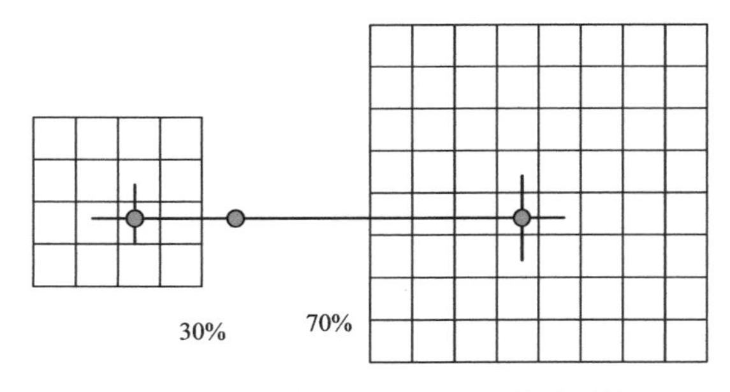

图 9.29 相邻级别纹理链的三线性插值

$$c = 0.3c_i + 0.7c_{i+1}$$

式中，c_i 是 Mipmap_i 的颜色，c_{i+1} 是 Mipmap_{i+1} 的颜色。

Mipmapping 技术一般是与 LOD（Level Of Detail）技术一起配合使用的。LOD 技术使用的是不同分辨率的模型，而 Mipmap 使用的是不同分辨率的纹理。根据物体到观察者的距离的不同，将分辨率大的纹理映射到离视点近的高分辨率物体上，将分辨率小的纹理映射到离视点远的低分辨率物体上。由于该技术可以得到令人满意的反走样效果，而且速度快且对内存需求少，因此 Mipmapping 技术已经成为当前应用最广泛的纹理反走样技术。

9.11　本章小结

本章讲解的纹理映射技术都未将纹理绑定到曲面网格细分点上，纹理不随曲面的转动而转动。无参数化曲面的纹理映射技术极大地提高了纹理应用的灵活性。本章讲授的是正向纹理映射的实现技术，反向纹理映射技术可以有效提高纹理反走样效果，请读者参阅文献[25]。

习题 9

9.1　使用两步纹理映射技术将题图 9.1(a)所示的自制卡通图映射到圆环上，假定圆环的回转半径 R 与截面半径 r 相等，效果如题图 9.1(b)所示。

(a) 纹理图

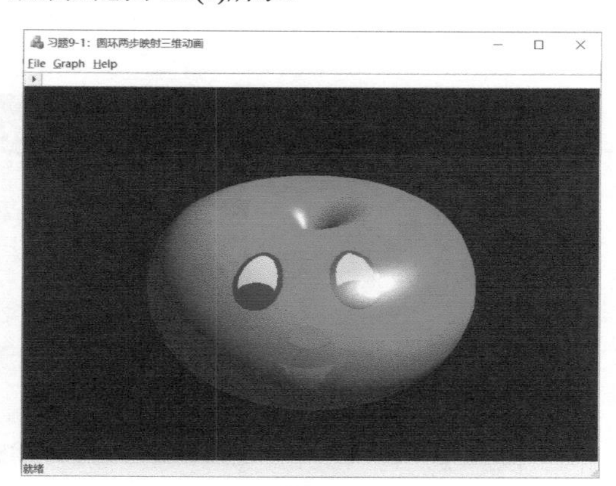

(b) 效果图

题图 9.1

9.2　使用球映射方法将题图 9.2(a)所示的全景图映射到圆环面上。试绘制光照圆环环境纹理，效果如题图 9.2(b)所示。

(a) 全景图

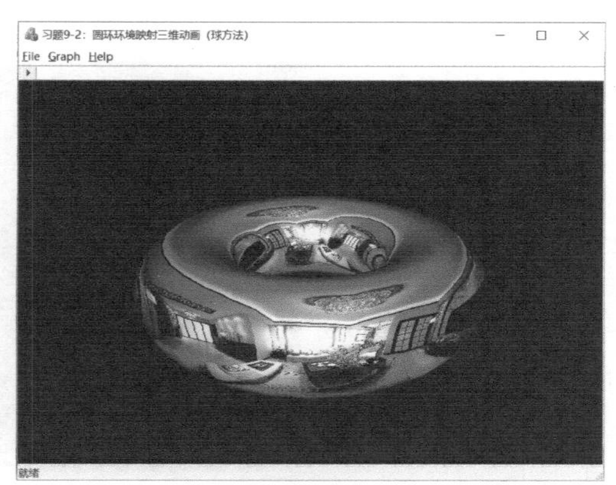

(b) 效果图

题图 9.2

9.3　使用立方体方法将题图 9.3(a)所示的 6 幅天空盒位图映射至球体表面，效果如题图 9.3(b)所示。

(a) 天空盒图像

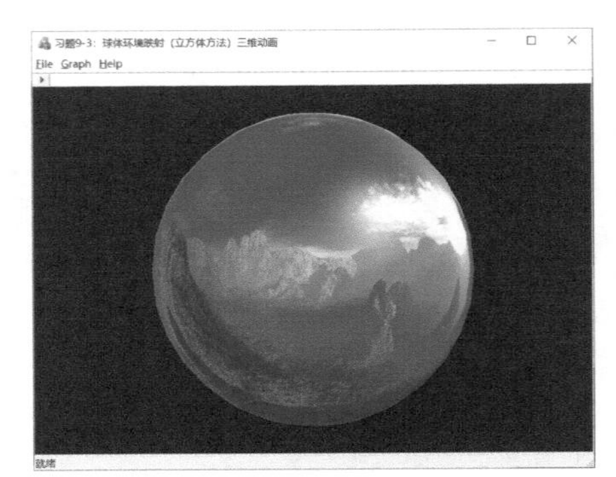

(b) 效果图

题图 9.3

9.4　将题图 9.4(a)所示的“猫”图像投影到圆边碗内，效果如题图 9.4(b)所示。

(a) 投影图

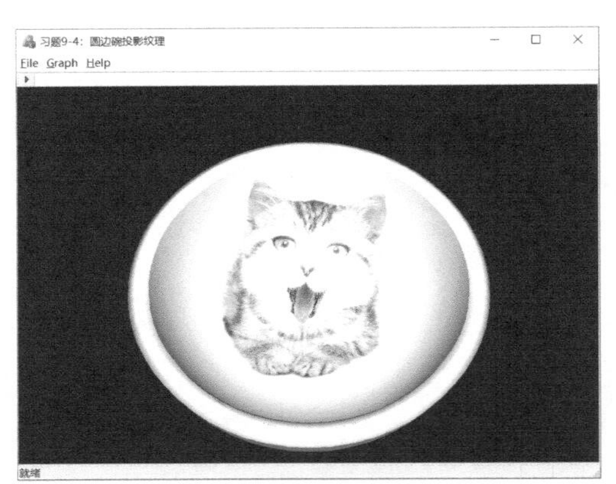

(b) 效果图

题图 9.4

9.5　将三维木纹纹理映射到圆环上。试制作木纹圆环，效果如题图 9.5 所示。

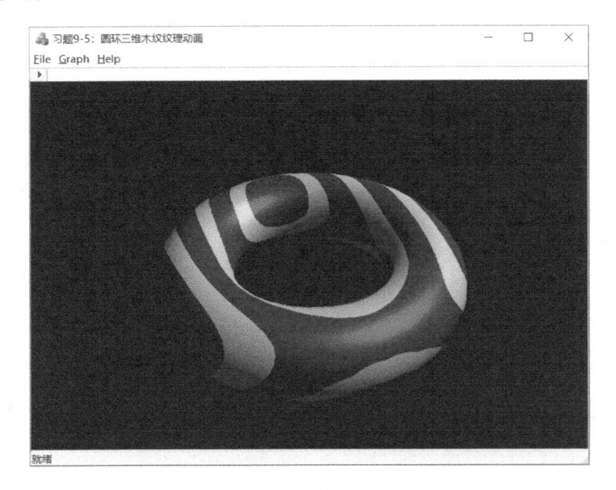

题图 9.5

9.6　将三维纹理映射到长方体上，分别绘制透视变形校正前、后的三维纹理效果，如题图 9.6 所示。

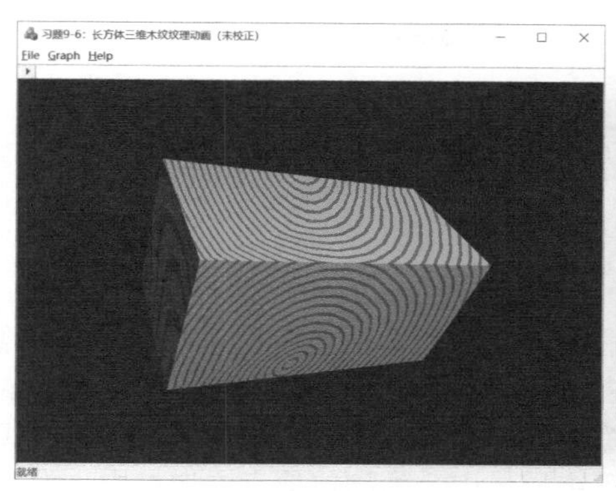

(a) 透视变形校正前

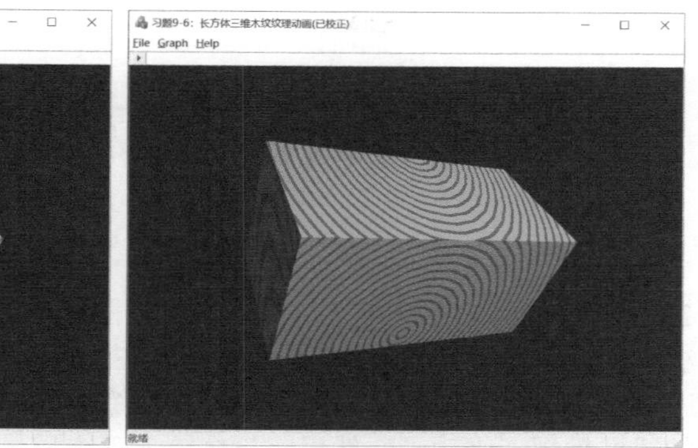

(b) 透视变形校正后

题图 9.6

附录 A　课程设计

我们通过 23 个理论的学习，基本上掌握了计算机图形学的三维曲面建模算法、光照模型算法和纹理映射算法，并在弄懂理论的基础上，设计了算法，编写了代码，完成了 23 个实验项目。

现在我们进行计算机图形学建模与渲染的综合训练。首先选择一个曲面物体，测量轮廓线、绘制透视投影的线框模型三维动画；然后将物体放入三维场景中，为物体顶点添加材质，设置光源、绘制光照模型；最后，为物体添加纹理，绘制光照纹理模型。绘制过程中会用到 CTransform、CProjection、CTriangle、CZBuffer、CLightSource、CMaterial、CLighting、CTexture 等工具类。请跟随我完成课程设计项目。

A.1　项目描述

将一幅花瓶位图导入窗口客户区内并居中显示。使用鼠标移动一段三次贝塞尔曲线的控制点，使得曲线贴合花瓶的侧面轮廓线，读取二维控制点二维坐标。测量的结果为 $P_0(113,-183), P_1(197,-103), P_2(305,246), P_3(54,247)$。试制作花瓶的线框模型、光照模型和纹理模型，如图 A.1 所示。

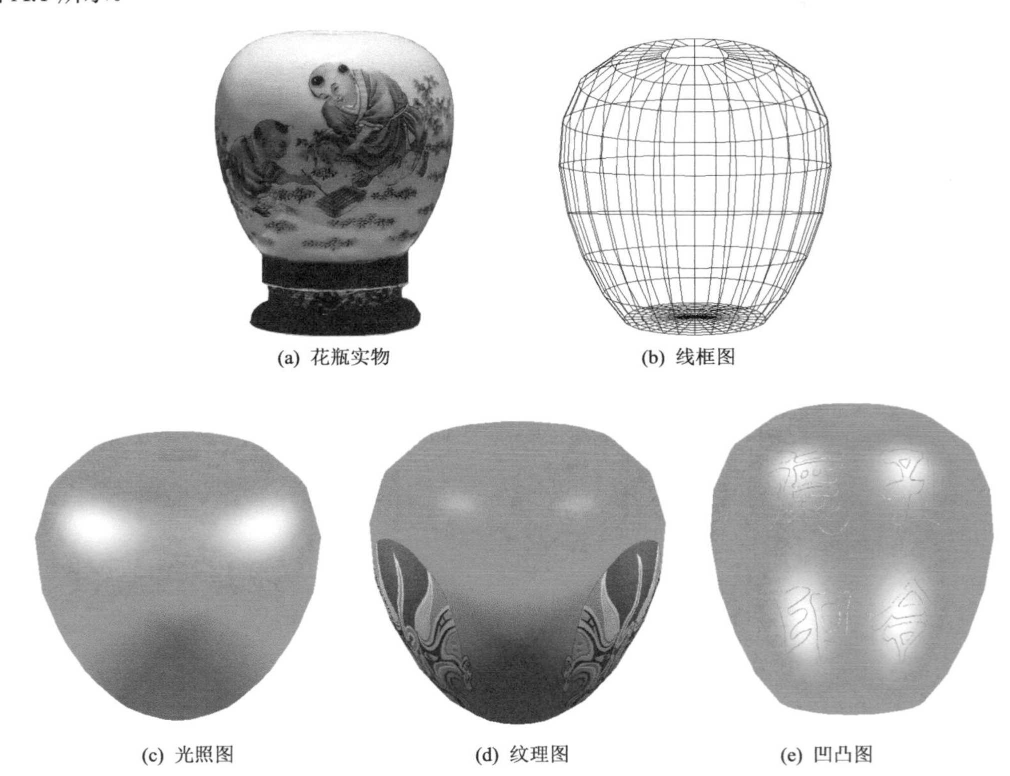

(a) 花瓶实物　(b) 线框图

(c) 光照图　(d) 纹理图　(e) 凹凸图

图 A.1　项目实物与效果图

A.2　项目设计

1. 设计曲面轮廓线测量工具

从资源中导入“花瓶”位图，位图的标识符为 IDB_BITMAP1。我们可以将它改为其他名称，如 FLOWERVASE，这里仍然使用默认标识符。将位图显示到窗口客户区中心，客户区的背景色设置为黑色。在窗口客户区绘制一段三次贝塞尔曲线及控制多边形，曲线用绿色表示，控制多边形用黄色表示，控制点用红色实心圆表示，控制点坐标为 P_0, P_1, P_2, P_3，如图 A.2 所示。建立双缓冲环境，为鼠标移动控制点做准备。向 CTestView 类中添加 WM_LBUTTONDOWN 消息、WM_MOUSEMOVE 消息、WM_LBUTTONUP 消息的映射函数，以便用鼠标移动控制点和读取控制点坐标数据。

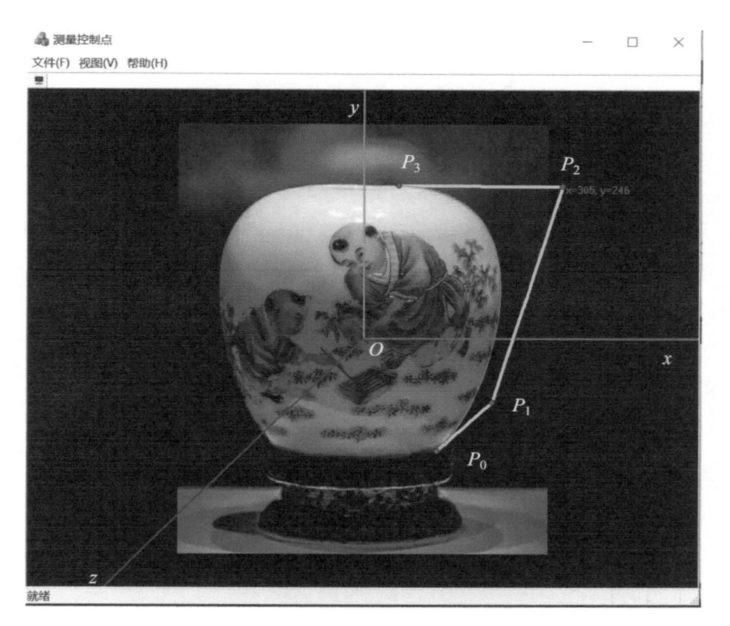

图 A.2　测量控制点

2. 制作线框模型的透视投影三维动画

将测量所得的一段三次贝塞尔曲线数据归一化后，调用回转类 CRevolution 制作回转体。该回转体由 4 个双三次贝塞尔曲面组成。每个曲面用递归算法细分。添加 CProjection 类，对控制多边形和曲面网格细分点进行透视投影，视点由 CProjection 类提供；添加 CTransform3 类，用回转体的 48 个网格控制点初始化三维变换的顶点矩阵。在三维场景内，添加 WM_TIMER 的消息映射函数，用时钟脉冲来旋转花瓶线框模型。此时绘制的是无底花瓶，如图 A.3(a)所示。

再定义一段三次贝塞尔曲线，该曲线的控制点位于过底面中心的水平线上。P_0 点位于底面中心处，P_3 点取花瓶侧面的 P_0 的 x 坐标作为半径，P_1 和 P_2 点等分由 P_0P_3 定义的直线。调用回转类 CRevolution 制作回转体，一条直线的回转结果为一个圆盘，可以作为花瓶的底面，如图 A.3(b) 所示。图 A.4 所示的是有底花瓶的线框模型和控制网格图。

3. 制作光照模型三维动画

将光源类 CLightSource、材质类 CMaterial、光照类 CLighting 导入项目，制作三维场景，材质依然取“红宝石”。花瓶是凹曲面体，面消隐算法使用 ZBuffer 算法，着色算法使用 PhongShader。在填充四边形网格时，需要将四边形网格划分为左上和右下两个三角形，如图 A.5 所示。

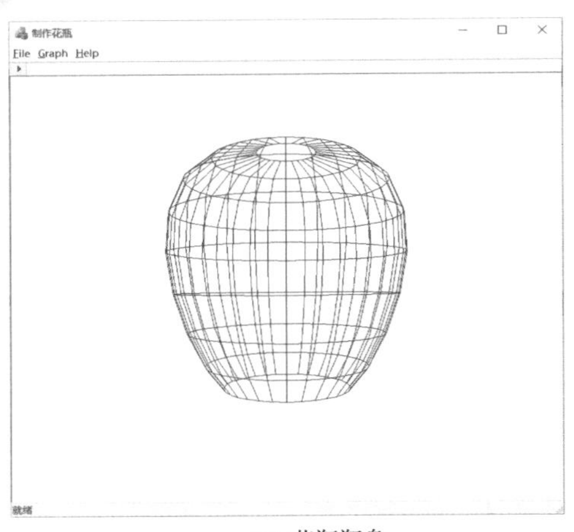

(a) 花瓶瓶身

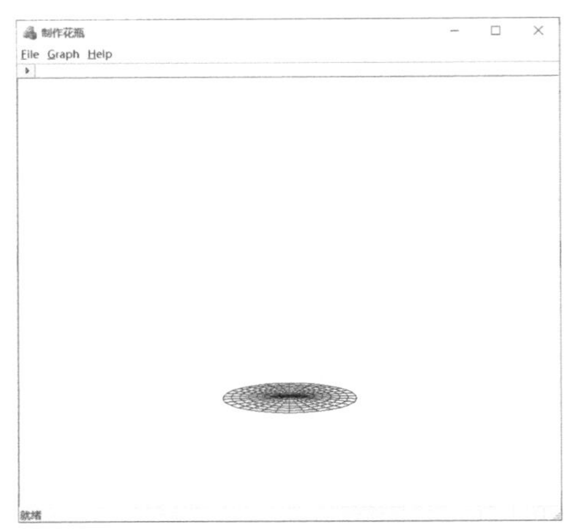

(b) 花瓶底部

图 A.3 无底花瓶

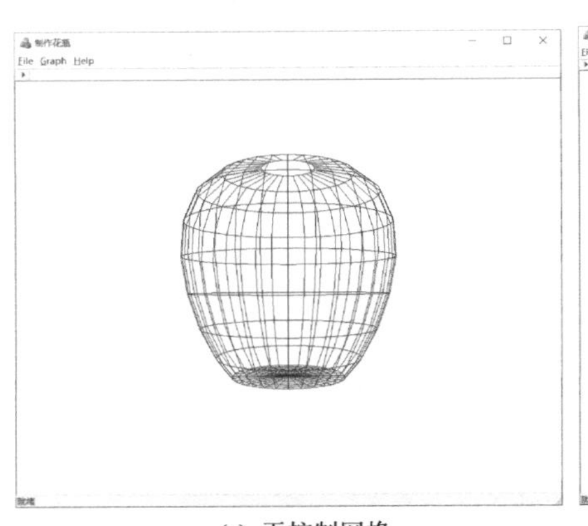

(a) 无控制网格

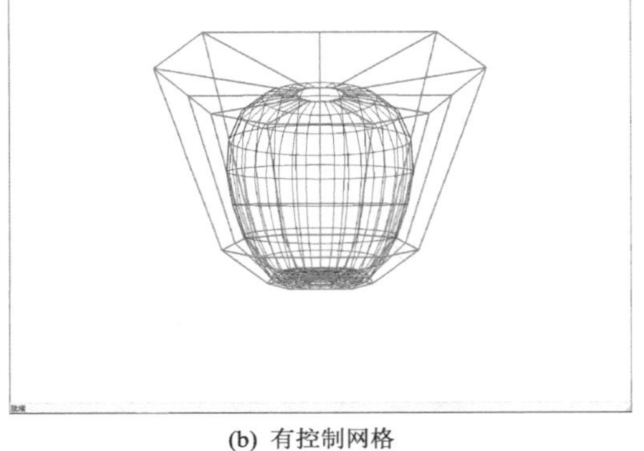

(b) 有控制网格

图 A.4 有底花瓶

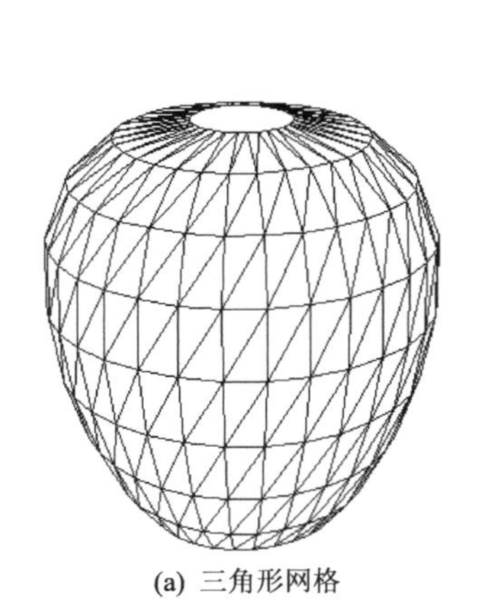

(a) 三角形网格

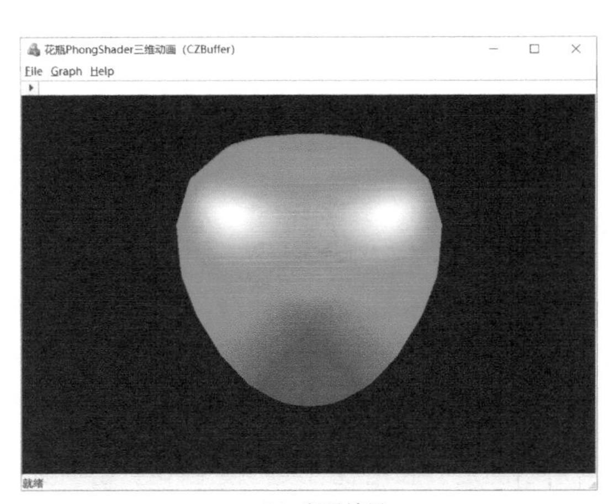

(b) 光照效果

图 A.5 添加光照

4．制作图像纹理模型三维动画

将图 A.6(a)所示的“花脸”位图导入资源，添加 CTexture 类将图像数据读入一维数组中。在 PhongShader 着色算法中，建立图像与曲面的匹配关系（一般是一个双三次曲面映射一幅位图），将一维数组中的颜色值作为漫反射率引入光照模型进行运算，就将纹理绑定到曲面上，如图 A.6(b)所示。

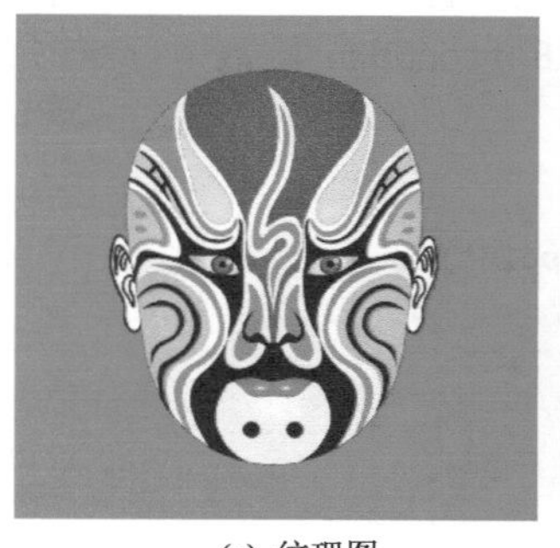

(a) 纹理图

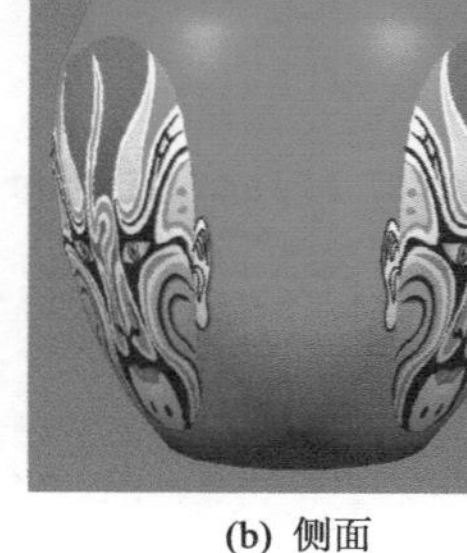

(b) 侧面

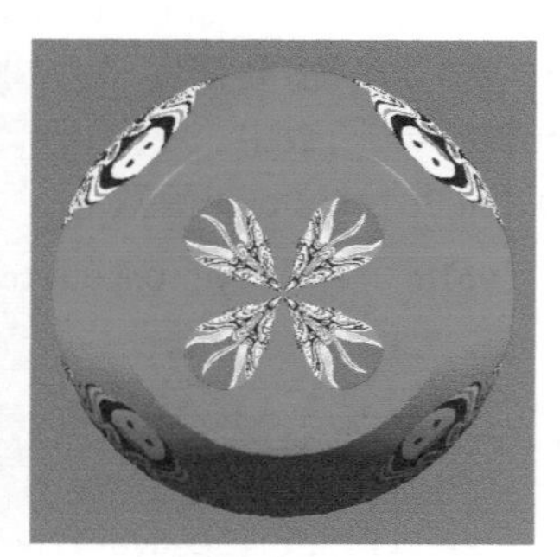

(c) 底部

图 A.6　添加纹理

5．制作几何纹理模型三维动画

将图 A.7(a)所示一枚印章作为高度图导入资源，读取高度图的红色分量作为扰动向量，扰动花瓶曲面网格点的法向量形成侧面印章的凹凸效果，如图 A.7(b)所示。如果将花瓶上下翻转 180°，印文成为阴文，效果如图 A.7(c)所示。将图 A.7(d)所示一枚印文为“孔令德计算机图形学”的九叠篆底款印章导入，制作花瓶底款效果图，如图 A.7(e)所示。

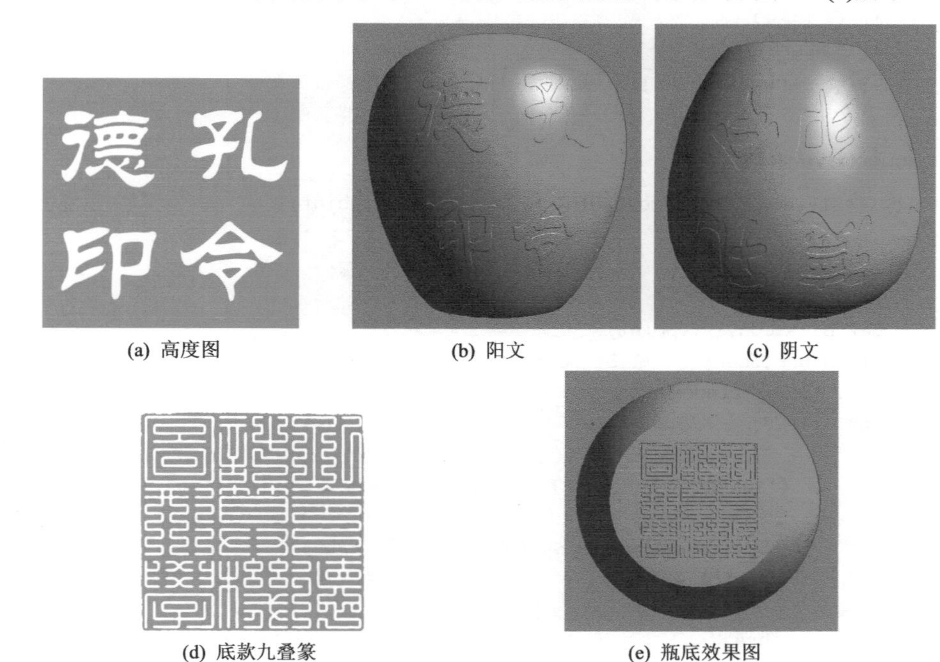

(a) 高度图　(b) 阳文　(c) 阴文

(d) 底款九叠篆　(e) 瓶底效果图

图 A.7　添加纹理

提示：底款需要加贴一个方形平面制作，将底款映射到该平面上，才能保证印章不受底部曲面形状的影响，如果能够校正纹理插值，效果更佳。

A.3 项目编码

1. 开发测量工具

将 WM_LBUTTONDOWN 消息、WM_MOUSEMOVE 消息、WM_LBUTTONUP 消息添映射到三维场景中，映射后分别为 OnLButtonDown、OnMouseMove 和 OnLButtonUp，以便用鼠标移动控制点。通过移动鼠标来选中控制点，需要使用引力域技术。控制点的选择在 OnLButtonDown 函数中，控制点的移动在 OnMouseMove 函数中。

（1）OnLButtonDown 函数

```
void CTestView::OnLButtonDown(UINT nFlags, CPoint point)
{
	// TODO: 在此添加消息处理程序代码和/或调用默认值
	int i;
	bLBtnDown = TRUE;                    //鼠标左键按下为真
	CP2 pt = Convert(point);             //自定义坐标系与设备坐标系的转换
	for (i = 0; i < 4; i++)
	{
		if (fabs(pt.x - P[i].x) < 5 && fabs(pt.y - P[i].y) < 5)  //引力域
		{
			SetCursor(LoadCursor(NULL, IDC_SIZEALL));          //改变鼠标形状
			nCurPtIndex = i;
			break;
		}
	}
	if (4 == i)                                                //最多有 4 个控制点
		nCurPtIndex = -1;
	CView::OnLButtonDown(nFlags, point);
}
```

（2）OnMouseMove 函数

```
void CTestView::OnMouseMove(UINT nFlags, CPoint point)
{
	// TODO: 在此添加消息处理程序代码和/或调用默认值
	int i;
	CP2 pt = Convert(point);
	if (nCurPtIndex != -1 && bLBtnDown)      //鼠标左键按下时选中该点
		P[nCurPtIndex] = pt;
	for (i = 0; i < 4; i++)
	{
		if (fabs(pt.x - P[i].x) < 5 && fabs(pt.y - P[i].y) < 5)
		{
			SetCursor(LoadCursor(NULL, IDC_SIZEALL));
			bGetPt = TRUE;                       //移动该点
			nCurPtIndex = i;
			break;
		}
	}
	if (4 == i)
		bGetPt = FALSE;
	Invalidate(FALSE);
```

```
        CView::OnMouseMove(nFlags, point);
    }
```

（3）OnLButtonUp 函数

```
    void CTestView::OnLButtonUp(UINT nFlags, CPoint point)
    {
        // TODO: 在此添加消息处理程序代码和/或调用默认值
        bLBtnDown = FALSE;                  //鼠标左键弹起
        bGetPt = FALSE;                     //未选中控制点
        CView::OnLButtonUp(nFlags, point);
    }
```

（4）设备坐标与自定义坐标转换函数

```
1   CP2 CTestView::Convert(CPoint point)
    {
        CP2 pt;
        pt.x = point.x - nHalfWidth;
5       pt.y = nHalfHeight - point.y;
        return pt;
    }
```

程序说明：nHalfWidth 和 nHalfHeight 是窗口客户区的半宽和半高。point 是设备坐标系定义的鼠标指针点，pt 是自定义坐标系定义的鼠标指针点。在屏幕上使用鼠标移动曲线的控制点（鼠标坐标）时，该点位置的显示使用的是自定义坐标。设备坐标 point 使用 Convert 函数转换为自定义坐标 pt。

2. 制作线框模型的透视投影三维动画

花瓶瓶身的 4 个控制点测量值为 $P_0(113,-183), P_1(197,-103), P_2(305,246), P_3(54,247)$。归一化并转换为三维控制点为 $P_0(2.09,-3.39,0.0)$, $P_1(3.65,-1.91,0.0)$, $P_2(5.65,4.56,0.0)$, $P_3(1,4.57,0.0)$。基于花瓶瓶身的控制点，定义花瓶底面的 4 个三维控制点为 $P_0(0.0,y_0,0.0)$, $P_1(x_0/3,y_0,0.0)$, $P_2(2x_0/3,y_0,0.0)$, $P_3(x_0,y_0,0.0)$，其中 (x_0,y_0) 为花瓶右侧面最下端的控制点。

（1）花瓶导入三维场景

```
    CTestView::CTestView() noexcept
    {
        // TODO: 在此处添加构造代码
        bPlay = FALSE;
        double nScaler = 80;                        //放大倍数
        CP2 P2[4];                                  //二维控制点
        P2[3] = CP2(1, 4.57);                       //4 个二维点模拟花瓶轮廓
        P2[2] = CP2(5.65, 4.56);
        P2[1] = CP2(3.65, -1.91);
        P2[0] = CP2(2.09, -3.39);
        CP3 PointBody3[4];                          //瓶身的 4 个三维控制点
        PointBody3[0] = CP3(P2[0].x, P2[0].y, 0.0);
        PointBody3[1] = CP3(P2[1].x, P2[1].y, 0.0);
        PointBody3[2] = CP3(P2[2].x, P2[2].y, 0.0);
        PointBody3[3] = CP3(P2[3].x, P2[3].y, 0.0);
        revoBody.ReadCubicBezierControlPoint(PointBody3); //回转体读入 4 个瓶身的控制点
```

```
        tranBody.SetMatrix(revoBody.GetVertexArrayName(), 48);    //初始化三维变换矩阵
        tranBody.Scale(nScaler, nScaler, nScaler);                //瓶身整体放大
        CP3 PointBottom[4];
        PointBottom[0] = CP3(0.0, P2[0].y, 0.0);                  //瓶底的 4 个三维控制点
        PointBottom[1] = CP3(P2[0].x/3.0, P2[0].y, 0.0);
        PointBottom[2] = CP3(2 * P2[0].x / 3.0, P2[0].y, 0.0);
        PointBottom[3] = CP3(P2[0].x, P2[0].y, 0.0);
        revoBottom.ReadCubicBezierControlPoint(PointBottom);  //回转体读入 4 个瓶底的控制点
        tranBottom.SetMatrix(revoBottom.GetVertexArrayName(), 48);   //初始化三维变换矩阵
        tranBottom.Scale(nScaler, nScaler, nScaler);                 //瓶底整体放大
    }
```

（2）在 CBezierPatch 类中绘制花瓶的透视投影线框图

```
    void CBezierPatch::DrawFacet(CDC* pDC)
    {
        CP2 ScreenPoint[4];                              //屏幕二维投影点
        CP3 ViewPoint = projection.GetEye();             //视点
        for (int nPoint = 0; nPoint < 4; nPoint++)
            ScreenPoint[nPoint] = projection.PerspectiveProjection2(quadrP[nPoint]); //透视投影
        pDC->MoveTo(ROUND(ScreenPoint[0].x), ROUND(ScreenPoint[0].y));      //绘制四边形网格
        pDC->LineTo(ROUND(ScreenPoint[1].x), ROUND(ScreenPoint[1].y));
        pDC->LineTo(ROUND(ScreenPoint[2].x), ROUND(ScreenPoint[2].y));
        pDC->LineTo(ROUND(ScreenPoint[3].x), ROUND(ScreenPoint[3].y));
        pDC->LineTo(ROUND(ScreenPoint[0].x), ROUND(ScreenPoint[0].y));
    }
```

3. 制作光照模型三维动画

设置三维场景：使用双光源，光源位于花瓶前方的左上角点与右上角点。视点位于屏幕前方。花瓶材质属性取为“红宝石”。使用 PhongShader 算法对花瓶着色。

（1）初始化光照环境

```
    void CTestView::InitializeLightingScene(void)
    {
        //光照环境
        nLightSourceNumber = 2;                                        //光源个数
        pLight = new CLighting(nLightSourceNumber);                    //一维光源动态数组
        pLight->LightSource[0].SetPosition(1000, 500, 500);            //设置光源 1 位置坐标
        pLight->LightSource[1].SetPosition(-1000, 500, 500);           //设置光源 2 位置坐标
        for (int i = 0; i < nLightSourceNumber; i++)
        {
            pLight->LightSource[i].L_Diffuse = CRGB(1.0, 1.0, 1.0);     //光源的漫反射颜色
            pLight->LightSource[i].L_Specular = CRGB(1.0, 1.0, 1.0);    //光源镜面高光颜色
            pLight->LightSource[i].L_C0 = 1.0;                          //常数衰减系数
            pLight->LightSource[i].L_C1 = 0.0000001;                    //线性衰减系数
            pLight->LightSource[i].L_C2 = 0.00000001;                   //二次衰减系数
            pLight->LightSource[i].L_OnOff = TRUE;                      //光源开启
        }
        //材质属性
        pMaterial = new CMaterial;
        pMaterial->SetAmbient(CRGB(0.847, 0.10, 0.075));               //材质的环境反射率
        pMaterial->SetDiffuse(CRGB(0.852, 0.006, 0.026));              //材质的漫反射率
        pMaterial->SetSpecular(CRGB(1.0, 1.0, 1.0));                   //材质的镜面反射率
```

```
        pMaterial->SetEmission(CRGB(0.2, 0.0, 0.0));              //自身辐射的颜色
        pMaterial->SetExponent(10);                               //高光指数
    }
```

（2）填充三角形网格

```
    void CBezierPatch::DrawFacet(CDC* pDC, CZBuffer* pZBuffer, CP3* P, CVector3* N)
    {
        CP3 ScreenPoint[4];                                    //屏幕三维投影点
        CP3 ViewPoint = projection.GetEye();                   //视点
        for (int nPoint = 0; nPoint < 4; nPoint++)
            ScreenPoint [nPoint] = projection.PerspectiveProjection3(P[nPoint]);  //透视投影
        pZBuffer->SetPoint(ScreenPoint [0], ScreenPoint [2], ScreenPoint [3],
                        N[0], N[2], N[3]);                   //左上三角形
        pZBuffer->PhongShader(pDC, ViewPoint, pLight, pMaterial);          //PhongShader着色
        pZBuffer->SetPoint(ScreenPoint [0], ScreenPoint [1], ScreenPoint [2],
                       N[0], N[1], N[2]);          //右下三角形
        pZBuffer->PhongShader(pDC, ViewPoint, pLight, pMaterial);          //PhongShader着色
    }
```

4．制作图像纹理三维动画

将一幅花脸图像作为纹理映射到物体表面上。花瓶由4个曲面组成，共映射4幅图像。每片曲面的参数是u, v，位图的参数是u和v，用曲面的u, v的双线性插值结果作为坐标去查询位图的纹素，就可以简单描述为将位图的顶点坐标绑定到曲面上，纹理会随着曲面的转动而转动。

（1）获得纹理

```
    CRGB CZBuffer::GetTexture(int u, int v, CTexture* pTexture)
    {
        v = pTexture->bmp.bmHeight - 1 - v;             //从图像左下角开始绘制
        if (u < 0) u = 0; if (v < 0) v = 0;
        if (u > pTexture->bmp.bmWidth - 1)    u = pTexture->bmp.bmWidth - 1;
        if (v > pTexture->bmp.bmHeight - 1)   v = pTexture->bmp.bmHeight - 1;
        /*查找对应纹理空间的颜色值*/
        int position = v * pTexture->bmp.bmWidthBytes + 4 * u;    //颜色分量位置
        return  CRGB(pTexture->image[position + 2] / 255.0, pTexture->image[position + 1] / 255.0,
                pTexture->image[position] / 255.0);         //image中存储位图颜色数据
    }
```

（2）PhongShader着色

```
    void CZBuffer::PhongShader(CDC* pDC, CP3 ViewPoint, CLighting* pLight, CMaterial* pMaterial,
                       CTexture* pTexture)
    {   …
        //法向量插值
        CVector3 Normal = LinearInterp(x, SpanLeft[n].x, SpanRight[n].x,
                          SpanLeft[n].n, SpanRight[n].n);
        //纹理坐标插值
        CT2 Texture = LinearInterp(x, SpanLeft[n].x, SpanRight[n].x,
                          SpanLeft[n].t, SpanRight[n].t);
        //查找纹理颜色
        Texture.c = GetTexture(ROUND(Texture.u), ROUND(Texture.v), pTexture);
        //将纹理作为材质的漫反射率
        pMaterial->SetDiffuse(Texture.c);
        //将纹理作为材质的环境反射率
```

```
        pMaterial->SetAmbient(Texture.c);
        //计算光强
        CRGB Intensity = pLight->Illuminate(ViewPoint, CP3(x, y, CurrentDepth),
                                             Normal, pMaterial);
        //ZBuffer 消隐算法
        if (CurrentDepth <= zBuffer[x + nWidth / 2][y + nHeight / 2])
        {
            zBuffer[x + nWidth / 2][y + nHeight / 2] = CurrentDepth;
            pDC->SetPixel(x, y, COLOR(Intensity));
        }
        CurrentDepth += DepthStep;
    }
```

5．制作凹凸纹理模型三维动画

高度图是一幅灰度图，高度位于区间[0, 1]内，黑色（0）表示低的区域，白色（1）表示高的区域。高度场几何纹理的 B_u 和 B_v 是使用高度图定义的。高度场中的 B_u 和 B_v 使用中心差分计算，相邻列的差分得到 B_u，相邻行的差分得到 B_v，几何意义如图 A.8 所示。

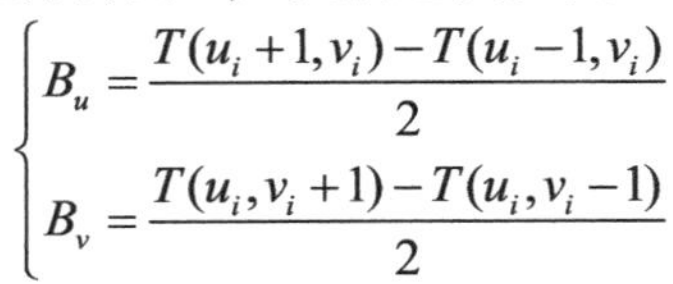

$$\begin{cases} B_u = \dfrac{T(u_i+1, v_i) - T(u_i-1, v_i)}{2} \\ B_v = \dfrac{T(u_i, v_i+1) - T(u_i, v_i-1)}{2} \end{cases}$$

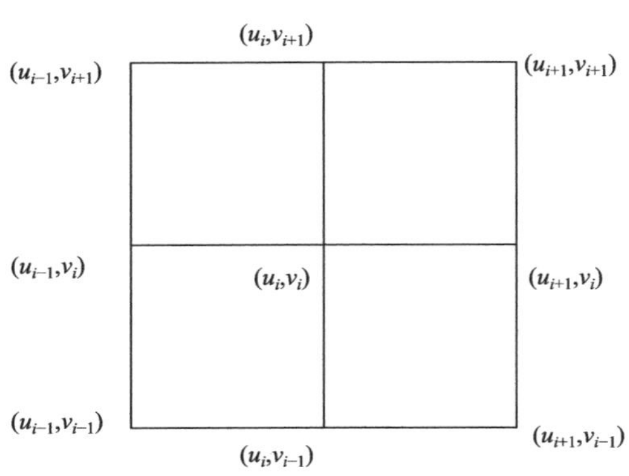

图 A.8　中心差分示意图

使用 B_u 和 B_v，根据扰动法向量可以绘制凹凸图，程序如下。

```
    void CZBuffer::PhongShader(CDC* pDC, CP3 ViewPoint, CLighting* pLight,
                               CMaterial* pMaterial, CTexture* pTexture)
    {
        …
        //法向量插值
        CVector3 Normal = LinearInterp(x, SpanLeft[n].x, SpanRight[n].x,
                                       SpanLeft[n].n, SpanRight[n].n);
        //纹理坐标插值
        CT2 Texture = LinearInterp(x, SpanLeft[n].x, SpanRight[n].x,
                                   SpanLeft[n].t, SpanRight[n].t);
        //获取 u-1 和 v 对应的纹理值
        CRGB frontu = GetTexture(ROUND(Texture.u - 1), ROUND(Texture.v), pTexture);
        //获取 u+1 和 v 方向对应的纹理值
        CRGB behindu = GetTexture(ROUND(Texture.u + 1), ROUND(Texture.v), pTexture);
```

```
            //中心差分计算 u 向高度差
            double Bu = frontu.blue - behindu.blue;
            //获取 u 和 v-1 对应的纹理值
            CRGB frontv = GetTexture(ROUND(Texture.u), ROUND(Texture.v - 1), pTexture);
            //获取 u 和 v+1 对应的纹理值
            CRGB behindv = GetTexture(ROUND(Texture.u), ROUND(Texture.v + 1), pTexture);
            //中心差分计算 v 向高度差
            double Bv = frontv.blue - behindv.blue;
            //定义扰动向量
            CVector3 PerturbationVector = CVector3(Bu, Bv, 0);
            //放大比例
            double BumpSacle = 10;
            //对法向量进行扰动
            Normal = Normal + BumpSacle * PerturbationVector;
            //使用扰动后的法向量计算光强
            CRGB Intensity = pLight->Illuminate(ViewPoint, CP3(x, y, CurrentDepth), Normal, pMaterial);
            //ZBuffer 算法消隐
            if (CurrentDepth <= zBuffer[x + nWidth / 2][y + nHeight / 2])
            {
                zBuffer[x + nWidth / 2][y + nHeight / 2] = CurrentDepth;
                pDC->SetPixel(x, y, COLOR(Intensity));
            }
            CurrentDepth += DepthStep;
        }
```

A.4 项目总结

本项目制作了花瓶的线框图、光照图和纹理图。事实上，无论设计哪种几何模型，都可以使用本书讲解的算法来制作真实感图形。

A.5 项目拓展

1．制作元青花瓶的三维动画

请读者测量图 A.9 所示的元代青花瓷瓶，制作真实感图形的三维动画。

图 A.9 元青花瓷瓶

（1）测量瓶体轮廓线

瓶体右侧轮廓线由三段贝塞尔曲线组成。10 个控制点见表 A.1，其中 P_0, P_1, P_2, P_3 为第 1 段曲线的控制点，用于绘制瓶下部轮廓线；P_3, P_4, P_5, P_6 为第 2 段曲线的控制点，用于绘制瓶体中部轮廓线；P_6, P_7, P_8, P_9 为第 3 段曲线的控制点，用于绘制瓶体上部轮廓线。控制点 P_2, P_3, P_4 共线，控制点 P_5, P_6, P_7 也共线，确保了三段贝塞尔曲线拼接后光滑连接。图 A.10 为瓶体侧面轮廓线的拼接效果图。

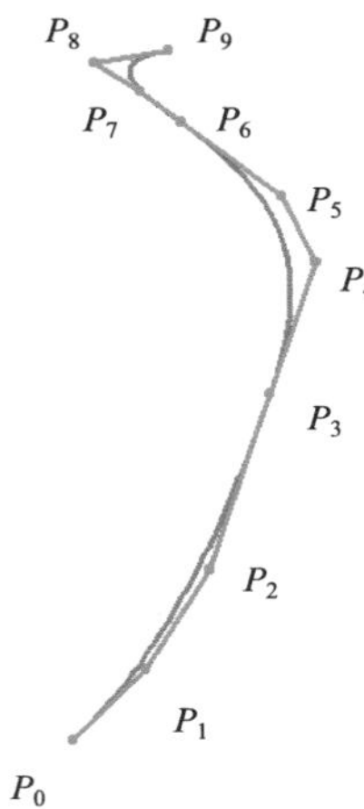

图 **A.10** 瓶体右侧面轮廓线

读入表 A.1，连续三次调用旋转体类绘制瓶体曲面。图 A.11(a)和图 A.11(b)为瓶体的主视图和俯视图。

表 **A.1** 瓶体轮廓线的控制点

序号	*x*	*y*
9	1.93	1.25
8	1.51	1.18
7	1.77	1.01
6	2.00	0.83
5	2.56	0.39
4	2.75	0
3	2.49	-0.77
2	2.15	-1.79
1	1.79	-2.37
0	1.38	-2.78

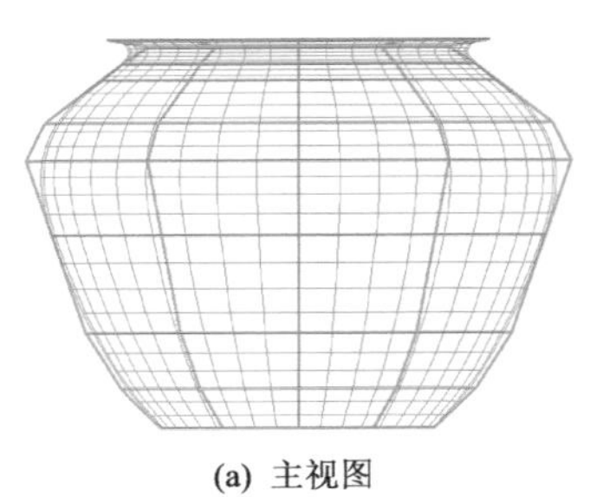

(a) 主视图

(b) 俯视图

图 **A.11** 瓶体三维曲面的正交投影图

（2）测量瓶盖轮廓线

与瓶体类似，瓶盖也是回转曲面，轮廓曲线的控制点见表 A.2。瓶盖轮廓线由两段三次贝塞尔曲线构成，其中 P_0, P_1, P_2, P_3 为第 1 段曲线的控制点，P_3, P_4, P_5, P_6 为第 2 段曲线的控制点。控制点 P_2, P_3, P_4 共线，确保了两段贝塞尔曲线拼接后光滑连接。图 A.12 为瓶盖轮廓线的拼接效果图。

表 A.2 瓶盖轮廓线的控制点

序号	*x*	*y*
6	0	2.95
5	0.77	2.35
4	−0.23	2.53
3	0.66	2.23
2	2.25	1.69
1	0.84	1.42
0	1.93	1.25

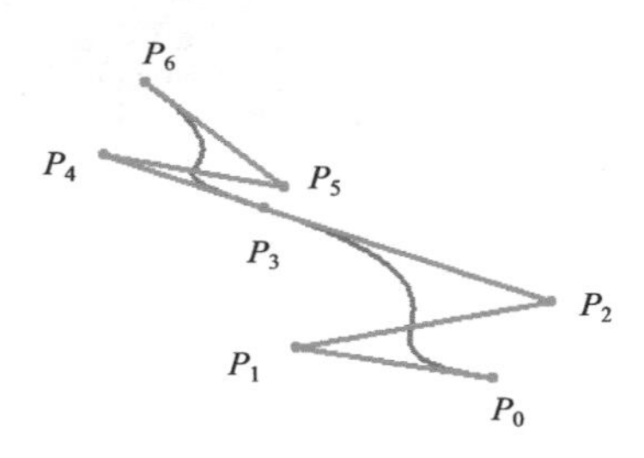

图 A.12 瓶盖轮廓线

读入表 A.2，调用回转体类绘制瓶盖曲面。图 A.13(a)和图 A.13(b)为瓶盖的主视图和俯视图。

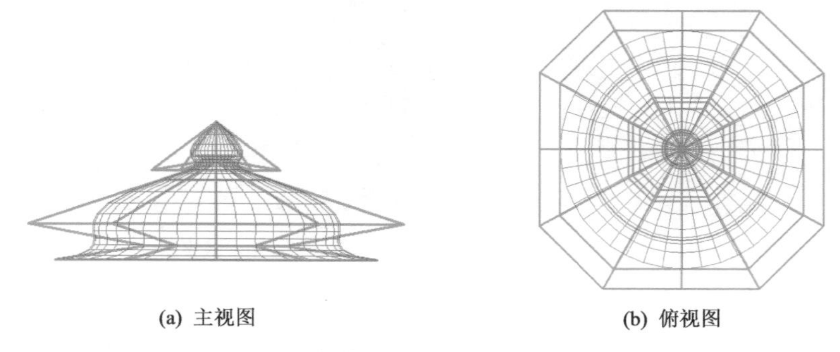

(a) 主视图 (b) 俯视图

图 A.13 瓶盖三维曲面的正交投影图

（3）绘制瓶底

这一内容和示例项目中的制作方法一样，不再赘述。

使用所测量的数据绘制线框模型，并叠加到元青花瓷瓶上，可以看到结果非常吻合，如图 A.14 所示。请读者根据以上瓶身、瓶盖数据，制作元青花瓶的三维效果图，如图 A.15 所示。

(a) 线框图

(b) 绘制控制多边形

图 A.14　青花瓷瓶叠加线框模型

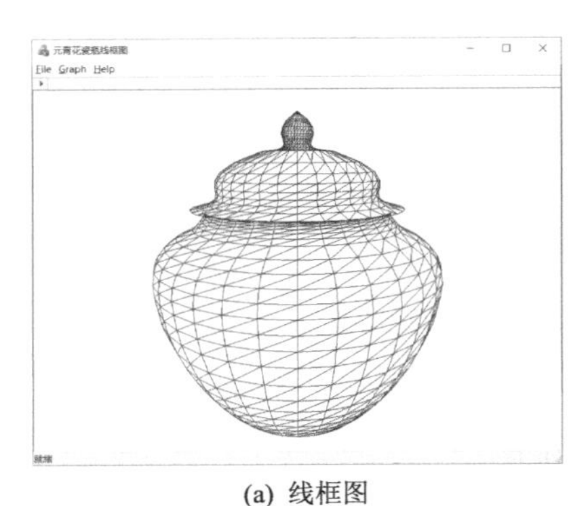

(a) 线框图

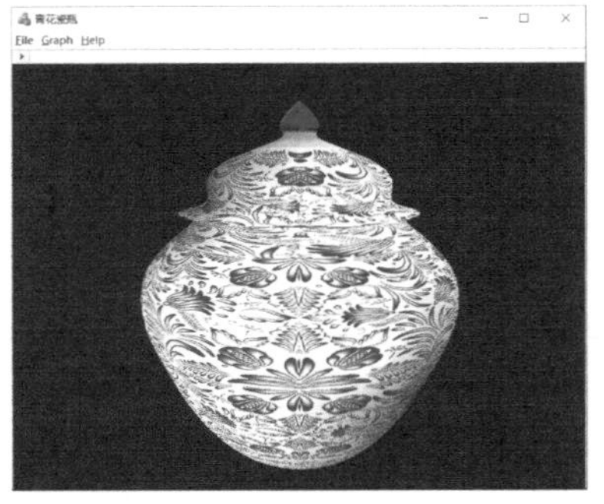

(b) 光照纹理

图 A.15　青花瓷瓶三维效果图

2．制作酒坛子的三维动画

请读者测量图 A.16(a)所示的酒坛子，将一幅酒字图案贴到坛子中部，制作真实感图形的三维动画，如图 A.16(b)所示。

(a) 图片

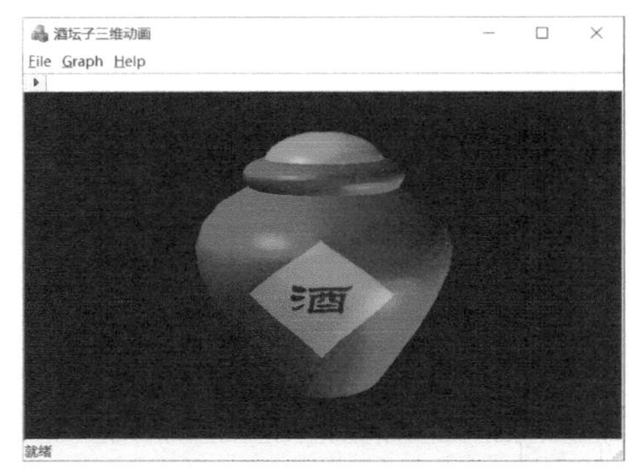

(b) 效果图

图 A.16　酒坛子仿真效果图

3．制作碗的三维动画

参照图 A.17，建立“碗”的几何模型。将碗的内部、外部和碗边分别设置为不同的材质，试绘制三材质碗的光照效果图，如图 A.18(a)所示。将一幅猫的图案投影到碗内，试制作投影纹理映射三维动画，如图 A.18(b)所示。用木头雕刻出一只碗，试制作三维木纹纹理碗，如图 A.18(c)所示。

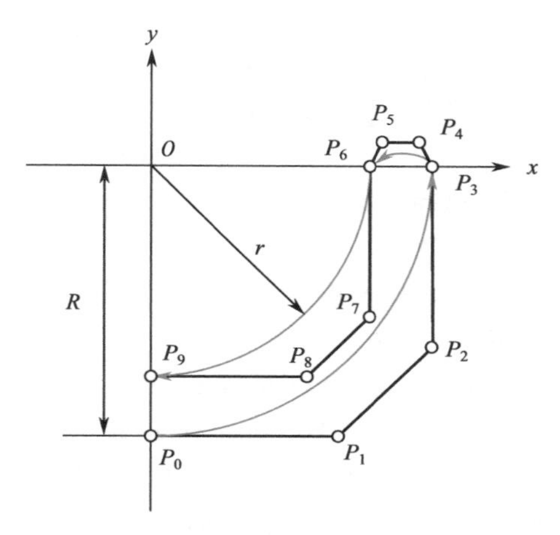

图 A.17　“碗”的几何模型

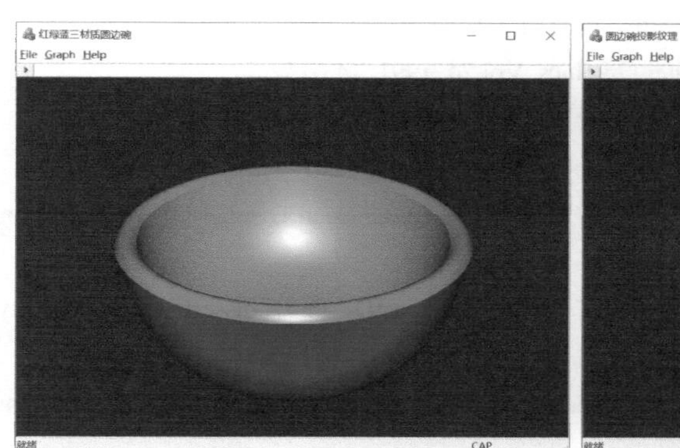

(a) 三材质光照碗

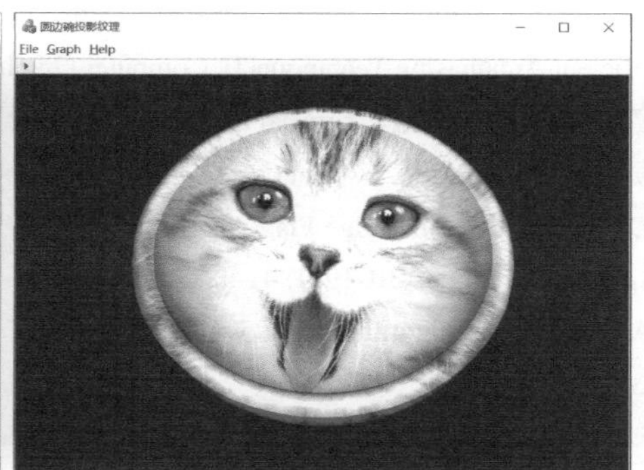

(b) 投影纹理

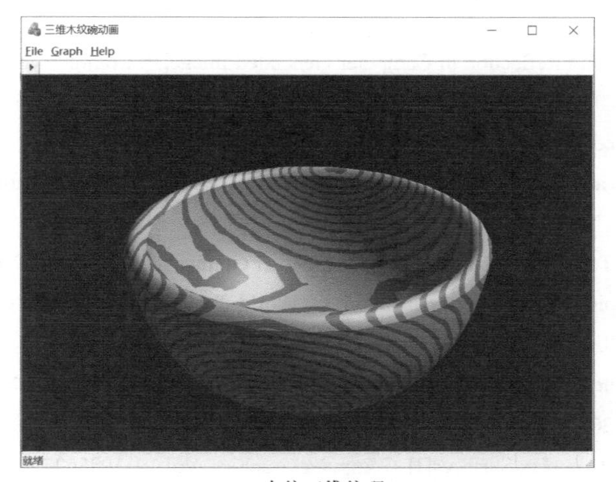

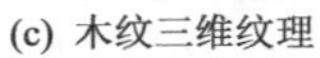

(c) 木纹三维纹理

图 A.18　碗仿真效果图

参考文献

[1] Sutherland I E. Sketchpad: A Man-machine Graphical Communication System[J]. *AFIPS Conference Proceedings,* Vol 23, 1963: 329-346.

[2] Bouknight W J. A Procedure for Generation of Three-dimensional Half-toned Computer Graphics Presentations[J]. Communications of the ACM. Vol 13, 1970: 527-536.

[3] Gouraud H. Continuous Shading of Curved Surfaces[J]. IEEE trans, Vol 20, 1971: 87-93.

[4] Phong B T. Illumination for Computer-generated Pictures[J]. Communications of the ACM. Vol 18, 1975: 311-317.

[5] Whitted J T. An Improved Illumination Model for Shaded Display[J]. ACM, Vol.23, 1980: 343-349.

[6] Cornal C M. Torrance K E, Greenberg D P, et al. Modeling the Interaction of Light Between Diffuse Surfaces[J]. SIGGRAPH' 84 Proceedings, Computer Graphics, Vol 18(3), 1984: 213-222.

[7] Bresenham J E. Algorithm for Computer Control of a Digital Plotter[J]. IBM System journal, Vol.4, 1965: 25-30.

[8] Wu X. An Efficient Antialiasing Technique[J]. Computer Graphics. Vol 24, 1991: 143-152.

[9] 孔令德. 计算机图形学基础教程（Visual C++版）（第2版）[M]. 北京：清华大学出版社，2012.

[10] 孔令德. 计算几何算法与实现（Visual C++版）[M]. 北京：电子工业出版社，2017.

[11] Agkland B D, Weste N H. The Edge Flag Algorithm—A Fill Method for Raster Scan Displays[J], IEEE Computer Graph and Applications.Vol. C-30, 1981: 41-48.

[12] Catmull E. A Subdivision Algorithm for Computer Display of Curved Surfaces[D]. Ph.D. dissertation, University of Utah, 1974: 32-33.

[13] Newell M E, Newell R G, Sancha T L. A Solution to the Hidden Surface Problem[J]. Proc. Comm. ACM, Annual, Conf.1972: 443-450.

[14] Blinn J F. Models of Light Reflection for Computer Synthesized Pictures[J]. Computer Graphics[J]. Vol 11, 1977: 192-198.

[15] Blinn J F, Newell M E. Texture and Reflection in Computer Generated Image[J]. Communications of the ACM. Vol 19, 1976: 542-547.

[16] Blinn J F. Simulation of Wrinkled Surfaces[J]. Computer Graph, Vol 12, 1978: 286-292.

[17] Blinn J F, Newell M E. Texture and Reflection in Computer Generated Images[J]. Communications of the ACM. Vol 19, 1976: 542-547.

[18] Bier E A, Solan K R. Two-Part Texture Mappings[J]. IEEE Computer Graph and Applications,Vol 6, 1986: 40-53.

[19] Greene N. Environment Mapping and other Application of World Projections[J]. IEEE Computer Graph and Applications, Vol 6, 1986: 21-29.

[20] Segal M, Korobkin C, Widenfelt R, et al. Fast Shadows and Lighting Effects Using Texture Mapping[J]. Computer Graphics SIGGRAPH '92 Vol, 26, 1992: 249-252.

[21] Peachy D R.. Solid Texturing of Complex Surfaces[J]. Computer Graphics, Vol.19, 1985: 279-286.

[22] 彭群生，鲍虎军，金小刚. 计算机真实感图形的算法基础[M]. 北京：科学出版社，2009.

[23] Blinn J F. W Pleasure, W Fun[J]. IEEE Computer Graphics and Application. Vol 18, 1998: 78-82.

[24] Williams L. Pyramidal Parametrics[J]. Computer Graphics, Vol.17(3), 1983: 1-11.

[25] Alan Watt 著. 3D 计算机图形学[M]. 包宏，译. 北京：机械工业出版社[M]，2005:175-203.